알타이 식물 탐사기

✖ 알타이에서 만난 한라산 식물 ✖

알타이 식물 탐사기

✴ 알타이에서 만난 한라산 식물 ✴

김찬수 지음

지오북
GEO BOOK

머리말

알타이라는 곳은 어쩐지 익숙한 곳일 거라는 막연한 향수 같은 것이 있다. 그러나 그곳은 너무나 멀어서 가보고 싶은 욕망은 언제나 저 깊은 가슴속에 웅크려 있었지만 차마 그 뜻을 펴지는 못했던 곳이다.

알타이라고 하는 지리학적 용어는 몽골의 고비알타이아이막이라는 한 지방을 지칭하기도 하고 러시아의 알타이공화국을 지칭하기도 하지만 이 일대의 고원을 형성한 산군을 가리키면서 알타이산맥이라고 하기도 한다. 알타이산맥은 몽골어 알타인 누루(Altain nurú), 카자흐어 알타이 타울라리(Altay tawları), 러시아어 알타이스키예 고리(Altayskiye gory), 중국어 아르타이샨마이(阿尔泰山脉)라고 한다. 몽골, 러시아(서시베리아) 카자흐스탄, 중국에 접해 있다. 알타이(Altai)는 몽골어로 '금의 산'을 의미하는 말에서 유래했는데 금을 나타내는 알트(alt)와 '~로 만들어진'의 뜻을 나타내는 접미사 타이(tai)가 결합한 말이라고 한다. 중국어 역시 이와 같은 몽골어에서 유래했으며, 금산(金山)으로 쓴다. 터키어도 금을 나타내는 알틴(Altin), 산을 의미하는 다그(Dag)로 되어 있다.

이 산맥의 북단에는 몽골, 러시아, 중국 등 3개국 국경이 통과하는 타반 보그드산(Tavan Bogd Uul)이 있다. 최고봉은 해발 4,374m로서 알타이산맥에서도 가장 높은데, 러시아어로 타반 보그도 올라(Tavan

Bogdo Ula), 중국어로 쿠이툰산(奎屯山; Kuítún shān)이다. 타반 보그드산 인근의 참바가라브산의 최고봉은 해발 4,193m의 차스트봉이고, 수타이산의 최고봉은 해발 4,220m이다. 이들 해발 4,000m를 넘는 고산준령들은 모두 만년설을 이고 있다. 이 만년설은 혹독한 환경을 연상하게도 하지만 인근 메마른 사막을 적시며 온갖 생명들을 먹여 살리는 원천이다.

알타이는 우리 민족사에서도 자주 등장한다. 6세기 이후 이 지역에서는 흉노족의 한 종족인 돌궐이 흥기하였다. 그 이후는 같은 투르크계의 나이만 왕국의 근거지였으며, 이후 칭기즈칸제국이 차지하게 되는 곳이다. 흉노라는 민족은 기마술이 뛰어난 것으로 잘 알려져 있는데 이들이 한반도 북부와 남부로 진출해 기마민족의 국가들, 고구려, 백제, 신라에 영향을 미쳤다.

탐사한다면 자연스럽게 황남대총과 같은 알타이 유래 적석총을 볼 수 있을 것이다. 그 외에도 수많은 알타이 문명을 구성하는 요소들, 예컨대 목축, 기마, 주거, 복식, 제례 등은 물론 선사시대 이래로 곳곳에 새겨진 암각화 등을 통해서 우리나라의 그것들과 깊은 연관성을 함께 보고 느낄 수 있다. 이런 생각을 할 때면 가슴이 쿵쾅거려 당장에라도 뛰어들고 싶어진다. 실제 탐사과정에서 이런 것들을 수없이 마주쳤다.

이번의 탐사기록은 우선 이곳엔 어떤 꽃이 피고, 어떤 식물들이 살고 있는가에 국한했다. 필자가 관심을 가지고 연구주제로 삼고 있는 한라산의 수많은 식물들, 그리고 이제까지 지구상에서 오직 한라산에

만 살고 있다고 알려진 고유종들은 과연 어디에서 기원한 것인가. 이 들은 과연 어떻게 한라산에 뿌리내리게 되었을까? 어느 순간 하늘에 뚝 떨어졌거나 어떤 재능 있는 신 또는 누군가에 의해 옮겨졌거나 했단 말인가. 그렇지 않고서야 어떻게 망망대해에 솟아오른 화산섬에서 지금의 식물상이 만들어질 수 있다는 것인가.

한라산은 제주도의 중심에 솟은 해발 1,950m에 달하는 높은 산이다. 그러니 제주도가 만들어지는 전 과정에 걸쳐 화산활동의 중심이었을 가능성이 있다. 제주도는 약 358만 년 전부터 만들어지기 시작했다고 한다. 관련 연구들에 따르면 몇 단계의 과정을 거쳤다. 그 첫 단계는 분지가 만들어지고 해수면이 상승하여 바닷물에 잠긴 시기다. 약 78만 년 전까진 이랬다. 다음 단계는 이 분지가 점차 융기하여 육지로 되고, 일부에서 파호이호이용암이 분출한 시기다. 약 60만 년 전까지다. 세번째 단계는 이 전 단계의 화산활동이 끝난 후로 바다환경이 아니라 하천환경이 되어 퇴적이 일어났으며, 특히 중부지역 즉, 지금의 한라산이 있는 지역은 넓은 하곡을 이루었다. 지금으로부터 50만 년 전이다. 다음 네번째 단계는 한라산현무암군의 파호이호이용암과 아아용암이 분출하고, 후기 분석구들이 형성된 시기다. 마지막인 다섯번째 단계는 한라산의 돔상 융기시대로 요약된다. 이 백록담 용암돔은 7만 년 전에 만들어졌다(윤 등, 2014). 물론 다른 연구결과도 있다. 즉 제주도는 퇴적기라고 하는 국지적이며 간헐적인 화산활동기가 50만 년 전까지 지속되으며, 그 이후 30만 년 전에서 10만 년 전까지 제주도 지형의 골격형성기를 거쳐 10만 년 전 이후부터 현재

의 제주도 지형 형성기였다는 것이다(고 등, 2013).

이런 과정을 조금 찬찬히 들여다보면 늦어도 지금부터 7만 년 전까지는 화산활동이 아주 요란스럽게 진행됐을 것임을 짐작할 수 있다. 물론 현재 활동 중인 화산들을 볼 때 화산활동이 멈추면 바로 식물들이 들어와 정착하기 시작하는 것임을 알 수 있다. 당연히 종급원(species pool), 예컨대 대륙이나 섬이 가까울수록 빨리 이주해 온다. 제주도의 경우 한반도, 유라시아대륙, 일본열도처럼 식물의 종자를 공급할 수 있는 종급원이 아주 가까이에 있다. 그러므로 이 섬이 식생으로 덮이는 데는 많은 시간이 걸리지는 않았을 것이다.

여기에 더하여 과거 7만 년이라고 하는 시간은 지구환경으로 볼 때도 아주 다이내믹한 과정이 반복되었던 기간이다. 불과 지금부터 1만 8,000년~2만 2,000년 전 사이에는 만빙기라 하여 제주도가 한반도, 유라시아, 일본, 심지어 동남아시아의 여러 섬들과도 육지로 연결되어 있었다. 그러면 이 기간 동안 식물들의 확산은 한층 용이했을 것이다. 물리적 환경뿐만 아니라 포유류나 조류 같은 장거리 이동 동물들도 그 자신은 물론 식물이나 여타의 생물확산에 도움을 주는 환경, 즉 생물학적 환경도 식물확산에 일익을 담당했을 것이다.

이런 지사적 환경을 가지고 있는 산이 한라산이다. 너무 더워서 열대성 식물들이 덮여있었던 시기가 있는가 하면 너무 추워서 만년설에 덮인 봉우리 아래로 북방의 한대성 식물들이 낙원을 이루고 있었던 시기도 있었을 것이다.

이번 알타이 탐사의 핵심은 바로 이런 점이다. 현재 한라산에 살

고 있는 식물의 고향은 과연 어디인가? 머나먼 알타이에도 한라산 식물의 혈연이 살고 있는가? 가보자!

알타이를 탐사하려는 꿈을 갖기 시작한 때는 멀게는 지금부터 10년도 더 전인 2009년도로 거슬러 올라간다. 나는 그때까지 단 한 번도 몽골을 방문한 적이 없었다. 좀 걱정도 되었지만 기대 또한 컸다. 초원에 핀 꽃! 이들은 몽골 식물탐사를 계속하리라 마음먹게 했다. 지금도 당시의 감동을 잊을 수가 없다.

그 이후로 나는 매년 1~2회 탐사를 했다. 그때마다 연구원 3~4명, 몽골 학자들과 가이드 3~4명, 총 7~8명으로 탐사대를 구성해서 동행했다. 이런 탐사는 지금까지 총 20회에 달했다. 탐사의 결과는 논문으로 발표했다. 그 중 하나는 「몽골 보그드한산의 식물상(Flora of the Bogd Khan Mountain, Mongolia)」이다. 이 논문은 2013년 뉴올리언즈에서 개최된 미국식물분류학회 학술발표대회에서 발표되었다. 같은 해 서울에서 개최된 국제학술회의에서는 「몽골 보그드한산 식물상에 대한 보완 연구(Contribution to the Knowledge of the Flora of the BOGD Bogd Khan Mountain, Mongolia)」를 발표했다. 또한 2016년 안동에서 개최된 한국식물분류학회 학술발표대회에서는 「몽골의 식물상과 식생(The flora and vegetation of Mongolia)」을 발표했다.

이 글을 쓰면서 몽골 식물에 대해 처음으로 접할 수 있는 기회를 주고 그 이후에도 지속적으로 영감을 불어넣어 준 전북대 선병윤 교수님께 우선 감사를 드려야 할 것 같다. 멀고 먼 알타이탐사에 기꺼이 동행해 준 동료들에게 감사한다. 송관필 박사는 생태학자다. 식물

표본의 확보, GPS, 탐사일지작성을 담당했다. 식물분류학자인 다쉬 줌베렐마 박사(Dr. Dash Zumberelmaa), 현지 안내자 엥헤바야르 사랑게렐(Enkhbayar Sarangerel)과 뭉크바트 아룬보이드(Munkhbat Aruunbold)에게도 어려운 탐사여정을 묵묵히 함께 해준 데 대해 감사한다. 탐사 과정을 사진으로 기록한 생태사진작가 김진, 생태학적 특성을 조사하고 식물표본제작을 담당한 서연옥 박사, 몽골탐사 때마다 동행하여 고생한 현화자 박사, 최형순 박사께도 감사드린다. 알타이탐사에 동행하지는 못했지만 10여 년에 걸친 몽골 식물탐사 내내 함께 하면서 많은 도움을 주시고 작고하신 산치르 박사(Dr. Chinbat Sanchir)께 깊은 감사를 드린다. 이 외에도 다음 탐사기에는 이를 기억하고 명기하게 될 문명옥 박사를 비롯해서 몽골 식물탐사에서 고생한 몇몇 전문가가 더 있음을 밝히는 바이다.

탐사 중 우리를 가장 힘들게 했던 것 중 하나가 늘 모자라는 탐사비용이다. 일부 경비를 산림청이 지원해줘 도움이 됐다. 또한 본 탐사에 관해 각별히 관심을 가지고 보도해준 『한라일보』에도 감사드린다. 그리고 졸고를 기꺼이 출판해 주신 황영심 지오북 대표님을 비롯해 모두에 감사드린다.

2020년 7월
다람재에서

3부
알타이를 따라 북으로

몽골 알타이 식물의 주요 탐사지

러시아

몽골

중국

웁스호
올란곰
하르히라산
알타이
타반 보그드산
카르가스호
호브드
카르우스호
몽골
룽산   울란바토르
엘슨 타사르해
아르바이헤르
알타이
바얀홍고르
알락 할르한산
고비사막

중국

2009년부터 20회에 걸친 몽골 식물탐사 중 알타이지역은 2016년 7월 1일부터 8일까지 1차 탐사, 다음 해인 2017년 7월 22일부터 31일까지 2차 탐사가 이루어졌다.

1차 탐사경로는 울란바토르에서 룽산, 바얀 홍고르, 알타이시, 부갓솜을 차례로 거쳐 알락 할르한산까지였다. 2차 탐사는 알타이시에서 부갓솜을 거쳐서 알락 할르한산으로 쪽으로 가지 않고 알타이시에서 알타이산맥을 따라 북쪽 즉, 호브드아이막으로 향하는 경로를 택했다.

두 차례의 탐사 중 울란바토르에서 알타이시까지는 탐사경로가 많이 겹친다. 탐사 도중 만난 식물에 관한 기록은 편의상 두 번의 탐사를 종합하여 다루었다.

1부

끝없는 초원을 지나
알타이로

여기는 알타이!

　알타이! 울란바토르에서 탐사거리 1,539km, 한라산에서 울란바토르까지 약 2,400km이니 총 3,939km, 무려 1만 리를 달려왔다. 탐사를 시도한 지 8년 만이다. 끝도 없이 펼쳐진 초원, 열파와 모래 먼지가 뒤섞인 사막, 깊고 넓은 강을 건너 드디어 여기 알타이의 만년설까지 온 것이다. 이곳은 알타이산맥 중에서도 종 다양성으로 유명한 알락할르한산(Alag Khairkhan Uul)이며 정상은 해발 3,739m이다. 이 산은 동서 길이 2,392km, 남북 길이 1,259km의 몽골에서도 가장 서쪽 끝 고비알타이아이막의 부갓솜에 있다.

　이곳은 극단적인 대륙성 기후 체계를 보인다. 연평균강수량은 71.5mm, 그중 77.3%는 따뜻한 달에, 나머지는 겨울에 내린다. 가장 더운 달은 7월로 36℃, 가장 추운 달은 1~2월로 −40℃이다. 여름 평균기온은 28℃, 겨울 평균기온은 −27℃이다. 바람은 북서에서 남동으로 부는데 최대풍속은 초속 20~30m에 달한다. 2009~2010년 겨울에 자연재해로 큰 고통을 받은 적이 있다. 2009년 12월 30일에서 2010년 1월 7일 사이에 강한 눈보라가 이 지역을 덮쳤다. 평지에 있는 부갓(Bugat) 기상대 자료에 따르면 저지대는 약 40cm 적설량을 보였으나, 타흐인 탈(Takhiin Tal)에서는 60~70cm, 산악에서는 1m에 달했다.

　몽골과학원 자료를 보면 다양한 지형과 기후에 걸맞게 야생 양, 아이벡스, 눈표범, 스라소니, 눈닭 같은 대형동물이 서식하고 있다. 식물 중에는 국화과의 희귀식물 알타이분취(*Saussurea involucrata*)가

▲ 2016년 7월 4일 촬영한 알락 할르한산에서 바라본 세츠세그산(Mt. Tsetseg), 정상은 해발 4,090m

▲ 알락 할르한산 정상, 해발은 3,739m

∧ 한라산 정상에 자라는 한라솜다리(*Leontopodium hallasanense*)

∧ 알타이에 자라는 연노랑솜다리(*Leontopodium ochroleucum*)

유명하다. 이 종의 한국명이 설연화(雪蓮花)로 표기된 것을 간혹 볼 수 있으나 사실 이 이름은 중국명 천산설연(天山雪蓮)을 차용한 것이다. 이 책에 처음으로 우리말 이름을 이렇게 붙인다. 한라산과 공통으로 분포하는 종도 있다. 술패랭이(*Dianthus superbus*), 애기원추리(*Hemerocallis minor*), 쥐오줌풀(*Valeriana officinalis*)이 여기에도 자란다. 인가목(*Rosa acicularis*)은 한반도에도 분포하며, 한라산에는 근연종인 생열귀나무(*Rosa davurica*)가 분포한다. 그 외 멸종위기에 처한 식물과 약용자원으로 중요성을 갖는 식물들이 자라고 있다. 이와 같은 동식물의 분포로 인해 국제적인 관심지역이 되었다.

원래 이곳에 사는 사람들은 전통적으로 이 산을 숭배하는 풍습이 있어서 토양을 파헤치거나 물을 오염시키거나 풀과 나무를 훼손하는 행위는 거의 하지 않는다. 그런데 최근 이곳에도 약용식물을 채취하는 일이 많아지고 있다. 가축을 너무 많이 방목하여 야생동식물이 멸종위기에 처할 정도로 생태계가 훼손되고 있다. 이에 따라 몽골 정부는 1996년부터 이 산을 포함한 그 주변 지역을 알락 할르한산 보호지구로 지정하여 보호하고 있다. 알락 할르한산 보호지구는 부스(Bus)산, 바르잔(Barzan)산, 알락 할르한(Alag Khairkhan)산, 부가 할르한(Buga Khairkhan)산, 바가 할르한(Baga Khairkhan)산으로 구성되어 있다. 그 외에도 많은 봉우리가 있는데 이 보호지구 내에서는 알락 할르한산이 가장 높다. 이 산은 부갓솜 지역에 물을 공급하는 데에도 중요한 역할을 하며 이 넓은 지역에 흐르는 수많은 용천수와 작은 강의 발원지이다. 이 산에서 발원한 가장 큰 강은 알락 할르한호(Alag Khairkhan Lake)로 유입하는 이흐강(Ikh river)과 바가울랴스타이강(Baga Uliastai River)이다. 이 물은 메마른 사막에 생명력을 불어넣어 주고 사람이 살 수 있게 하는 자연의 선물이 된다.

우리는 이처럼 중요한 몽골 알타이에 한라산 식물과의 연관성을 밝히기 위해 이곳에 왔다. 한라산의 식물종은 어디에서 온 것일까? 이것은 제주도, 더 크게는 한반도의 자연사를 이해하기 위해선 반드시 풀어야 하는 첫번째 관문이다. 정상을 향해 가던 중 해발 3,080m 지점에서 우리는 한라산의 종과 직접 관련이 있는 식물을 만났다. 바로 에델바이스의 일종인 연노랑솜다리(*Leontopodium ochroleucum*)다. 우리말 이름 역시 새롭게 붙인다. 이름이란 소통을 위해선 반드시 필요한 것이고, 우리나라에 없다고 해서 우리말 이름을 붙이지 않은 채 힘겹게 소통해야 할 이유는 없는 것이다. 연노랑솜다리의 속명 '*Leontopoium*'은 사자(Leon)와 발(paw), 또는 다리(pod)가 결합된 말이다. 우리말 솜다리도 솜털로 덮인 다리라는 뜻일 것 같다. 종소명 '*ochroleucum*'은 연한 황백색이라는 뜻이다. 솜다리속 식물은 50cm 이하의 작은 키에 온 몸이 비단 같은 흰색의 털로 덮여 있다. 다른 국화과 식물과 달리 뚜렷하게 발달한 꽃받침 같은 포엽이 꽃 주위를 별 모양으로 배열한다. 이 포엽은 꽃을 보호하거나 곤충을 유인하는 기능을 하는 것으로 보인다. 유라시아에 30종이 있고(Chen Y. and Bayer, 2011) 대부분이 중앙아시아를 중심으로 분포하고 있다. 영화 「사운드 오브 뮤직」에 나오는 노래 '에델바이스'도 이 솜다리속 식물 중 하나다. 오스트리아의 산악에 분포한다. 이와 같이 중앙아시아를 중심으로 유럽과 일본의 고산까지 퍼져 있다. 우리나라에는 5종이 있다. 그중 하나가 한라산 정상에 자라는 한라솜다리(*Leontopodium hallasanense*)다. 학명 자체가 한라산에 자라는 솜다리라는 뜻이다. 이 종은 전 세계적으로 한라산에만 분포한다. 알타이에서 만들어져 수만 년에 걸쳐 영역을 넓히다가 한라산 환경에 맞게 진화한 것이다.

알타이산 자연보호지구

알락 할르한산 보호지구내 알타이산의 주요 포유동물은 눈표범(snow leopard), 시베리아아이벡스(Siberian ibex), 몽골마못(Mongolian marmot), 검은꼬리영양(black-tailed antelope), 땅다람쥐(ground squirrel), 토끼(rabbit), 이리(wolf), 여우(fox), 코삭여우(corsac), 담비(marten), 족제비(weasel), 흰족제비(ferret), 스라소니(lynx), 야생 고양이(wild cat), 박쥐(bat) 등이 대표적이다. 새로는 눈닭(snow-cock), 뇌조(ptarmigan), 메추라기닭(chukar), 뻐꾸기(cuckoo), 후투티(hoopoe), 매(hawk), 독수리(vulture), 수리(eagle), 솔개(kite), 까마귀(crow), 엽조(partridge), 물수리(osprey), 백조(swan), 거위(goose), 오리(duck), 검둥오리(scoter), 두루미(crane), 수염수리(bearded vulture), 올빼미(owl), 솔부엉이(hawk-owl), 떼까마귀(rook), 송골매(falcon), 박새류(chickadee), 참새(sparrow), 제비(swallow) 등이 겨울을 나고 이곳을 통과해 날아간다. 파충류로는 몽골도마뱀(Mongolian racerunner)과 스텝런너(Stepperunner: Arguta)가 드물게 서식하는 것으로 알려져 있다(The Institute of Geoecology, MAS. 2010).

이 자연보호지역 내에는 3개의 호수(Khyariin, Baajgana, Khavchig), 9개의 강(Ikh and Baga Uliastai, Khukh sair, Tsagaan sair, Tsakhir am, Ulziit, Khatuu, Bij), 19개의 용천수(Khutliin, Byatskhan, Dund, Khoit Zakhiin, Ar Tsagaan Sairiin, Khukh Duguin, Tsakhir buraatiin, Tsaluugiin Baruun etc.)가 있다. 그중 일부(Tsagaan khadnii, Dagshingiin etc.)는 미네랄 용천수이다. 그리고 이 용천수들의 일부(Tsakhir am, Khar angilag, Ulziit)는 비즈강(Biz river)의 지류가 된다.

✱ 몽골은 어떤 나라?

몽골은 잘 아는 나라 같기도 한데 정작 아는 게 별로 없는 나라이 기도 하다. 역사적으로 우리나라와 여러 가지 방식으로 밀접한 관계 에 있었기 때문일 것이다. 2009년 몽골국립박물관이 발행한 『몽골국 립박물관』 중 '17~20세기의 몽골', '몽골 1911년~1920년', '사회주의시 대의 몽골', '민주화시대의 몽골' 그리고 바이마르가 쓰고 넵코출판사 (NEPKO Publishing)가 2009년 발간한 『몽골의 역사』를 보자.

칭기즈칸 이래 유라시아를 제패하고 강력한 제국으로 군림했던 몽 골제국도 세월이 흐르면서 서서히 쇠락의 길로 접어들었다. 결국에는 지금 내몽골이라고 하는 남몽골, 외몽골로 알려진 할하몽골, 서몽골로 알려진 오이라트로 삼분되어 버렸다. 1636년 새롭게 강자로 등장한 청 은 집요한 노력 끝에 내몽골을 완전히 복속시켰다. 약 60년 후인 1691 년에 왕과 귀족들의 요청으로 외몽골이 복속해 왔다. 다시 60년이 흐 른 후인 1755년 청-몽 연합군이 서몽골에 진격해 최후의 몽골칸국인 준가르마저 복속했다. 1911년 10월 신해혁명이 일어나 중화민국 임 시정부가 수립되면서 청은 멸망했다. 이에 따라 몽골에서도 반청, 반 중국운동이 일어나고 1911년 12월 29일 독립을 선포하게 되었다. 그 러나 1915년 캬흐타협정에 의해 중화민국의 자치구로 전락했다. 1918 년 몽골 인구는 약 60만 명이며, 그중 중국인이 10만 명, 러시아인이 500명, 몽골인이 54만 2,004명이라는 조사기록이 있다고 한다.

중화민국이 몽골의 자치를 부인하고 군대를 증강 배치한 1918년 ~1919년 경 울란바토르(당시 후레)에서 활동하던 독립운동단체들이 통합하여 몽골인민당을 수립하였다. 1921년 3월에는 몽골인민당 전 당대회가 개최되어 S. 당잔이 대표에, D. 수흐바타르를 장군으로 결 정하고, 1921년 입헌군주국으로 독립을 선포하였다. 1924년 코민테른 에서 몽골의 통치체제전환을 요구하고 이에 반대한 S. 당잔을 살해,

∧ 몽골 정부 중앙청사

몽골인민공화국을 수립하였다. 1939년 일본군이 할하강 부근에서 몽골국경을 넘어 진입하게 되었고, 몽골-소련연합군이 크게 격파하여 모스크바 협상으로 종전이 이루어졌다. 이후 1945년 얄타협정으로 몽골의 독립적 지위가 보장되었다. 1961년에는 몽골인민공화국이 UN에 가입하였으며, 1980년대까지는 사회주의 체재를 유지하고 있었다. 1980년대 말부터 전 세계 공산국가들의 붕괴가 시작되었다 이후 몽골에서도 자유와 민주화 운동 시기를 거치게 되었고, 결국 1992년 1월 13일 몽골인민공화국에서 몽골국으로 바꾸었다. 경제체제도 완전 시장경제로 전환하였다. 현재 몽골국의 인구는 약 300만 명으로 인구밀도가 가장 낮은 국가의 하나이며, 45% 정도가 수도인 울란바토르에 살고 있다.

고산식물의 신비

　이곳에 도착하고 받은 첫 느낌은 '아, 정말 잘 왔구나.'였다. 그런데 식물을 조사하는 광경을 한참 바라보고 있던 현지 주민 테무르가 우리를 잡아끌었다. 한참을 테무르에게 이끌려 자갈과 제법 큰 바위가 있는 암석지대까지 갔다. 여기에서도 아슬아슬하게 200여 m를 더 가고 나서였다. "바로 이거!"하고 가리킨 건 크기나 모습이나 양배추처럼 보이는 식물이었다. 고산식물이라 하기에는 아주 대형이었다. 정말 신비롭기까지 했다. 사우수레아 인볼류크라타(*Saussurea involucrata*)*라고 했다. 사우수레아 도로고스타이스키(*S. dorogostaiskii*)라는 이명으로도 많이 인용되고 있다. 흡수굴(Khövsgöl) 지역에도 분포하는데 우리는 이 종이 알타이에 분포하며, 한라산에 자라고 있는 분취속의 식물과 유연관계가 깊은 점을 들어 우리말 명칭을 알타이분취로 지었다. 이 알타이분취는 이곳 외에 중앙아시아의 고산지대에도 자라지만 개체수가 아주 적은 국제적 멸종위기종의 하나다.

　몽골에 분포하고 있는 국화과 식물은 303종으로 알려져 있다(Grubov *et al.*, 1982). 그중에서 분취속 식물은 42종이다. 우리나라에는 국화과 식물 290종, 분취속 식물은 34종이 알려져 있다(Im, 2007). 국립산림과학원 난대아열대산림연구소 표본실에는 은분취(*S. gracilis*), 서덜취(*S. grandifolia*), 큰각시취(*S. japonica*), 버들분취(*S. maximowiczii*), 한라분

---

* 정명은 *Saussurea involucrata* (Karelin & Kirilov) Schultz Bipontinus, 이명은 *Aplotaxis involucrata* Karelin & Kirilov; *S. involucrata* var. *axillicalathina* J.S. Li; *S. ischnoides* J.S. Li; *S. karelinii* Stscheglejew; *S. lioui* Y. Ling; *S. polylada* J.S. Li. 중국명은 雪蓮花이다.

∧ 알타이 알락 할르한산 알타이분취(*Saussurea involucrata*) 자생지. 한여름인데도 눈이 쌓여 있으며 꽃도 많이 피어 있다.

취(*S. maximowiczii* var. *triceps*), 구와취(*S. ussuriensis*)등 6종이 있다. 이들은 모두 한라산 정상 근처에 자라는 것으로 파악된다(Song *et al.*, 2014). 그중 은분취가 흔하다. 알타이분취의 종소명 '*involucrata*'는 '포엽이 두드러진'의 뜻을 갖는다. 여타의 분취속 식물들과 달리 이 종은 꽃차례가 산방꽃차례에 조밀하게 배열하여 마치 해바라기 같은 두상꽃차례처럼 된다. 2열의 컵 또는 깔때기모양의 얇은 막질로 둘러싸인 꼭대기 잎이 있다. 밑부분의 줄기는 지난해에 죽은 잎에서 생긴 머리카락모양의 담황색 섬유질로 둘러싸여 있다. 이 점이 한라산에 자라는 은분취와 다른 점이다. 알타이를 포함한 몽골 거의 전 지역에 자라는 쓴분취(*S. amara*)는 은분취와 많이 닮았다. 쓴분취의 종소명 '*amara*'는 '쓰다'는 의미로, 실제 이 식물체는 맛이 쓰고 약용한다. 한라산의 은분취의 종소명 '*gracilis*'는 '얇은' 또는 '가는'의 의미이다. 우리말 이름 쓴분취는 이런 학명의 의미를 살려 붙였다. 이 대형의 희귀식물 알타이분취는 바위틈, 자갈밭, 돌더미, 고산초원에 자란다. 흡수굴, 항가이, 몽골 알타이, 중국의 해발 2,400~4,100m, 중앙·북·서 신장(Xinjiang), 카자흐스탄, 키르기스스탄에 분포한다. 과도한 채취로 멸종위기식물이다(Zhu *et al.*, 2011). 테무르는 알타이분취가 매우 귀중한 약재이며, 이곳 주민들은 희귀한 이 식물을 훼손하면 좋지 않은 일이 생긴다는 속설 때문에 보호한다고 했다. 또한 위구르, 몽골, 카자흐스탄에서 전통적으로 민간약으로 널리 사용하고 있다. 중국에서도 역시 천산설연(天山雪蓮)이라는 약재명으로 사용하고 있으며 최근 약재로서의 가치를 찾으려는 연구가 활발하다. 2015년 중국의 칙(Chik Wai-I) 등의 논문이 좋은 참고가 되고 있다(Chik *et al.*, 2015). 전통의학에서 이 약재는 혈액순환을 촉진시키고, 냉증과 다습 증상을 없애주는 효능이 있다고 한다. 또한 류머티스 관절염, 감기에 의한 기침, 위통, 월경통, 그리고 위구르와 중국에서는 고산병에도 좋다고 알려져 있다. 페닐프로파노이드, 플라보노이드, 쿠마린, 리그난, 세스퀴터르펜, 스테로이드, 세라마이드, 폴리사카라이드계 화합물들을 포함하여 70종 이상이 이 식물에서 분리 동정되었다.

◀ 한라산 정상에 자라는 은분취(*Saussurea gracilis*)
▶ 몽골에 자라는 쓴분취(*Saussurea amara*)(위), 알타
이에 자라는 알타이분취(*Saussurea involucrata*)
(아래)

한라산과 알타이,
두 종의 미나리아재비

현지주민들에게 거듭 길을 물어보면서 가능한 한 빠른 길을 택했다. 어느 정도 경사가 급했지만 초원을 한 20분쯤 달릴 때였을까, 급한 경사를 내려가면서 깊고 좁은 협곡으로 들어서는 게 아닌가. 이때부터 탐사대는 완전히 불안에 휩싸이기 시작했다. "이거 괜찮겠습니까?" 이런 걱정스런 얘기가 나오기 시작했다. 이때 줌베렐마 박사가 나지막한 목소리로 한마디 한다. "김 박사님, 말 타본 적 있습니까?" 정상을 가려면 말을 빌려 타고 가야 한다는 것이다. 순간 언젠가 어느 탐사대원이 내게 한 말이 떠올랐다. "몽골에서 말은 타지 마십시오. 혹시 떨어지기라도 하면 어떻게 합니까, 이 오지에서." 맞는 말이다. 이렇다 저렇다 대답도 못하고 한참을 생각했다. 결국 말을 타본적이 없다고 대답은 했지만 이 먼 곳까지 왔는데 말을 타지 못해서 목적지에 가는 걸 포기한다는 것도 말이 안 되는 것이다. 협곡의 양 사면에서는 돌멩이가 떨어지고, 고산의 만년설이 녹아 흐르는 물은 군데군데 길을 막고 있었다. 자동차는 비틀거리고, 계곡에 빠져 오도 가도 못하고 도움을 청하는 차들도 보였다. 그렇게 달리기를 두 시간 삼십 분, 더 이상 자동차가 갈 수 있는 길이 없었다. 해발 2,600m, 게르가 보였다. 오늘은 이 게르에서 신세를 져야겠다는 생각이 떠올랐다.

게르에 도착했을 때 우리는 완전히 고산식물대에 들어섰음을 알게 되었다. 한라산 정상에서 봤음 직한 꽃들도 보였는데 미나리아재비과의 식물들이 특히 눈에 들어왔다. 몽골에 분포하는 미나리아재

∧ 고산식물이 만개한 알락 할르한산. 탐사단이 활동을 준비하고 있는 모습

비과 식물은 20속 93종이고(Grubov *et al.*, 1982) 그중 미나리아재비 무리에 속하는 종은 16종이다. 우리나라에는 미나리아재비과는 식물이 20속 104종이 분포하고 있다(Park, 2007). 그중 미나리아재비 무리에 속하는 종은 13종이고 제주도에는 15속 42종이 분포한다(Kim *et al.*, 2009). 국립 산림과학원 난대산림연구소 표본실에는 제주도에서 채집한 표본으로 11종이 있다(Song *et al.*, 2014). 한라산 고지대에 자라는 구름미나리아 재비(*Ranunculus borealis*)는 알락 할르한산에 자라는 알타이미나리아 재비(*R. altaicus*)와 형태적으로 매우 흡사하였다. 우리말 이름은 학명의 의미를 살려 알타이미나리아재비로 붙였다. 이 종들은 어느 진화 단계에서 갈라져 분리되었을 것이다. 두 종 모두 다년생이고, 직립하며 꽃받침조각에 털이 많다. 그러나 뿌리 부분에서 나온 잎은 알타이

 알타이의 알타이미나리아재비(*Ranunculus altaicus*)
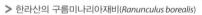 한라산의 구름미나리아재비(*Ranunculus borealis*)

∧ 갈래미나리아재비(*Ranunculus pedatifidus*)

∧ 고산미나리아재비(*Ranunculus pseudohirculus*)

미나리아재비가 손바닥모양이고 잎몸의 밑부분이 숟가락모양인 데 비하여 구름미나리아재비는 단풍잎모양이고 잎몸의 밑부분은 심장모양이라는 차이가 있다. 그리고 꽃잎이 알타이미나리아재비는 황색으로 6~10장인데 비하여 구름미나리아재비는 황색이면서 가운데 햇살무늬가 있고 다섯 장이라는 점에서 구분된다. 구름미나리아재비는 동유럽, 중국(톈산), 카자흐스탄, 시베리아에 분포한다(Wang and Gilbert, 2001). 특이하게도 동유럽에서 시베리아에 이르는 지대에 분포하는데 한반도를 건너뛰어 한라산 고지에 분포한다. 그러므로 이 종도 빙하기에 제주도까지 영역을 확장했다가 지금까지 남아 있는 종으로 추정되는 것이다. 이런 작은 풀꽃에서도 수만 년의 한라산 식생사가 간직되어 있음을 보게 된다.

그 외에도 이곳에서 3종의 미나리아재비과 식물을 더 채집했다. 정상에 쌓인 눈이 녹으면서 만들어진 실개천을 따라 노란 꽃들이 보인다. 처음 보는 식물인데 잎은 풍성하고 다소 두꺼우면서 표면이 반짝거렸다. 원형에 가까운 타원형으로 다소 깊게 갈라졌다. 갈래미나리아재비(*Ranunculus pedatifidus*)다. 잎이 깊게 갈라진다는 학명의 뜻을 살려 국명을 이렇게 붙였다. 산정 가까이 초원을 노랗게 물들여 이름 붙인 고산미나리아재비(*R. pseudohirculus*), 한라산은 물론 일본 열도에서 이곳까지도 분포범위를 널리 확장한 미나리아재비(*R. japonica*)도 빠지지 않는다.

위를 올려다보니 정상이 바로 앞에 보이는 듯했다. 바로 그때였다. 야무지게 생긴 자동차가 한 대가 올라와 서는 것이 아닌가. 러시아제 UAZ 모델이었다. 사륜구동이면서 4인승이다. 운전자는 바로 이 게르의 주인이었다. 서로 인사를 나누는데, 그의 첫 마디가 귀를 번쩍 뜨게 했다. 이름이 테무르라는 것이 아닌가.

✱ 테무르, 중앙아시아의 金氏

테무르(Temur)는 위키피디아에 따르면 옛 투르크어로 쇠(鐵)를 의미한다. 우즈베크어로는 테미르(Temir), 터키어로는 데미르(Demir), 페르시아어로는 티무르(Timur)라고 하는데 같은 뜻을 가지며, 오늘날 터키에서 남성 이름으로 흔히 사용한다.[*] 몽골어에서도 테무르는 쇠, 무쇠, 쇳물을 의미한다(전, 2016).

이곳 알타이산맥은 돌궐의 근거지였다. 돌궐은 6세기 중엽부터 약 200년간(545~745) 몽골고원과 알타이지역에서 유목민으로 살았다. 돌궐의 종족 기원 전설은 다양하게 전하는데 정수일의 설명은 다음과 같다(정, 2014). 돌궐은 원래 흉노의 별종으로서 성은 아사나(阿史那)다. 본래 한 부족을 이루고 있었으나 인접국에 패하여 전멸하였다. 열 살짜리 사내아이 하나가 가까스로 살아남아서 승냥이의 부양을 받으며 자라서는 승냥이와 교접하기에 이르렀다. 이 사실을 알아차린 인접국에서는 이 사내아이와 승냥이를 살해하려고 하였다. 승냥이는 도망쳐서 고창(高昌) 북부의 한 산중의 동굴에서 살았다. 그 승냥이로부터 열 명의 아들이 출생하여 자라서 성을 갖게 되었는데, 그중 한 성이 바로 아사나다. 자손이 늘어나자 동굴에서 나와 금산의 남부에 살면서 유연의 철공이 되었다.

또는 주서(周書) 권 50의 기록을 인용하여 설명한 부분도 있다. 돌궐은 흉노의 일파로 그 성이 아사나이다. 돌궐은 독립된 부락을 이루고 살았다. 인접 국가의 공격을 받아 전 부족이 몰살당하였는데 열 살 난 남자아이만 살아남았다. 병사가 이 아이를 차마 죽이지 못하고 다리를 잘라 늪에 버렸다. 이 남자아이를 이리가 먹여 길렀다. 그 소년이 장성하여 이리와 합하여 잉태하게 되었다. 이 후손들이 돌궐족이 되었다는 것이다(김, 2008).

---

[*] Timur. Wikipedia, https://en.wikipedia.org/wiki/Timur.

테무르는 나라 이름이기도 하였고, 현재도 널리 사용하는 성이다. 중앙아시아에서는 우리나라의 김씨라고 보면 된다. 아무튼 오늘 만난 테무르는 그 말의 뜻이 쇠이고, 이곳이 철공의 후손들이 세운 흉노의 일파 돌궐의 땅이었다는 점, 알타이가 금(金)을 뜻한다는 점에서 특별한 의미로 다가왔다. 여기서 만난 테무르가 보여준 친절한 환대는 지금도 고맙게 생각하고 있다.

∧ 알타이의 유목생활

∧ 테무르의 게르가 있는 알락 할르한산 해발 2,600m 지점

∧ 현지 주민 테무르의 게르

다산을 상징하는
시베리아잎갈나무

알타이의 알락 할르한산(Alag Khairkhan Uul) 탐사를 통하여 그동안 가지고 있던 궁금증은 해소되기는 커녕 점점 커져만 갔다. 어째서 그렇게 먼 곳에 한라산의 식물들과 유연관계가 깊은 식물들이 있는가, 바다 같은 사막으로 둘러싸여 마치 섬처럼 고립된 곳인데 머나먼 곳의 식물들이 왜 이곳에도 분포하는가.

칭기즈칸 국제공항에서 시내로 들어가다 보면 오른쪽에 산이 있다. 이 산은 보그드한산(Bogd Khan Uul, 몽골 사람은 벅드한으로 발음한다)이다. 우리는 이미 이 산을 수차례에 걸쳐 탐사했다. 울란바토르 시내 어느 곳에서나 보이고 이착륙할 때면 더 잘 보인다. 보그드한산을 바라보면서 느끼는 점은 주위가 온통 초원인데 이 산만은 어떻게 울창한 숲인가 하는 점이다. 이 의문은 아주 중요한 의미를 담고 있다. 그것은 답이 어떤가에 따라 몽골 초원은 숲이 있어야 할 곳을 인위적으로 초원으로 만들었다는 뜻도 될 수 있기 때문이다. 그렇지 않으면 저 넓은 초원은 나무가 자랄 수 없는 어떤 이유가 있거나, 이 보그드한산이 어떤 특별한 원인으로 울창한 숲이 형성될 수 있었다는 뜻이 되기도 한다. 이 의문은 오늘 알타이를 가는 이유 중의 하나임은 물론 지금까지 몽골탐사 내내 생각했던 궁금증 중의 하나이다.

어쨌거나 보그드한산은 우리의 식물탐사의 주요 대상지 중의 하나다. 그리고 그 이름이 가지는 의미에서 몽골의 산림 또는 자연보호 정책, 몽골의 사람들이 자연을 바라보는 마음, 그리고 종교와 민속에

∧ 보그드한산 정상에서 찍은 사진으로 멀리 울란바토르가 보인다. 이 산은 마치 광활한 초원의 바다에 떠 있는 울창한 섬 같다.

대해서까지 많은 분야에서 중요한 산이다.

몽골은 초원으로만 되어 있을 것으로 생각하기 쉽지만 국토의 약 10%는 숲이다(MNEM & UNDP, NBAP, GEF, 1998). 그 면적이 무려 106,828km²에 달한다. 남한 면적보다도 넓다. 그중 72.3%는 시베리아잎갈나무 (*Larix sibirica*)가 차지하고 있다. 이 종은 몽골 유목민에게 아주 친숙한 나무이다. 몽골에서 사용하는 땔감이나 건축재는 대부분은 이 나무다. 다음은 시베리아가문비나무(*Picea obovata*) 9.2%, 자작나무(*Betula platyphylla*) 8.7%, 시베리아잣나무(*P. sibirica*) 4.7% 순이다.

보그드한산은 울창한 숲으로 덮여 있다. 활엽수로서 숲을 이루고 있는 나무는 자작나무가 유일하다. 이 종은 시베리아, 백두산을 비롯한 동북아시아에도 널리 분포한다. 북방의 아름다운 숲을 대표하는 종의 하나다. 한라산에는 이 종은 없지만 혈연적으로 매우 가까운 사스래나무(*B. ermanii*)가 구상나무와 더불어 고지대에 자라고 있다. 침엽수로는 시베리아잎갈나무가 넓은 면적으로 숲을 이루고 있다. 이 종은 몽골의 산림을 형성하는 나무 중에서 가장 넓은 면적을 차지하고 있다. 그리고 구주소나무(*Pinus sylvestris*)가 넓은 숲을 형성하고 있다. 이 종은 백두산 북사면 이도백하의 미인송을 시작으로 유럽까지 분포하는 종이다. 또 시베리아잣나무가 꽤 넓은 면적에 숲을 형성하고 있다, 몽골 사람이 겨울에 주전부리로 널리 애용하는 잣은 이 나무의 씨앗이다. 주로 가평에서 생산되고 있는 우리나라의 잣은 말 그대로 잣나무(*P. koraiensis*)의 씨앗이다. 그러나 두 종의 씨앗 모양이 비슷해서 구분이 쉽지 않다. 어쩌면 우리나라에도 이 몽골산 시베리아잣이 수입되고 있는지도 모른다. 잣나무 종류는 소나무과에 속한다. 그런데 소나무 종류는 잎이 한 속에 두 개의 바늘잎으로 되어 있다. 그에 비해서 잣나무 종류는 한 속에 바늘잎이 다섯 개로 되어 있다. 오엽송이라고도 부르는 것은 그 때문이다. 침엽이 세 개인 삼엽송도 있지만 우리나라에 자생하는 종에는 없다. 우리나라에는 오엽송이 잣나무, 섬잣나무(*P. parviflora*), 눈잣나무(*P. pumila*), 3종이 있고 한라산에는 분포하지 않는다. 시베리아잣나무는 예니세이강을 따라 북위 68°까지, 남쪽으로는 북위 46°인 몽골의 호르혼강(Komarov, 1986), 눈잣나무는 설악산, 섬잣나무는 울릉도가 남한계이다(Sun, 2007).

✱ 몽골의 설, 차강사르

설을 몽골에서는 차강사르라고 한다. 1989년 음력 새해 첫날을 전국적인 명절로 공식 선포하여 법정 공휴일이며 정초 3일을 쉰다. 이날은 오보에 참배하고, 차례를 지내며 서로 세배를 한다. 오보(ovoo 라고 표기하며 우리나라에서는 어버로 쓰는 경우도 있다. 실제 몽골

∧ 사랑게렐과 쳇세그마 부부의 가족. 설을 맞이해 자녀들과 손자 외손자 등 모두 17명의 가족이 모였
  다. 본 탐사대의 몽골대원인 엥헤(가장 오른쪽) 가족이다.
∧ 시베리아잎갈나무(*Larix sibirica*) 솔방울(왼쪽), 몽골 설 명절 음식(오른쪽)

사람의 발음은 어워로 들린다)에 갈 경우에는 해 뜰 무렵 새벽 세배 전에 간다. 차례는 델(몽골의 전통의상으로 허리에 긴 천으로 된 부스를 맨다)을 차려입고 가장부터 차례로 라마 신에게 새해인사를 올리며 마음속으로 가족의 행복을 기원한다. 그런 다음 웃어른 순으로 세배를 한다. 차강사르는 가족과 친척끼리 새해인사를 하며 복을 비는 가족명절이다. 차례상을 집안에 모신 부처님 앞에 차려놓고 아르츠(향풀을 말려서 빻은 것)를 향로에 피워 가족, 친척들 몸에 세 번씩 왼쪽에서 오른쪽으로 두른다. 오보제라는 게 있다. 몽골에서 흔히 볼 수 있는 오보에 제사를 지내는 것이다. 옛날에는 라마승이나 무당들이 집행하여 성대하게 치렀으나 최근에는 주로 개인적인 의례로 축소되어 간다고 한다. 오보는 수호신의 기능과 함께 이정표의 기능을 동시에 지닌다. 설날 아침에 해가 뜨자마자 오보에 가는데 남자만 간다. 오보의 대상 신은 산신(초원의 백발노인) 또는 지역 수호신으로서 오보제는 일종의 산신제 성격을 지닌다. 특별한 음식은 차리지 않고 마유주 등을 바친다.

　설음식은 아주 다양한 음식들이 있지만 사진에서 보는 바와 같이 여러 음식을 쌓아올린 것을 볼 수 있다. 아래에 양의 몸통 고깃덩어리와 그 아래에 앞발, 어깨뼈, 큰 갈비 등을 놓았다. 그 위에 여러 가지 유제품과 빵을 올린다. 여기에서 특이한 형태의 빵을 가장 위에 올린 것을 볼 수 있었는데 시베리아잎갈나무(*Larix sibirica*)의 솔방울모양이다. 시베리아잎갈나무의 솔방울에는 수많은 씨앗이 들어 있는데 후손의 번성을 기원하는 게 아닐까.

스텝, 그 광활한 초원

울란바토르 시내를 벗어나면 광활한 초원이 펼쳐진다. 간간이 소규모 촌락을 볼 수도 있지만 주로 독립적인 게르가 쉽게 눈에 띈다. 한두 채의 게르, 그 옆에 소형 트럭 또는 오토바이, 풀을 뜯고 있는 가축 떼, 운이 좋으면 일을 하고 있는 사람과 그 다정한 주인과 함께 하고 있는 개를 볼 수도 있다. 이런 광경을 보고 있으면 '이 넓은 초원은 대체 어디서 시작해서 어디서 끝나는 것일까? 몽골의 식생은 이런 것인가? 식물은 어떤 것들인가? 가축이 좋아하는 식물은 어떤 종류가 있을까?' 하는 궁금증이 피어오른다. 대원들은 아침 일찍 출발해서인지 말없이 창밖을 바라보고 있을 뿐이다. 이 넓은 초원을 이

∧ 목적지 알타이의 알락 할르한산은 울란바토르에서 1,200km, 한라산에서 옌지 거리와 같다.

루고 있는 몽골은 사실 시베리아 타이가와 중앙아시아 스텝의 중간 지점에 걸쳐 있다. 그러므로 유라시아 대륙이라는 큰 틀에서 보면 이 광활한 초원조차도 그다지 넓은 게 아니다. 또한 몽골에는 지금 눈에 보이는 초원만 있는 것도 아니다. 산악 지형인 곳도 많다. 혹독한 대륙성 기후와 그에 따른 강수량의 변화 같은 요인은 몽골 영토 내에서도 매우 다양한 서식지를 만들어 낸다. 북쪽에서 남쪽으로 가면서 춥고 습한 기후가 점차 따뜻하고 건조한 기후로 바뀐다. 이러한 변화에 대응해서 식생도 바뀌는데, 언필칭 타이가, 스텝, 사막의 세 가지 주요 식생대가 있다. 이 식생대 사이에는 점이지대도 넓게 발달해 있다. 즉 타이가와 스텝지역 사이에 있는 산림스텝지역, 스텝과 사막지역 사이에 형성하는 사막스텝이다. 그러므로 몽골의 식생은 북쪽에서 남쪽으로 가면서 타이가, 산림스텝, 스텝, 사막스텝, 사막, 여기에 고산식생대를 더해서 6개 식생유형이 형성되어 있다고 보면 된다. 이러한 식생유형에 상응하여 경관도 결정된다.

스텝(Steppe)은 초원을 의미하는 러시아의 고어 степь(Step)에서 유래했다. 산악에 형성된 초원, 관목림, 온대 초원, 사바나, 덤불숲으로 된 생태계 또는 생태지역으로 비교적 강과 호수 같은 수계에서 떨어져 있

몽골의 식생 및 면적

번호	식생대	면적(km²)	비율(%)
1	고산 식생대	56,394	3.6
2	산림타이가 식생대	70,492.5	4.5
3	산림스텝 식생대	238,108	15.2
4	스텝 식생대	535,743	34.2
5	반사막 식생대	366,561	23.4
6	사막 식생대	299,201.5	19.1
	계	1,566,500	100

∧ 좀골담초(*Caragana microphylla*), 초원과 반사막의 스텝지역에 널리 분포한다.

으면서 나무도 많지 않은 초원을 일컫는다.[*] 또 이 용어는 숲을 지탱하기에는 너무 건조하고, 사막이 되기에는 충분히 건조하지 않은 정도의 기후를 의미하기도 한다. 스텝은 경관생태학적으로는 초원을, 기후학적으로는 스텝 기후를 표현한다. 토양은 주로 체르노젬형(Chernozem Type)이다. 이 토양은 흑색토양(Black Soils)이라고도 하는데 러시아 남부, 유럽 중부, 북아메리카 중부의 온대에서 냉온대의 아습윤 기후(연 강수량 400~600mm) 하에 있는 초원지대에 널리 분포한다(한국생물과학회, 2002). 스텝지역은 반건조지대이면서 대륙성 기후라는 특징을 갖는다. 여름에는 45℃까지 올라가고 겨울에는 −55℃까지 내려가는 극단 기온을 갖는다. 여름과 겨울의 기온차 외에도 낮과 밤의 기온차도 심하다. 몽골의 경우 낮에는 30℃까지 올라가다가 밤에는 0℃ 이

---

[*]   Steppe. Wikipedia, https://en.wikipedia.org/wiki/Steppe.

하로 내려가기도 한다. 연강수량은 250~510mm 정도이다.

세계적으로 가장 넓은 스텝지역은 '그레이트 스텝'이라고도 하는 동유럽에서 중앙아시아에 걸쳐 있는 지역이다. 서쪽으로는 우크라이나에서 시작하여 카자흐스탄, 투르크메니스탄, 우즈베키스탄을 관통하면서 알타이, 코펫 다그, 톈산산맥을 거쳐 만주에 이른다. 몽골의 식생대는 생태학적 측면에서 크게 고산벨트, 산림타이가벨트, 산림스텝, 스텝, 반사막스텝, 사막지역의 6개로 구분하고 있다(MN, ETM, GEF, UNDPM, CBDMNEC, 2009). 그중 스텝은 몽골 면적의 34.2%로 6개 식생대 중 가장 넓다. 면적은 무려 535,743km²에 달한다. 이 식생대의 대부분을 초원이라고 볼 때 초원만도 남한 면적의 5.3배 정도가 되는 셈이다. 몽골에서 스텝 다음으로 넓은 식생대는 반사막스텝으로 23.4%이다. 이 식생대 역시 크게는 스텝에 포함할 수 있는 식생이다. 그러므로 이 두 식생대를 합친 면적은 57.7%로 사막을 제외한다면 몽골의 대부분이 스텝식생대라 해도 그다지 틀린 말은 아니다. 반사막스텝에는 스텝과 마찬가지로 골담초속 식물들(*Caragana*)과 동토쑥(*Artemisia frigida*)을 포함하고 있지만 중앙아시아 식생의 영향을 받아 그 중간 점이지대 종들도 많다. 다음으로는 사막지역 19.1%, 산림스텝 15.2%, 산림타이가 4.5%, 고산벨트 3.6% 순이다. 스텝은 다시 초원스텝, 전형스텝, 건조스텝 등 3개의 아식생대로 나뉜다. 34.2%를 차지하는 이 스텝은 초원스텝 4.3%, 전형스텝 10.1%, 건조스텝 14.3% 산림스텝 5.5%로 되어 있다. 이 스텝의 주요 구성종 역시 골담초속 식물들과 동토쑥 같은 건생식물들이다. 골담초속 식물들은 몽골식물을 다루기 위해선 반드시 짚고 넘어가야 하는 식물들이다. 한라산에도 이 무리의 식물들이 있을까?

∧ 좀골담초(*Caragana microphylla*)

∧ 난쟁이골담초(*Caragana pygmaea*)

✱ 스텝의 주인 카라가나

골담초속은 콩과에 속하며 주로 관목이나 드물게 소교목도 있다. 몽골 사람은 카라가나라고 부른다. 이 학명이 몽골어에서 기원했음을 알 수 있다. 땔감이나 가축의 먹이식물로 아주 중요하기 때문에 몽골인과는 떼려야 뗄 수 없다. 탁엽은 낙엽기가 되면 쉽게 떨어지거나 오래 떨어지지 않는 종도 있으며 드물게 가시모양으로 되는 종도 있다. 잎은 깃모양의 복엽이거나 부채모양으로 배열한다. 작은 잎 4~20개로 구성한다. 꽃은 잎겨드랑이에서 나오고 보통 한 개씩 나오지만 2~5개가 다발을 이루기도 한다. 꽃받침은 관모양이거나 종모양이다. 꽃잎은 주로 황색이지만 드물게 분홍색도 있다. 씨방은 여러 개로 되어 있다. 꼬투리는 원통모양 또는 납작 눌린 모양이다. 관상용으로 널리 심고 있으며, 토양이나 물을 보전하기 위해 심는데 최근에는 사막화방지를 위해 많이 심는다. 우리나라에서는 약용으로 재배하는 경우가 있다. 히말라야, 중앙아시아를 포함하는 온대 아시아와 동 유럽에 100여 종이 있다. 중국에 66종(Liu et al., 2010), 러시아에 28종(Poyarkova, 1986), 몽골에 13종이 알려져 있다(Grubov, 1982). 골담초속은 잎이 깃모양의 복엽을 가진 종과 부채모양으로 배열하는 종으로 구분할 수 있다. 몽골에 분포하고 있는 13종 중 깃모양 잎을 가진 종은 좀골담초(C. microphylla) 등 8종, 부채모양으로 배열하는 잎을 가진 종은 난쟁이골담초(C. pygmaea) 등 5종이다.

골담초속 식물의 분산과 분단분포

골담초속(*Caragana*) 식물은 스텝의 건조지나 반사막스텝 식생이면 거의 볼 수 있는 나무다. 아주 건조한 곳에서도 생존할 수 있기 때문에 동물로 비유하자면 낙타와 같다. 전 세계적으로 거의 100종에 달한다는 기록들도 있지만 최근에 발표된 자료들은 70종(Erhardt *et al.*, 2008) 또는 75종(Mabberley, 2008)이다. 몽골에는 13종이 분포한다. 이들은 다음의 세 가지로 좀 더 자세히 분류할 수 있다. 즉 잎이 깃 모양이고 엽축은 낙엽성인 무리, 잎이 깃모양이고 엽축은 오래 남아있는 무리, 잎이 부채모양으로 배열하는 무리다(Moore, 1968; Zhang, 1997a, 1998; Zhang *et al.*, 2009). 잎이 깃모양이고, 엽축이 낙엽성인 무리는 골담초절(sect. Caragana)이라고 한다. 이들은 동아시아 온대림, 알타이-사얀과 그 인접한 지역에 분포한다. 잎이 깃모양이고, 엽축이 오래 남아있는 무리는 브렉테올라타에 절(sect. Bracteolatae)이라고 한다. 칭하이-티베트고원의 냉온대지역에 분포한다. 잎이 부채모양으로 배열하고 엽축이 오래 남아있는 무리는 프루테스센테스절(sect. Frutescentes)이라고 한다. 중앙아시아의 건조지역에 널리 분포한다. 이러한 3개의 주요 절은 단지 외부형태학적으로만 구분되고 있는 것이 아니라 계통유전학적 분석으로도 뒷받침되었다.

그런데 골담초속은 중앙아시아의 넓은 지역, 다양한 환경에 분포한다는 점, 같은 종이라도 분포지역이 서로 멀리 떨어져 있다는 점, 분포지역에 따라 특정 종들이 같이 따라다닌다는 점에서 과학자들의 관심이 높다. 러시아의 코마로프는 형태 변이와 분포 양상을 기반으로 중국과 몽골의 식생 연관 가설을 세우면서 이 골담초속 식물을 이용했다(Komarov, 1908, 1947). 그 외에도 다래나무과의 한 속인 클레마토글레드라속(*Clematoclethra*, 20종으로 구성되며 중앙아시아와 중국서부 고유속이다), 초롱꽃과의 더덕속(*Codonopsis*, 세계적으로 58종, 한국에 4종이 있다), 매자나무과의 삼지구엽초속(*Epimedium*, 세계적으로 50종, 주로 중국에 분포하고 일부가 여타의 아시아 국가와 지중해 연안에 분포한다. 한국에 삼지구엽초 1종이 있다), 니트라리아과의 한 속인 니트라리아속(*Nitraria*, 9종으로 구성되는데 독특하게도 아프리카, 유럽, 아시아, 러시아, 오스트레일리아에 퍼져 있다) 식물들을 사례로 분석했다. 그는 몽골 골담초속도 동아시아, 아마도 중국의 일부라 할 수 있는 지역에서 유래한 것으로 추정했다. 톈산에 있는 발하쉬호 남부와 그 인접한 오늘날의 몽골 영토를 중심으로 중앙아시아에서 기원한 것으로 추정한 연구 보고도 있다(Moor, 1968).

몽골 학자 산치르(Sanchir, 1979)와 자오(Zhao, 1993)는 온대종인 큰골담초(*Caragana arborescens*)를 이 속의 조상종으로 제안한 바 있다. 즉, 코마로프가 제안한 3배체인 2n=24인 골담초(*C. sinica*) 대신, 여러 쌍의 소엽으로 된 우상복엽이면서 엽축은 낙엽성이고 염색체 수는 2배체 2n=16을 갖는 온대분포인 큰골담초를 이 속의 조상종으로 제안한 것이다(Moore, 1968). 그런데 최근에 진전된 관련 연구결과들이 속속 발표되고 있어 관심을 끈다. 분산과 분단분포 분석이라는 방법에 의한 것이다. 이 방법은 화석 기록이 없는 종의 기원지와 이동 경로를 결정하는데 유용하다. 그 결과는 산치르의 견해와 유사했다. 그리고 중국의 극동 및 북동지역이 골담초속의 기원지로 추정되었다. 중국의 극동 및 북동지역과 알타이-사얀지역이 하나의 분단분포를 형성했다. 이것은 큰골담초의 분포를 보면 쉽게 이해할 수 있다. 이것은 이들

∧ 깃모양 잎과 엽축이 낙엽지는 큰골담초(*Caragana arborescens*, 분단분포 종)

∧ 잎이 부채꼴로 배열하는 좁은잎골담초(*Caragana stenophylla*, 분단분포 종)

∧ 깃모양 잎과 엽축이 낙엽지지 않고 오래 남는 가시털골담초(*Caragana jubata*, 분단분포 종)

지역과 북중국-친링산맥 지역에서 일어난 큰골담초의 분포로 설명할 수 있을 것이다. 즉, 이 종은 중국의 극동 및 북동지역과 알타이-사얀 지역에 분포하고 있다. 이 두 지역은 2,000km나 떨어져 있다, 몽골고 원으로 격리되어 있는 것이다. 이러한 현상을 분단분포라고 한다. 격리분포와 비슷한 개념이지만 분단분포는 지리적, 기후적 장벽에 의할 때만 해당된다.

이와 같은 분단분포들은 다음과 같이 세 가지 현상으로 분석되었다. 첫번째 분단 현상은 중국의 극동에서 북동에 이르는 지역과 알타이-사얀지역에서 존재한다. 두번째 분단 현상은 몽골고원, 중국 북부, 중국 친링산맥, 헹두안산맥들과 첫번째 분단 현상에 포함된 지역들을 뺀 여타의 지역 간에 있다. 이 분단은 지질시대에 동아시아와 테티스해(Tethys) 사이의 광대한 지역의 분단을 의미하는 것이라고할 수 있다. 세번째 분단 현상은 동아시아 아열대와 신장과 서간수, 톈산산맥, 파미르-알타이, 남유럽-서시베리아 등 중앙아시아와 같은 서부지역 사이에 나타난다. 그래서 중국 북부, 중가르-알타이-사얀지역은 잎이 복엽이면서 엽축이 일찍 떨어지는 종들, 중앙아시아는 잎이 복엽이면서 엽축이 잘 떨어지지 않아 오래 남는 종들, 칭하이-티베트고원 중앙은 잎이 부채모양으로 배열하면서 엽축이 오래 남는 종들로 진화와 분화를 하게 되었다. 이러한 분화는 곧 여러 지리적 자매종들을 발생시킨 결과를 낳았다.

그러면 어떻게 이러한 분단분포가 일어난 것일까. 골담초속은 1,600만 년에서 1,400만 년 전에 발생한 것으로 보고 있다. 그렇다면 칭하이-티베트 고원이 융기하기 시작한 2,100만 년~1,700만 년 전, 즉 마이오세 초기에 진화를 시작한 것으로 추정할 수 있다((Zhang et Fritsch, 2010; Shi et al., 1999). 이 당시 칭하이-티베트고원은 평균 고도 2,000m에 도달했다. 그 후 이 고원이 급속히 융기 하던 800만 년 전에 골담초속은 3개의 분계로 진화했는데, 골담초절은 중국 북부와 중가르-알타이-사얀지역, 프루테스센테스절은 중앙아시아, 브렉테올라타와 *Jubatae*절은 칭하이-티베트고원 중앙에서 분화한 것으로 추정하고 있다(Zhang et Fritsch, 2010).

여기에서 도출된 가장 뚜렷한 결론은 이 속의 진화를 주도한 역할은 분단분포 대 분산이라는 것이다. 골담초속의 경우 인도 아대륙이 유라시아 대륙과 충돌하면서 히말라야를 비롯한 티베트고원이 융기하고, 이러한 장벽으로 대양과 단절되면서 중앙아시아의 건조화, 그리고 사막화, 크게 높아진 여러 산맥에 의한 격리와 관련 있다고 상정할 수 있다. 몽골고원과 티베트고원은 동아시아와 중앙아시아 서부 간의 분산의 장벽이라는 가설(Zhang, 2005)도 가능하다. 그렇다면 한라산의 식물들은 이런 과정에서 예외적일까? 독특한 한라산 식물상의 미스터리는 바로 여기서 풀리는 것이다.

✱ 식물은 어떻게 퍼져 나갈까?

한라산의 식물은 어디서, 어떻게 왔을까? 어떻게 생겨났을까? 식물은 분산이라는 방법으로 퍼져나간다. 태어난 장소 또는 현재 서식하고 있던 곳에서 이동하여 흩어지는 것을 말한다. 특정 지역의 생물상이 어떤 과정을 통하여 성립했는지를 밝히려는 경우 각각의 생물군에 공통되지 않는 개별적인 요인, 동일 지역에 분포하는 복수의 생물군의 계통관계, 종 분기도의 일치·불일치에 근거하여 추론한다. 복수군의 종 분기도 모양이 지리적으로 일치하는 부분에 관해서는 생물상 전체에 걸친 공통요인 즉, 분단 현상의 존재를 가정할 수 있다. 한편 종 분기도의 모양이 일치하지 않는 부분에 관해서는 개별 요인(분산)에 의해 설명하지 않으면 안 된다. 한라산에 분포하고 있는 종들에 관해 식물상 해석을 위해 종 분기도를 분석한 예는 없다.

∧ 분단분포의 전형인 암매(*Diapensia lapponica* var. *obovata*).
　한라산. 시베리아 예니세이강에서 캄차카를 넘어 베링해의 여러 섬에 분포한다.

　다만 현재의 분포상태를 보고 분산에 의한 분포와 분단 현상에 의한
분포 모두가 있는 것으로 추정할 수는 있다. 분단 현상이란 격리분포
에 이어 나타나는 현상이다. 생물은 어떤 경우에 같은 종인데도 분포
지역이 상호 이주나 유전자 교류가 사실상 불가능할 정도로 충분히
격리된 복수의 지역에 분리되어 있는 경우가 있다. 이것을 격리분포
또는 불연속분포라고 한다. 이것은 우발적인 장거리 분산에 유래한
경우도 있지만, 대부분은 이전의 연속적인 분포역이 지형이나 기후
의 변화로 분단됨으로써 생긴 것으로 간주된다.

　한편, 격리 또는 분단으로 고립된 생물들이 어떤 요인에 의해 생
식적, 유전적으로 완전히 분리가 되면 새로운 종으로 분화하게 된다.
이런 종들을 지역적 자매종이라 한다. 한라산에는 분단분포종과 지

역적 자매종들이 많다. 암매(*Diapensia lapponica* var. *obovata*)는 분단 분포의 전형이라고 할 수 있다. 이 종은 곤충에 의해 수분이 이루어 지는데 그러기엔 너무 먼 한반도를 건너뛴 시베리아, 캄차카, 사할린 등과 공통으로 분포하고 있다. 들쭉나무(*Vaccinium uliginosum*)도 분포 유형이 유사한 경우이다.

∧ 들쭉나무(*Vaccinium uliginosum*). 한라산, 유럽의 알프스, 코카서스, 몽골을 비롯한 중앙아시아, 시베리아, 캄차카, 북미의 캐나다, 로키산맥 등에 분포한다.

강원도 얼음골에서 발견된
카라가나의 정체

2007년 6월 27일 '국립수목원은 전 세계적으로 북한지역에서만 자라고 있는 식물인 '참골담초'의 자생지를 강원도에서 발견했다. 참골담초는 우리나라 특산식물로 남한에서 발견되기는 이번이 처음이다'라는 뉴스가 있었다. 3년 후인 2010년 6월 29일에는 '국립생물자원관은 강원도 화천·평창·정선, 경기도 연천·포천의 풍혈지 5곳에서 우리나라에만 자생하는 참골담초 등을 찾아냈다'라는 뉴스가 나왔다. 이 참골담초의 정체는 무엇인가. 우리나라 최고 권위의 식물 관련 기관들에서 연이어 발견 사실을 공표하고 많은 매체들이 앞다퉈 보도할 만큼 중요한 종인가. 첫째, 참골담초(*Caragana koreana*)는 어떤 식물인가? 둘째, 이 종은 과연 한반도 고유종인가? 셋째, 우리나라에도 카라가나 즉, 골담초속 식물이 있나? 국제식물명색인과 온라인식물학데이터베이스의 합법명, 비합법명, 이명 등을 모두 들여다봤지만 참골담초의 학명은 존재하지 않았다. 물론 그렇다고 해서 이 학명이나 이 학명이 지시하는 식물이 없다고 단언할 수는 있는 건 아니다.

우리나라 식물명 대부분을 다루었다고 하는 2007년『한국 속 식물지(The Genera of Vascular Plants of Korea)』는 참골담초에 대해서는 언급하지 않은 채 골담초(*C. sinica*)와 좀골담초(*C. microphylla*) 두 종을 기재하고 있다(Choi, 2007). 좀골담초는 우리나라 북부에 자생하며, 골담초는 중국에서 도입한 것으로 되어 있다. 그렇다면 이 참골담초는 언제부터 기록되기 시작했을까? 1942년『조선삼림식물도설』에 조선골

ʌ 강원도에 자라는 조선골담초(*Caragana koreana*) ⓒ 남명자

담초라는 명칭으로 나오는 것이 시초일 듯하다. 여기에서 해발 400m 이하, 강원, 황해, 평남에 분포한다고 한 것이 오늘에 이르기까지 영향을 미치는 것으로 보인다(정, 1942). 국명 참골담초는 1949년『조선식물명집』에 처음으로 등장하므로 조선골담초가 선취권이 있다(정 등, 1949). 즉 국명은 조선골담초라고 해야 한다는 뜻이다. 1974년『한국식물도감-상권 목본부』(정, 1974)에는 골담초, 조선골담초, 좀골담초, 세 종이 기재되어 있다. 조선골담초 분포지는『조선삼림식물도설』내용과 같다. 1996년『원색한국기준식물도감』에는 골담초, 좀골담초, 참골담초, 세 종을 기재하고 있다(이, 1996). 참골담초 분포지는 위와 같으며, 국명은 '참골담초(조선골담초)'로 표기했다. 1976년 북한에서 발간한『조선식물지』(임, 1975)는 골담초와 큰골담초를 도입종으로, 자생종으로는 좀골담초 한 종만을 기재하고 조선골담초는 언급하지 않았다.

2011년『한국의 나무』에는 골담초와 함께 참골담초를 기재하면서 학명은 'C. fruticosa'라고 하고, 조선골담초(C. koreana)는 이명으로 했다. 비합법명이라는 것이다(김과 김, 2011). 이 두 명칭이 지시하는 식물은 한 종이라는 뜻이기도 하다. 우리나라 석회암지대의 바위지대나 숲 가장자리에 매우 드물게 자라는데 중국 동북부, 러시아 동부에도 분포한다고 했다. 한반도 고유종이 아니라는 뜻이다. 그런데『중국식물지(Flora of China)』역시 이 종이 중국의 헤이룽장성, 러시아 동부, 한국에 자란다고 기재하고 있다. 최근 강원도 정선군 장열리 해발 410m의 조선골담초 자생지 조사 결과가 발표되었다(김 등, 2016). 여기에는 또 어찌된 셈인지 국명을 참골담초라 하고 학명은 C. koreana로 쓰고 있다. 결론적으로 골담초는 중국에서 도입한 종이라는데 인식을 같이하고 있다. 좀골담초는 한반도의 북부지방에 자생한다는 데 이견이 없다. 문제는 조선골담초다. 실체가 모호하다. 중국, 러시아와 공통 분포하는 덤불골담초(C. fruticosa, 우리말 이름은 학명의 뜻을 살

∧ 솔비나무(*Maackia fauriei*)숲. 한라산 특산식물 중에서 가장 크게 자라는 종의 하나다. 같은 속의 다릅나무(*Maackia amurensis*)가 한반도, 러시아, 일본, 중국에 널리 분포하는데 비해 이 종은 한라산에만 분포한다. 서로 배타적 분포영역을 가지고 있으며 지리적 자매종이다.

려 새로이 붙였다)일 가능성도 있다.

식물사진가 남명자가 촬영한 사진들에서 꽃이 잎겨드랑이에 2개씩 달린 경우도 흔하거나, 복엽은 작은잎 5~6쌍으로 되어 있거나, 열매의 끝이 길어지는 형질은 조선골담초라기보다 덤불골담초에 훨씬 가까운 특성이다. 만약 그렇다면 지리적으로 멀리 떨어진 강원도에 자생지가 있으므로 분단분포종이 된다. 그렇지 않고 한반도 고유종인 조선골담초라면 지리적 자매종이 되는 것이다. 강원도 풍혈지, 즉 얼음골에 자라는 골담초속에 대해서는 이런 추론이 가능해진다. 한라산에도 과거에는 있었을 가능성이 있다. 지난 빙하기에는 이 종이 한라산까지 확장했었을 수도 있다. 그러다가 온난화와 함께 퇴각하면서 얼음골에 섬처럼 남아 그 옛날의 비밀을 전해 주고 있는 것은 아닐까.

✱ 멀리 떨어져 있어도 우리는 자매

오스트랄아시아요소는 오스트레일리아와 아시아의 남부 등과 연결되었을 때 분포하던 것이 대륙이 분열된 후까지도 남아 있는 요소로서 분단분포에 해당한다. 그러나 유라시아와 신대륙 열대 공통 요소와 북미 서부와 공통요소 등은 분산분포로, 칠레 고유속은 조상종이 어느 대륙에서 기원했는가에 따라 달라질 수 있다는 뜻이 된다.

전 세계적으로 이러한 사례는 아주 많다. 이것은 지구상의 땅덩어리가 고정된 것이 아니고 곤드와나라고 하는 큰 대륙에서 갈라지며 이동했기 때문이다. 또한 수차례 걸친 빙하기를 포함해서 끊임없이 기온이 변화하는 등 환경변화가 있었기 때문이다. 한라산의 경우도 마찬가지다. 수차에 걸친 빙하기를 겪으면서 육지와의 연속과 격리를 반복했다. 또한 원래의 식물분포역과는 다른 양상으로 기후변화가 진행되었다. 이와 같이 분산과 분단분포, 지리적 자매종은 한라산 식물상의 성립 과정을 추정하는데 없어서는 안 될 개념이다. 한라산에 분포하는 종들은 이와 같은 요소 중의 하나로 분포하게 되었기 때문이다.

︿ 좀갈매나무(*Rhamnus taquetii*), 한라산에만 자라는 특산식물이다. 우리나라 중부 이북을 비롯해서 중국 동북지방, 아무르, 우수리 등에 널리 분포하는 갈매나무(*R. davurica*)의 자매종이다.

몽골의 제주식물

멀리 마을이 눈에 들어온다. 어느 정도 큰 건물들과 주유소도 보인다. 룬숨(Lün Sum)이다. 울란바토르를 출발한지 두 시간, 110km를 왔다. 아침식사에 대한 욕구가 간절해지면서 어느 식당에 도착했다. 이 식당은 그동안 서너 차례 이용한 적이 있기 때문에 꽤 익숙한 곳이다. 벽에 걸려 있는 그림이 눈에 들어 왔다. 정상에 오보가 있는 나지막한 동산을 그린 유화로 우리가 아침을 먹고 가야 할 룽산이다. 엥헤는 룽이라고 했고 우리는 룽산이라고 부른다. 주민들은 이곳을 신성한 곳으로 여기며, 여자들은 정상에 올라가면 안 된다는 금기도 있다. 룽이라는 이름이 무덤을 연상하게 해서 기억하기는 좋다. 왕릉을 닮았으니까. 몽골의 행정구역은 우리나라의 도에 해당하는 아이막(Aimag) 21개와 서울에 해당하는 울란바토르로 구성되어 있다. 아이막에는 읍이나 면에 해당하는 솜이 있는데 이 룬숨은 토브(Töv)아이막의 한 읍이라고 할 수 있다. 룬숨의 인구는 2,500명 정도, 그 중심이라 할 수 있는 이곳의 인구는 1,300명 정도라고 한다.

이곳에서 2km 거리다. 룽산에 오르자 넓은 강이 펼쳐진다. 강폭은 수백 미터에 이를 것 같다. 이 강은 툴강 또는 툴라강이라고도 부른다. 몽골에서는 일반적으로 카탄(여왕이라는 뜻) 툴이라고 한다. 울란바토르 북부 헨티산맥에서 발원하여 울란바토르를 지나 남서쪽을 크게 반원형을 그리며 흐르다가 다시 북서쪽으로 흘러 오르혼강과 합류한다. 길이는 704km, 유역 면적은 49,840km²에 달한다. 1240년에

∧ 릉산에서 바라보는 툴강(Tuul River). 울란바토르 북부 헨티산맥에서 발원하여 울란바토르를 지나 704km를 흘러 오르혼강과 합류한다.

편찬된 『몽골비사』에는 '툴강의 흑림'으로 자주 나타난다. 이곳 릉산 주변의 강변 진흙 바닥이 하얀색이어서 이채롭다. 염분 농도가 높기 때문이다. 자라고 있는 식물들도 염생식물 일색이다. 우선 화려하게 꽃이 피어 있는 종으로 미나리아재비과의 나도마름아재비(*Halerpestes salsuginosa*)가 눈에 띈다. 이 종의 종소명 '*salsuginosa*'는 *salsus*(염분이 많은)와 *ginosa*(자라는)의 합성으로 되어 있는데 그 자체로 '염생'이라는 뜻이다. 환경적응력이 좋아서 몽골의 6개 식생대 모두에서 자란다(Lkhagva *et al.*, 2009). 염분이 많은 강변, 호숫가, 초원, 사면의 모래땅 습지대에 자란다. 중국, 카자흐스탄, 북한, 파키스탄, 러시아의 시베리아, 시킴에 분포한다(Zhu *et al.*, 2003).

눈에 익은 명아주과의 취명아주(*Chenopodium glaucum*)도 보인다. 이 종은 제주도에서도 비록 흔하지는 않지만 어렵지 않게 찾아볼 수 있다. 국립산림과학원 난대아열대산림연구소 표본실에는 서귀포시 표선과 제주시 하도 해안에서 채집한 표본들이 있다. 어떻게 제주도 해안에 자라고 있는 종이 이곳에도 자라고 있단 말인가. 이 두 지역 간에는 거리도 거리려니와 토양과 기후도 엄청난 차이가 있는데⋯ 아무리 분류학을 전공했다고 해도 이처럼 자생지 환경이 크게 차이를 보이는 곳에서 만나면 다시 한 번 눈을 비비고 보게 마련이다. 염분이 많은 해변, 습지, 들판, 물길 주변에 산다. 국내의 문헌에는 러시아의 극동과 남동 시베리아, 일본, 중국에도 분포하는 것으로 소개하고 있다(Zhu et al., 2003). 그러나 이번 탐사로 몽골에도 널리 분포하는 것을 확인했다.

제주도 아니면 한반도 어느 해안에서 봤음 직한 또 다른 종이 보인다. 뿔나문재(*Suaeda corniculata*)다. 이 종은 제주도에도 살고 있는 나문재 같기도 하고 해홍나물 같기도 한 모양이다. 뿔나문재의 우리말 이름은 나문재 무리에 속하면서 잎의 모양이 뿔을 닮았다는 것에서 착안했다. 염분이 많은 사막, 호숫가, 강가에 자란다. 중국의 내륙지방, 내몽골, 러시아의 남유럽과 남시베리아와 이어진 지역, 중앙아시아, 남서 유럽, 남동 우크라이나 등 남동 유럽에 분포한다(Zhu et al., 2003). 여기에서 바닷가에서나 자라는 염생식물을 보게 되다니⋯ 이들은 왜 여기에 살고 있는 것일까? 한라산 식물의 기원을 푸는 또 하나의 열쇠는 아닐까?

✱ 북극해로 흐르는 툴강

강은 몽골어로 골(Gol) 또는 무룬(Mörön)이라고 한다. 후자는 비교적 큰 강에 쓰인다. 황하를 '카라무룬', 요하를 '시라무룬'이라고 한다. 몽골어에서는 흔히 강의 이름에 -iin(-ийн) 또는 -yn(-ын)을 붙여 소유격의 형태를 만든다. 예를 들면 이더강(Ider River)을 이더린 골(Ideriin Gol)로 하는 방식이다. '이더의 강'이라는 뜻을 갖는다. 가장 긴 강은 오르혼강으로 1,124km에 달하며, 다음은 헤를렌강으로 1,090km이다.

∧ 미나리아재비과의 나도마름아재비(*Halerpestes salsuginosa*), 몽골의 모든 식생대에 분포하는 염생식물이다.

∧ 명아주과의 취명아주(*Chenopodium glaucum*), 제주도의 해안에도 자란다.

∧ 명아주과의 뿔나문재, 제주도에 자라는 나문재(*Suaeda corniculata*), 해홍나물과 근연종이다

남한에서 가장 긴 강인 낙동강(525km)의 거의 2배나 되는 길이다. 다음으로 긴 강이 바로 이 툴강이다. 우리나라에서는 모든 강이 바다로 흐르기 때문에 강은 바다로 흘러가는 것이라고 인식하는 것이 보통이다. 물론 몽골에서도 바다로 흘러가는 강도 있지만 호수로 흐르는 강도 많다. 흘러가는 방향도 제각각이어서 어떤 강은 북극해로, 어떤 강은 태평양으로, 또 어떤 강은 호수로 흘러가서 일생을 마친다. 중앙아시아에서는 호수로 흘러드는 강이 많다. 그러면 이 호수는 유입량에 따라 수위가 변하게 마련이다. 그래서 기후변화에 따라 호수의 크기나 깊이가 변하고, 사라져버린 호수들도 있다.

오르혼강은 치코이강, 드지다강, 에그강, 카눌강, 이더강 등과 합쳐져 셀렝게강을 만들고 이 강은 거대한 물줄기를 형성하면서 바이칼호수로 흘러든다. 물론 나중에 바이칼호수의 물은 다시 러시아의 앙가라강을 통하여 결국 북극해로 흘러가게 된다. 오호츠크해로 흘러가는 강도 있다. 오논강은 러시아의 실카강을 만들고 다시 아무르강과 합쳐지면서 결국 태평양으로 흘러들게 된다. 이렇게 몽골의 강과 호수를 초점으로 보면 흔히 초원이나 사막으로 연상되는 몽골에 의외로 수자원이 풍부하다는 점에 놀라게 된다. 실제로 몽골의 경우 국토 면적이 워낙 넓고 지형이 다양해서 그렇지 사실 전반적으로 본다면 수자원이 그렇게 적은 나라는 아니다.

셀렝게강은 역사의 무대로도 자주 등장한다. 이 강을 중심으로 힘을 비축한 몽골제국이 세계를 제패했는가 하면, 명(1368~1644년)의 홍무제(주원장)는 베이징을 점령한 후 1372년 이 강에서 원을 오르혼강으로 패퇴시켰다. 오르혼강은 셀렝게강보다 훨씬 북쪽에 있다. 그 다음의 영락제는 1414년에 이 강에서 오이라트를 몰아내게 된다. 이처럼 이 강은 역사의 격전장이기도 했다. 이 강가에는 버드나무숲들이 자리하고 있으며 멸종위기종인 철갑상어의 고향으로도 알려져 있다.

룽산의 식물상

룬솜을 지날 때마다 우리는 룽산을 탐사했다. 수차례에 걸쳐 서로 다른 계절에 조사했기 때문에 식물상에 대한 자료가 꽤 쌓였다. 그런데도 이 산의 크기에 대한 조사를 한 바는 없었다. 그저 작은 동산에 불과했으므로 알락 할르한산을 가는 길이지만 그냥 지나친다면 후회할 것 같았다. '송 박사, 이 산 한번 측정해 볼까?' GPS에 의한 측정결과가 나왔다. 둘레 270m, 단경 70m, 장경 100m, 바닥에서의 높이는 20m였다. 바닥 부분이 해발 994m, 정상은 해발 1,014m였다. 남~동쪽은 경사가 매우 급하고 서~북쪽은 완만한 형태였다. 전체가 바위로 되어 있다. 부분적으로 모래가 덮여 있고 작은 바위에서는 돌 조각들

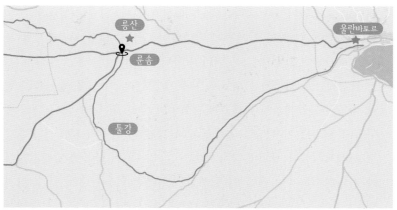

∧ 룬솜의 룽산. 툴강의 강변에 있다. 툴강은 울란바토르를 관통하여 남서쪽으로 크게 반원형으로 흘러 서쪽 110km 쯤에서 다시 그 모습을 나타낸다.

∧ 릉산. 툴강변에 있으며, 강 수면에서 높이 20m, 해발 1,014m이다.

이 부서져 내렸다. 바닥은 습지, 위로 올라갈수록 건조한 구조였다. 작은 동산이나 언덕 정도지만 그 위용이나 식물의 면면을 볼 때 산이라 불러도 손색이 없다. 강가에 있기 때문에 바닥은 습지다. 염분이 많아서 염생식물이 대부분이었다. 염생식물이란 바닷가에 자라는 식물들이 아니었나? 좀 정리가 필요한 대목이다.

산이 시작되는 곳은 강물이 불었을 때만 물에 잠기는 부분이다. 나도마름아재비, 취명아주, 뽈나문재와 함께 눈양지꽃(Potentilla anserina)이 눈에 띈다. 눈양지꽃은 함경남도와 강원도의 습기가 많은 땅에도 자란다. 털광대나물(Panzerina lanata)도 보인다. 이 종은 꿀풀과에 속하면서 광대나물과 유사한 모양을 하고 있다. 종소명 'lanata'가 '양털로 덮인'의 뜻이므로 이렇게 지었다. 조금 더 올라가면 노랑꽃양귀비(Papaver nudicaule)를 많이 볼 수 있다. 학명은 '줄기에 털이 없는'의 뜻이지만 누군가 이렇게 이름을 붙여서 그에 따랐다. 이보다 좀 더 위쪽 바위틈에 몽골홑잎운향(Haplophyllum dauricum)이 나타난다. 이 지역

∧ 눈양지꽃(*Potentilla anserina*)

∧ 노랑꽃양귀비(*Papaver nudicaule*)

∧ 털광대나물(*Panzerina lanata*)

∧ 몽골홀잎운향(*Haplophyllum dauricum*)

∧ 몽골좁은잎해란초(*Cymbaria daurica*)

의 옛 지명이 '다우리아'이고, 운향과에 속하며 홑잎을 갖는 종이므로 이렇게 지었다. 꽃을 자세히 보면 감귤 꽃과 닮았다. 감귤도 운향과에 속하기 때문이다. 이 종도 작고 풀처럼 보이지만 나무에 속한다. 그리고 좀 더 올라가면 그나마 나무의 모습을 갖춘 식물로는 유일하게 난쟁이골담초가 자리를 잡고 있다. 몽골좁은잎해란초(*Cymbaria daurica*)도 앙증맞은 모습으로 바위틈을 차지하고 있다. '몽골에 자라는 좁은잎해란초'라는 뜻으로 이렇게 이름을 붙였다. 그 외에도 많은 종을 관찰할 수 있었다. 룽산은 높이 20m에 불과하지만 낮은 곳에는 염습지에 자라는 종들, 점점 높아지면서 건조한 곳에 자라는 종들이 분포하였다.

✱ 염생식물, 염분환경에 적응한 식물

염생식물(Halophyte)이란 흔히 염분 농도가 높은 반사막, 맹그로브 습지, 늪지대, 진창, 해변같이 근계(根系)나 지상에 염분의 영향을 받는 곳에서 자연적으로 자라는 식물을 말한다. 이들은 내염성이나 염분 회피성과 같은 방식으로 염분환경에 적응할 수 있다. 고농도의 염분을 회피하는 식물들, 예를 들면 장마철에 생식주기를 마치는 식물들은 진정 염생식물(Obligate Halophyte)이라기보다 선택성 염생식물(Facultative Halophyte)이라고 할 수 있다. 진정 염생식물이란 염화나트륨 농도가 0.5% 이상인 물에서도 잘 자라는 식물들이다. 염생식물은 분비샘의 유무, 다육성인지 또는 염분을 배제하는 기능의 유무, 체내에 함유하는 기능의 유무로 분류할 수 있다. 그리고 관련 과 내에서도 일부 계통만이 염분 저항성에 관한 구조적, 계절적, 생리적, 생화학적 메커니즘이 진화했다(Koyro *et al.*, 2011).

염생식물은 염분 농도가 높은 척박한 토양에서도 자랄 수 있기 때문에 농업적 가치를 지니고 있는 경우가 많다. 그런데 학자들은 염분 토양에 대한 적응성을 기반으로 다음 세 가지로 분류하고 있다(Dagar,

2005; Pavol *et al*., 2008). 첫째, 염화나트륨 0.5% 수준 이상 토양에서 최적 생장을 보이는 식물을 진정 또는 절대 염생식물이라고 한다. 둘째, 염화나트륨 0.5% 수준에서 진정 염생식물처럼 최적 생장을 보이는 식물들과 염분이 없는 토양에서도 자랄 수 있는 식물들은 선택성 염생식물이다. 셋째는 염분과 비염분의 전이지역에서만 자라는 식물로서 비염분 유역에서 최적 생장을 보이는 식물을 혐염식물(Glycophytes) 또는 전이 염생식물(Transitional Halophytes)이라고 한다.

이들은 피자식물이 다양하게 분화하던 시기에 서로 관련이 없는 식물 과에서 각자 별도로 발생한 드문 형태로 생각되고 있다. 다시 말해 이들은 마치 착생식물, 부생식물, 건생식물, 수생식물, 습지식물과 같이 분류학적 특성과 무관하게 생활형의 하나라고 볼 수 있다 (Glenn *et al*., 1999). 내염성에 대한 정의 등 부분적으로 해결해야 할 문제들이 있기 때문에 이들에 대한 종합적인 목록은 없다. 1989년 불완전하지만 117과 550속 1,560종을 포함하는 목록을 제시한 학자가 있다 (Aronson, 1989). 이 목록은 새로운 작물을 탐색하기 위한 전 세계에 걸친 염생식물 수집을 종합하는 프로그램의 일부로서 당시까지의 보고서들과 연구자들과의 인터뷰를 통해 작성했다. 그러므로 주로 식량자원, 목초, 목재연료, 토양안정화 작물들을 대상으로 했다는 한계가 있다. 그럼에도 불구하고 이를 기반으로 학자들은 전 지구상의 육상 염생식물의 20~30%가 여기에 속할 것으로 추정하고 있다. 이는 전 세계 5,000~6,000종, 피자식물의 2%가 염생식물이라는 의미가 된다(Le Houerou, 1993). 그런데 이 목록에 있는 종들의 57%은 단 13개 과에 속했다. 염생식물이 가장 많은 과는 명아주과였으며, 이 과의 반 이상에 해당하는 550종이었다. 피자식물 중 종 수 기준 최상위의 3개과인 벼과, 콩과, 국화과는 많은 종을 가지고 있지만 그중 염생식물은 5%도 채 되지 않았다.

아늑한 번식의 섬, 가시억새

릉산은 꽃으로 넘쳐났다. 릉산은 툴강변에 있는데 이 강은 툴강 (Tuul River) 또는 툴라강이라고 표기했지만 국내에는 톨라강으로도 알려져 있다. 사실 몽골인들은 uu로 표기한 것을 "오"로 발음하는 것처럼 들린다. 산(Uul)의 경우도 "오~르"로 발음한다. 러시안 알파벳과 영어식 알파벳의 차이 같기도 하다.

서둘러 출발하려는데 아무래도 좀 검토를 하고 지나가야 할 것 같은 식물이 있다. 이 툴강변에도 널리 분포하고 있는 가시억새 (*Achnatherum splendens*)다. 초원을 달리다 보면 나타났다 사라지고, 사라졌다 싶으면 다시 보이는 군락이다. 넓게는 수만 m²에서 작으면 서너 포기 정도의 군락도 보인다. 어찌 보면 제주도의 억새밭처럼 보이기도 하는데 이 강변에서는 갈대밭을 연상하게 한다. 식물체가 억새보다 강하고 영어 일반명이 니들그라스(Needdlegrass)인 점을 고려해 가시억새로 이름 붙였다. 이 식물은 벼과에 속한다. 다년생으로 높이 2m 정도 자라고 잎이 무더기로 모여난다. 6~7월에 꽃이 피어 8~9월이면 씨앗이 성숙한다. 몽골에서는 러시아와 국경인 흡수굴의 산림타이가, 그레이트 힝안의 산림초원스텝, 몽골 알타이의 산림스텝을 제외한 전국에 분포한다. 계곡 바닥이나 모래땅, 초원, 물가 같은데 주로 난다. 이 식물은 생태적, 경제적으로 중요한 위치를 차지한다. 말, 양, 염소는 먹지 못하지만 소와 낙타는 잘 먹는다. 그래도 혹독한 겨울이나 가뭄으로 풀이 없을 때는 대부분의 가축들이 먹는

∧ 염분이 많은 툴강변의 가시억새(*Achnatherum splendens*) 군락에는 많은 염생식물들이 자라고 있다.

다고 한다. 대체로 가시억새 군락에는 바람막이가 잘 되어 있기 때문에 다양한 식물들이 살고 물도 어느 정도 보존된다. 여러 가지 식물 부스러기가 쌓이고 가축의 배설물도 많아진다. 이것은 식물이 발아해 자라기에 좋은 환경이 되고 가축이나 여타의 동물에게도 숨을 곳 또는 알을 낳거나 기를 수 있는 장소가 된다. 결국 황량한 초원에 아늑한 번식의 섬이 생긴다.

이 종은 몽골 초원에만 자라는 건 아니다. 유라시아의 스텝에 널리 분포한다. 흔히 모래땅, 염분이 많은 곳, 물이 자주 흘러드는 곳, 산악에서는 해발 3,600m 고지대까지 분포한다. 동쪽으로는 캄차카, 서쪽으로는 서시베리아, 알타이를 비롯한 중앙아시아 거의 전 지역, 이란, 중가리아, 카자흐스탄에도 흔히 볼 수 있는 식물이다. 가축이 먹기에는 잎이 너무 억세다. 그러나 시베리아의 겨울은 가축들에게

∧ 지채(*Triglochin maritimum*)

∧ 물지채(*Triglochin palustris*)

∧ 해변질경이(*Plantago salsa*)

∧ 제주도 해안가의 개질경이(*Plantago camtschatica*)

도 시련의 계절이다. 먹을 게 너무 없기 때문에 다른 가축은 먹지 못하는 이 억센 풀을 소들은 먹는다. 사료가치는 떨어지는 편이지만 건조에 강하기 때문에 다른 식물들이 충분하지 않은 해에는 매우 중요한 목초자원이 된다. 또한 눈이 많이 쌓여도 노출되므로 가축에게는 유용하다. 지역 주민들에도 쓸모가 많다. 매트나 울타리를 만들고 땔감으로도 쓴다. 일부 지방에서는 종이의 원료로 썼다는 기록도 있다. 참고로 『러시아식물지(Flora of the U.S.S.R)』에는 이 종의 학명으로 지금은 쓰지 않는 'Lasiagrostis splendens'로 표기하고 있다.

사람에게도 가축에게도 혹한과 가뭄은 견디기 힘든 시련이다. 강수량이 많으면 연간 400mm, 적으면 100mm도 채 안 되는 곳이 중앙아시아의 사막과 초원이다. 그런데 가시억새처럼 메마른 땅에서 체내에 물을 머금고 있다가 갈증을 해소해 주는 종들이 있다. 여기에 의존해 자라는 또 다른 염생식물들도 이와 같은 기능을 하고 있다. 염분을 걸러내는 것이다. 소금이 들어 있으면 바다도 사막이다. 목을 축여 주기는커녕 갈증만 부추길 뿐이다. 염생식물은 이런 쓸모없는 물을 다시 생태계로 순환시켜 주는 역할을 한다. 염생식물이 없다면 이곳엔 아무도 살 수 없었을 것이다.

✱ 지채와 질경이, 그들이 가지고 있는 비밀은?

가시억새 덤불에서 여러 종들을 관찰할 수 있었다. 우선 독특한 종으로 지채(Triglochin maritimum)와 물지채(T. palustris)를 들 수 있다. 이 종들은 지채과에 속하는데 전 세계에 25종이 있다. 우리나라에는 지채와 물지채, 두 종이 있다. 그중 지채는 높이 50cm까지 자라는 염생식물로 만조 시에는 거의 바닷물에 잠기는 곳에 자란다. 학명 중 'maritimum'은 바닷가에 자란다는 뜻이 들어 있다. 서해안 갯벌에 자라며 제주도에도 자란다. 국립산림과학원 난대산림연구소 표본실에는 애월읍 하귀리에서 채집한 표본이 있다. 물지채는 한반도에서는 북한지역에 분포하는 것으로 알려져 있다. 주로 오래된 연못에 자란다. 이 종의 종소명 '*palustris*'는 물가에 자란다는 뜻이 있다. 한편 국내외 여러 문헌에 이를 '*palustre*'로 표기하고 있는데 이는 잘못된 것이다. 중국에도 이 두 종이 분포하고 있는데 지채는 해발 5,200m, 물지채는 해발 4,500m까지 분포한다. 질경이도 흥미롭다. 이곳에서 왕질경이(*Plantago major*), 털질경이(*P. depressa*), 해변질경이(*P. salsa*), 좀질경이(*P. minuata*) 네 종의 질경이를 관찰할 수 있었다. 제주도에는 질경이, 개질경이를 포함해 4종이 자생하는데 그중 왕질경이와 털질경이는 이곳 룽산과 공통종이다. 해변질경이는 종소명 '*salsa*'가 염분이라는 뜻을 가지고 있다. 중국에서는 이 종을 유럽산 종과 비슷하지만 꽃잎조각 가장자리에 털이 있는 점에서만 다른 아종으로 취급하고 있다. 이런 점을 감안하여 해변질경이로 이름 붙인다. 문제는 이종 역시 해발 3,800m까지 분포한다는 점이다. 제주도에는 이와 혈연적으로 가까운 개질경이도 바닷가에 흔히 자라고 있다.

툴강변에서 나도마름아재비, 뿔나문재, 취명아주, 눈양지꽃, 털광대나물, 지채, 물지채, 해변질경이, 털질경이 등을 관찰했다. 이들은 제주도에도 자라는 종이거나 아니면 한반도의 어느 해변에도 자라고 있어서 해안식물로 알려진 종이다. 해안식물 또는 염생식물, 어떻게 보면 고산식물이라고도 할 수 있는 종이다. 그들의 고향은 어디인가? 제주도의 해안에서 분화해서 유라시아 내륙으로 퍼진 것인가? 아니면 아시아 내륙에서 제주도로 분산한 것인가?

갯봄맞이꽃의 고향

　아름다운 꽃들이 아무리 많아도 갈 길이 멀다. 서둘러야 했다. 어느 정도 갔을 때 우리는 커다란 모래언덕에 다다랐다. 코그노칸(Khogno khan)산국립공원의 모래언덕 지역이다. 모래가 많아서 그냥 사막이라고 부르기도 하고 버드나무과와 자작나무과의 나무들을 포함한 어느 정도 키가 큰 식물들이 있으므로 반사막이라고 부르기도 하는 곳이다. 지형지질로는 완전한 사막이지만 식생으로나 기후로나 사막지역은 아니다. 이곳 사람들은 이 독특한 경관을 활용해서 관광객을 대상으로 낙타를 태워주는 일을 하고 있다. 코그노칸산국립공원은 불간아이막 오보르항가이솜과 토브아이막의 경계에 있다. 쿡누칸(Khugnu Khan)으로 표기하는 경우도 있다. 면적은 46,990ha.이다. 이 산은 몽골 역사상 전설적인 산들 중의 하나다. 1997년 국가 보호지구로 지정되었다. 이 산에는 황색을 띠는 화강암이 있다고 한다. 이 산의 남쪽에는 2개의 미네랄 온천이 있다. 하나는 눈병에, 하나는 위장병에 좋다고 홍보하고 하고 있다.[*] 이 지역은 모래언덕, 스텝, 산이 절묘하게 결합한 곳이다. 그래서 이곳에는 타이가와 스텝에 자라는 식물이 많다. 주위에는 해발 1,500m를 넘는 정도의 작은 산들이 있으며 그 사이에 작은 언덕들과 평원들이 있다. 가장 높은 봉우리는 해발 1,967m의 체체를렉봉이다. 이곳은 동식물상이 풍부할 뿐만 아

---

[*]　Khugnu Khan Mountain National Park - Far & High Adventure Travel. https://www.google.co.kr/#q=khogno +khan+mountain&start=0&* 2017. 3.

∧ 코그노칸산국립공원. 멀리 모래언덕이 보인다.

니라 역사유적도 많다. 여우, 늑대, 사슴, 눈표범 같은 대형의 야생동물도 많다.

이곳은 룬솜에서 170km, 울란바토르에서 280km 거리다. 룬솜에서 출발하면 쉬고 가기엔 안성맞춤인 거리기도 해서 지나갈 때마다 차에서 내리게 된다. 다만 이번 탐사에서는 가야할 길이 너무 멀어 이전 탐사 기록을 보는 것으로 대신한다. 도로에서 벗어나면 바로 모래밭이다. 200m 거리엔 높은 모래언덕이 펼쳐진다. 그곳을 향해 걸어가는데 아주 작으면서 깔끔해 보이는 식물들이 깔려 있음을 알게 되었다. 갯봄맞이꽃이다. 사실 이 종이 한국에도 분포한다는 사실은 한참 후에 알았다. 갯봄맞이꽃, 어쩐지 익숙한 꽃일 거라는 생각이 든다. 그러나 실제로는 멸종위기 야생생물Ⅱ급으로 지정할 정도로 드물다. 지금까지 경상북도 포항시 호미곶면 강사리에 2개 집단, 울산광역시

∧ 갯봄맞이꽃(*Glaux maritima* var. *maritima*)

북구 당사동에 2개 집단, 강원도 양양군의 포매호와 고성군의 송지호에 각각 6개 집단과 5개 집단이 알려져 있다(김 등, 2016). 이 분포지는 해안의 바위지대에 형성된 소규모 습지와 미사 퇴적지나 하구가 바다와 연결되어 있는 석호에서 모래로 된 곳에 분포하고 있다. 이 자생지들은 염분과 주기적인 침수, 그리고 낮은 토양층에 따라 경쟁관계에 있는 식물의 침입과 생육이 억제되는 공간에 분포하고 있다(Son et al., 2011). 바닷가에 자란다는 뜻이다.

갯봄맞이꽃은 앵초과에 속하는 작은 식물로 높이 20cm를 넘지 않는다. 주의 깊게 찾지 않으면 여간해서 눈에 띄지도 않는다. 갯봄맞이꽃속은 갯봄맞이꽃(*Glaux maritima* var. *maritima*) 1종이 있다 (Gorshkova, 1986). 속명 *Glaux*는 아마도 라틴어로 '연한 회록색의 눈에 잘 띄지 않는'이라는 뜻의 '*glaucos*'에서 유래한 것으로 보인다. 종소명 '*maritima*'는 라틴어 '바닷가에 자라는'의 뜻을 가진 '*maritimus*'에서 유래한 것이다. 즉 이 종의 학명은 '바닷가에 자라는 연한 회록색의 눈에 잘 띄지 않는 작은 식물'이라는 뜻이다. 『한국 속 식물지』에는 *Glaux maritima* var. *obtusifolia*이 실려 있다(Park, 2007). 이 변종은 이 종 내에서 '잎의 끝이 둔한' 집단이라는 뜻이다. 분류학에서 변종 (Varietas, 약자로 var.)은 별개의 종이라는 뜻이 아니다. 어떤 종 내에 특정한 형질을 공통으로 소유하고 있는 일정 집단을 나타내는 것이다. 그러므로 변종은 종의 한 부분집합인 것이다. 한 종 내에 변종이 여럿 있을 수도 있다. 『한국 속 식물지』에서 갯봄맞이꽃을 변종으로 기재했다고 해도 넓은 의미에서 보면 *Glaux maritima*를 의미하는 것이다. 사실 이 종의 특징을 처음 기재할 때는 유럽산의 표본을 가지고 했다. 그래서 동아시아산과는 다소 차이가 있을 수 있다. 그러나 현재 이 종은 북반구의 온대와 한대에 널리 분포하는 것이 밝혀졌다. 몽골에서도 이 종은 모든 식생대에 분포하는 몇 안 되는 종의 하나다. 우리나라에 자라는 갯봄맞이꽃은 이 넓은 분포역의 한 변두리에 섬처럼 남아 있는 집단이다. 이러한 예는 이미 앞에서 설명한 암매와 조선골담초와 같다. 분단분포종의 하나이며 어쩌면 제주도에서도 자생지가 발견될지 모른다.

이곳에는 또 다른 염생식물 갯길경과(Plumbaginaceae)의 몇 종도 보인다. 삼각갯길경(*Goniolimon speciosum*)은 우리나라에는 분포하지 않지만 러시아, 중국, 카자흐스탄에 널리 분포한다. 학명 *Goniolimon speciosum*은 '각이 있는 아름다운 갯길경'라는 뜻이다. 둥근갯길경 (*Limonium flexuosum*) 역시 우리나라에는 없지만 몽골과 시베리아에 분포한다. 학명 *Limonium flexuosum*은 '줄기가 휘는 갯길경'의 뜻이 있다. 제주도에 자라는 갯길경(*Limonium tetragonum*)은 우리나라와 일본에 분포하는 종이다. 학명은 '네모진 갯길경'이라는 뜻이 있다. 이

∧ 삼각갯길경(*Goniolimon speciosum*)

∧ 둥근갯길경(*Limonium flexuosum*)

∧ 갯길경(*Limonium tetragonum*)

3종은 계절에 따라서는 매우 비슷한 외모를 가지고 있어 구분이 어려울 수 있다. 제주도의 갯길경은 줄기의 단면이 사각형이다. 몽골에 분포하는 종 중 줄기의 단면이 둥근 쪽은 둥근갯길경, 삼각형인 쪽은 삼각갯길경이다. 그런데 문제는 바닷가에 자라는 식물들이 왜 이 유라시아의 내륙 깊숙한 곳에 자라느냐는 것이다.

✱ 논란 중인 염생식물의 정의

지난 1세기 이상 염생식물의 정의는 단순하게 '염분환경에 잘 적응한 종'이라고 해 왔다(von Marilaun, 1896). 최근에는 '염화나트륨 300밀리몰(mM)(Flowers et al., 1977)' 또는 '200밀리몰(mM)(Flowers and Colmer, 2008)에서 생활환을 완전히 할 수 있는 식물'로 하자는 제안이 있었다. '70밀리몰(mM)(Greenway and Munns, 1980) 또는 85밀리몰(mM)(Glenn et al., 1999) 이하'를 제외하자는 제안도 있었다. 염도의 농도가 낮은 곳에서 사는 식물까지 염생식물의 범위에 두게 되면 염생식물로 구분하는 의미가 불분명해지기 때문이다. 여기서 밀리몰(mM) 단위는 염화나트륨인 경우 약 580밀리몰(mM)이 1% 수준이므로 0.1~0.5% 정도의 농도범위이다. 그래서 염생식물이 6,000종 이상(Glenn et al., 1999)으로 추정한 학자가 있는가 하면 최근 염생식물 데이터베이스(eHALOPH Halophyte Database)[**]는 내염성을 갖는 종으로서 1,500종 이상으로 동정하고 있다. 또한 그보다는 더 많은 1,653종으로 동정하고 염생식물로 정하자는 제안도 있었다(Saslis-Lagoudakis et al., 2014).

어찌됐건 이 숫자들은 염생식물이 전 지구상의 피자식물 중 단지 0.5%에 지나지 않는다는 점을 보여 준다. 이것은 염생식물로의 진화가 얼마나 어려운지를 의미하고 있다. 한편으로는 지구상에 염분토

[**]　Flowers T.J. 2014. eHALOPH Halophytes Database. [WWW document] URL http://www.sussex.ac.uk/affiliates/halophytes/

양이 차지하는 비율이 그만큼 작다는 것을 반영하는 것일 수도 있다(Cheeseman, 2015). 염생식물은 관속식물 65목(Order) 중 37목에서 나타난다(Flowers et al., 1977; Flowers et al., 2010). 계통유전학적 자료를 기초로 보면 염생성 방향으로 지금까지 적어도 59회 정도의 진화 사건이 일어났음을 알 수 있었다(Saslis-Lagoudakis et al., 2014). 명확한 이유가 없기 때문에 절대적으로 염생식물이라는 과는 없지만 불균형적으로 염생식물 비율이 높은 과, 예를 들면 명아주과 같은 과가 있다. 속 수준에서 염생식물 또는 비염생식물이 높은 빈도로 함께 나타는 경우들도 있는데 잘 알려진 속으로 쑥부쟁이속(*Aster*), 콩속(*Glycine*), 질경이속(*Plantago*) 그리고 가지속(*Solanum*)이 있다(Cheeseman, 2015).

ᐱ 톨강가의 염생식물군락

모래언덕 위의 자작나무

　우리는 모래언덕 엘슨 타사르해에 도착했다. 엘슨 타사르해 코그
노타르나(Elsen Tasarkhai-Khugnu-Tarna)국립공원이 정식 명칭이다. 이
국립공원의 본부는 불간아이막의 라스한트(Rashaant)마을에 있다. 엘
슨 타사르해는 코그노칸산과 바트칸산 사이 저지대를 따라 형성되어
있는 모래언덕이다. 언덕이라 해도 그냥 언덕이 아니다. 그 규모가
엄청난데 놀라지 않을 수 없다. 폭 5km에 길이가 무려 80km에 달한
다. 엘슨 타사르해의 어원은 '별도로 떨어져 나간 모래언덕'에서 유
래한다고 한다. 푸른 초원의 한가운데에 만들어진 진정한 사막조각

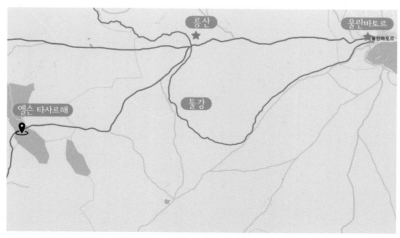

∧ 엘슨 타사르해, 산과 숲, 그리고 사막 풍경을 모두 볼 수 있는 국립공원이다.

이라는 뜻이다.* 이곳의 자연은 정말 독특한데 뭐니 뭐니 해도 한 장소에서 몽골 고유의 풍경을 가진 산과 숲, 그리고 고비사막 같은 경관을 동시에 볼 수 있다. 또한 옛 몽골제국의 수도였던 카라코룸에서 동쪽으로 80km 지점이기도 하다. 이 도시는 역사적으로나 식물학적 특징에서도 아주 중요한 의미를 간직하고 있다.

모래언덕을 오르자 멀리 산봉우리들과 강이 보인다. 여기서 보이는 강이란 넓은 평원처럼 보여서 강이라기보다는 마치 평야 같았다. 물도 없었다. 그저 군데군데 얕은 웅덩이만이 햇빛을 반사하고 있었다. 아마도 코그노칸산과 바트칸산의 고지대에서 발원하여 어떤 사건처럼 비가 많이 내렸을 때만 일시적으로 흐르는 것 같았다. 지형적으로는 타르니아강(Tarnia river) 유역으로 강바닥은 해발 1,165m이다. 그래도 그 강변에 고이는 물기가 이 건조한 모래언덕에 나무들을 자라게 하는 원천이다. 연평균 기온은 −2℃, 1월에는 −44℃까지 내려가기도 한다. 한 여름철을 제외하면 아주 추운 곳이다. 연평균 강수량은 250~300mm인데 80~90%는 비 상태로 내린다(Anonymous, 2000).

모래언덕은 거의 대부분이 이 보호지역의 서부와 남서부에 있다. 높이 2~3m 정도 되는 제법 큰 나무들이 보인다. 강가에는 작은꽃버드나무(Salix microstachya)가 꽤 많이 자라고 있는 것이 확인된다. 종소명 'microstachya'는 '작은 꽃이 달리는'의 뜻이다. 조금 더 모래언덕 쪽으로는 주로 자작나무과 식물이다. 그중에서도 교목성의 자작나무는 보이지 않았다. 몽골에는 자작나무 종류로 8종이 분포하고 있다. 이곳에서 많이 관찰되는 나무는 덤불자작나무(Betula exilis)였다. 이 식물의 종소명 'exilis'가 '작은' 또는 '좀'의 뜻이지만 북한지역에 분포하고 있는 종으로 좀자작나무(B. fruticosa)가 있으므로 혼란을 피하기 위해서 덤불자작나무로 붙였다. 덤불자작나무는 동시베리아, 캄차카,

---

* Elsen Tasarkhai. http://mongoliatravel.guide/destinations/view/elsen-tasarkhai/.

극동에 분포한다(Kuzeneva, 1985).

그런데 이곳에도 좀자작나무가 보인다. 우리나라에서는 함경도에나 가야 볼 수 있는 나무라 해서 궁금했던 종이다. 『한국 속 식물지』(Chang and Jeon, 2007)에는 이 종이 우리나라와 중국의 동북부, 러시아에 분포하는 것으로 되어 있다. 우리나라에서는 함경북도와 함경남도의 건조한 사면과 고산의 능선에 자란다고 하였다. 그러나 『중앙아시아의 식물(Plants of Central Asia)』(Borodina et al., 2005)에는 동시베리아, 극동, 중국에, 『러시아식물지(Flora of the U.S.S.R)』(Kuzeneva, 1985)에는 동시베리아, 몽골, 극동에 분포하는 것으로 기재하고 있다. 『중국식물지(Flora of China)』(Li and Skvortsov, 1999)는 중국의 헤이룽장성, 내몽골, 그리고 몽골과 한국에 분포한다고 하였다. 이런 기록과 현지탐사를 종합해보면 이 종은 몽골, 러시아의 동시베리아와 극동, 내몽골에서 중국 동북지방, 그리고 한반도의 북부 일부를 포함하는 지역에 분포하는 것으로 판단할 수 있다. 한편, 자작나무과는 백악기, 그러니까 적어도 6,500만 년 전에 발생하여 에오세, 즉 늦어도 2,000만 년 전에는 아시아와 유럽에 퍼진 것으로 알려져 있다. 지금도 한라산에는 좀자작나무와 아주 유사한 종으로 사스래나무(*Betula ermanii*)가 있다. 이러한 분포 상황을 고려해보면 빙하기에는 제주도에도 여러 종류의 자작나무과 식물이 널리 분포했을 것이라고 가정할 수 있다(Kuzeneva, 1985).

✱ 코그노칸산의 이름 유래

산 이름인 코그노칸은 몽골제국이 붕괴한 후 서몽골과 동몽골 간의 패권전쟁이 벌어졌던 당시 갈단 보슉투(Galdan Boshugtu, 1644~1697)가 1688년 저항하는 라마승들은 물론 그들이 기르던 가축들까지도 모조리 목 졸라 죽였다는 전설에서 유래했다는 이야기가

∧ 엘슨 타사르해. 너비 5km, 길이 80km의 모래언덕이다.

∧ 높이 2~3m의 버드나무과와 자작나무과 나무가 있다.

∧ 덤불자작나무(*Betula exilis*)

∧ 좀자작나무(*Betula fruticosa*)

전해지고 있다. 갈단 보슉투는 오이라트와 서몽골 즉, 준가르의 칸이었다. 지금의 우즈베키스탄의 도시인 사마르칸트와 부하라를 정복하기도 했다.[**] 이것은 순전히 필자의 생각이지만 이런 이야기들은 '밧줄로 목을 조르다'의 몽골어가 '코그노(khognokh)'로 발음이 아주 유사하다는 것을 따른 것으로 보인다. 코그노칸은 정확한 뜻을 알 수 없으나 원래 투르크어이고 이곳에서 멀리 떨어지지 않은 타리아트의 비문에도 언급되어 있다. 이런 점으로 볼 때 아마도 이것은 그 후 민간에서 막연한 추측으로 발생한 설이 아닌가 한다. 이 타리아트비는 1975년 발견되었는데 관련 학자들은 5~6세기에 조성된 것으로 판단하고 있다(Bae, 2005).

한편 투르크어란 돌궐어를 말한다. 현재도 시베리아, 중앙아시아, 중국 신장위구르자치구, 볼가강 중류지대에서 소아시아, 크림반도에 걸친 광대한 지역에 분포한다. 투르크어의 가장 오랜 문헌은 732년과 735년의 날짜가 있는 돌궐비문인데 이 언어도 현대의 여러 방언과 많이 닮았다.[***] 여기에서 말하는 돌궐비문이란 바로 타리아트비를 말한다.

[**] Galdan Boshigt. https://www.wonder-mongolia.com/destination/central-mongolia.html
[***] 투르크어족. http://terms.naver.com/entry.nhn?docId=1153540&cid=40942&categoryId=32989.

초원에 우뚝한
대황과 한라산 솔붓꽃

'저게 뭐지?' 어떻게 보면 밋밋해 보일 수도 있는 모래언덕과 그곳으로 광활하게 연결되어 있는 초원. 나래새나 쑥 종류로 채워져 있는 스텝초원은 푸르러서 그나마 덜 빈해 보일 뿐이다. 여기에다 가축이 쉴 틈 없이 먹어대니 식물이 자랄 새가 없다. 비가 넉넉히 내리는 것도 아니고 바람이 잠잠한 것도 아니다. 더구나 이렇게 모래로 되어 있으니 식물의 높이가 발목이 잠길 정도도 되지 않는다. 그래도 열심히 들여다보면 꽤 많은 종이 서로 경쟁이라도 할 것처럼 자라고 있기는 하다. 그런 초원에 우람하다고 해도 손색이 없는 아주 큰 풀이 자라고 있었다. 우리나라에도 들여와 재배한다고는 해도 우리 탐사대 어느 누구도 식물을 본 적이 없었다. 대황(*Rheum rhabarbarum*)이라는 종이다. 몽골의 자료를 보면 전국에 4종이 자라고 있다. 그중 이종이 가장 넓은 지역에 분포한다. 다년생이며 키가 무려 2m에 달한다. 줄기의 직경은 4cm 정도다. 털이 없고 미세한 홈이 있다. 잎은 길이가 15~60cm, 줄기에 나 있는 잎겨드랑이에서 꽃줄기가 나와 마치 포도송이 같은 꽃차례를 이룬다. 자생지는 여러 식물지에서 공통으로 초원, 그중에서도 다소 건조한 스텝초원, 강변이나 산림, 비교적 높은 지대의 산림, 자작나무숲과 잎갈나무숲의 돌이나 자갈밭이다. 몽골 사람은 잎자루를 먹는다고 한다. 그러나 전통의학에서는 뿌리를 쓴다. 이 약재의 특성은 맛이 쓰고 시다. 해독, 설사 치료, 자궁병 치료, 가래 및 담즙 제거, 위장 및 내장 기능 증진, 변비 치료에 사용한다.

∧ 모래언덕 엘슨 타사르해의 초원, 대형식물인 대황(*Rheum rhabarbarum*)이 두드러진다.

모래언덕에는 생각보다 여러 종류의 나무가 자라고 있었다. 그뿐이 아니었다. 붓꽃과의 식물도 보였다. 여기까지 오면서 몇 차례 볼수 있었던 타래붓꽃(*Iris lactea*)이 우선 눈에 띄었다. 파묻히듯 모래에 덮여 있었다. 그나마 노출된 부분은 동물에게 뜯어 먹혔다. 이 종은 우리나라에도 전국에 분포한다. 물론 제주도에도 분포한다. 몽골에는 12종이 분포하고 있는데 그중에서 아마도 이 종이 가장 넓게 분포하고 있을 것이다. 염생식물이라 할 정도로 염분이 높은 강가, 웅덩이, 작은 물길 같은 습지, 알칼리성 토양의 초원, 스텝 등 다양한 환경에서 자라고 있다(Grubov, 1982).

다음으로는 호랑무늬붓꽃(*Iris tigridia*)이 보였다. 이 식물 역시 몸의 거의 대부분이 모래에 묻혀 있다. 노출된 부분은 가축에게 다 뜯어 먹혀 꽃만 간신히 부지하고 있었다. 염소와 양이 돌아오기 전에 재빨리 씨앗을 퍼뜨릴 요량으로 곤충을 기다리고 있는 듯이 보인다. 이 종의 꽃에는 점무늬가 있다. 학명 '*tigridia*'는 '호랑이 무늬를 한'이

∧ 타래붓꽃(*Iris lactea*)

∧ 호랑무늬붓꽃(*Iris tigridia*)

∧ 솔붓꽃(*Iris ruthenica*)

©이성권

∧ 한라산의 솔붓꽃(*Iris ruthenica*)

라는 뜻이 담겨 있다. 이런 뜻을 살려 우리말 이름을 호랑무늬붓꽃으로 했다. 이 종은 동·서시베리아, 알타이, 몽골, 카자흐스탄, 중국에 분포하고 있다. 숲 가장자리나 건조한 초원의 모래땅, 햇빛이 강한 언덕 사면, 여기서 보는 바와 같은 모래언덕에 자란다(Zhao et al., 2000). 우리나라에 이 종이 분포하지 않는다.

초원에는 솔붓꽃(Iris ruthenica)도 자라고 있었다. 『한국 속 식물지』에 따르면 이 종은 우리나라의 북부지방과 중부지방에 분포하고 있다. 국외로는 러시아(시베리아)와 중국으로 되어 있다(Sim, 2007).

역시 몽골에 대한 내용은 누락되어 있다. 외국의 문헌과 우리의 탐사 결과, 몽골에도 넓은 지역에 분포하고 있었다. 시베리아잎갈나무숲과 자작나무숲 그리고 혼합림의 주변, 초원, 바위틈에 자라는데 북부, 중부에 널리 분포한다. 국내에서도 새로운 자생지가 발견되었다. 바로 한라산이다. 최근 몇몇 생태사진가에 의해 이 종이 한라산 어느 오름에 분포하는 것이 밝혀졌다. 비록 소수의 개체가 좁은 지역에 분포하지만 한라산에 한국의 중북부지방, 시베리아, 몽골, 중국에 분포하는 종이 자라고 있다는 사실은 또 하나의 식물지리학적 발견이라고 할 수 있다. 솔붓꽃은 분포범위로 볼 때 한라산이 최남단 분포지일 가능성이 매우 높다. 또한 분포 중심인 북방과는 멀리 떨어져 분포하는 격리분포종인 것이다.

✳ 식물에 대한 정보력

『한국 속 식물지』에는 대황속에 대황(Rheum rhabarbarum)과 장군풀(R. coreanum) 두 종이 기재되어 있다. 장군풀은 한국 고유종으로 백두산, 함경북도의 두류산과 관모봉, 함경남도의 차일봉과 남포태산에 분포한다. 대황은 자생지는 없고 약용으로 재배하고 있다고 적혀 있다. 그러면서 세계적으로 중국과 러시아(시베리아)에 분포하며 아시아와 유럽에 널리 재배하는 것으로 소개하고 있다(Hong, 2007).『러시아식물지』에는 22종이 기재되어 있다. 그중 대황은 동시베리아와 북몽골에 분포하며 시베리아산 종자로 유럽에서 널리 도입한 것으로 보고 있다. 그리고 식용으로 개량하여 여러 품종을 재배하고 있다(Lozina-Lozinskaya, 1985).『중앙아시아식물지』에도 12종이 기재되어 있으며 대황은 중국, 러시아, 몽골에 분포하는 것으로 되어 있다.

　『중국식물지』는 대황을 파엽대황(波葉大黃) 즉 대황속의 여러 종들 중에서 '잎가장자리가 물결모양으로 되어 있는 점이 두드러지는 대황'이라고 부르고 있다. 헤베이, 헤이룽장성, 후베이, 지린, 내몽골, 산시성의 해발 1,000m에서 1,600m 지대에 분포한다고 한다. 역시 몽골과 동시베리아에 분포한다면서 유럽에서 재배하고 있다는 점을 기재하고 있다(Bojian et al., 2003). 대황이 분포하고 있는 한국, 러시아, 중국 세 나라에서 보여주고 있는 정보력의 차이를 보는 듯하다. 우리나라만 몽골에서도 이 식물이 자라고 있다는 사실을 모르고 있는 것이다. 대황뿐만 아니라 붓꽃(*Iris*)이나 좀자작나무(*Betula fruticosa*)의 경우도 똑같은 현상을 볼 수 있었다. 우리 탐사대는 주변국의 문헌 기록과 현지탐사를 통해서 이 종이 몽골에 널리 분포하고 있음을 확인할 수 있었다.

북한까지 분포하는 종

'아니, 저렇게 큰 나무가 있다니?' 모래언덕을 빠져나가려고 어느 둔덕을 넘는 순간 큰 나무들이 보였다. 한 7m는 족히 될 것 같다. 잎도 무성한데다가 열매도 온전히 달려 있었다. 그간 몽골뿐만 아니라 중국 동북지방과 시베리아에서 봤던 비술나무(*Ulmus pumila*)였다. 느릅나무의 일종이다. 이렇게 큰 나무가 모래밭에 자라다니 건조를 견디는 능력이 뛰어난 나무임에 분명하다. 우리나라에서는 북한지방에 주로 분포하고 남한에는 많지 않기 때문에 볼 기회가 거의 없다. 몽골에서는 극단적인 사막지방을 제외하고 전국에 자란다. 자생지는 바위산이나 돌산의 사면, 계곡의 바닥과 사면, 샘가, 강의 모래나 돌로 된 사면과 햇빛이 강하게 비치는 침엽수림 가장자리에 자란다. 몽골에는 비술나무 외에 같은 느릅나무 종류로 왕느릅나무(*U. macrocarpa*), 느릅나무(*U. japonica*) 등도 자란다(Grubov, 1982). 절묘하게도 우리나라에 이 3종이 모두 있다. 다만 제주도에는 이 3종 중 어느 하나도 없다(Kim, 2007). 대신에 혈연적으로 가까운 참느릅나무(*U. parvifolia*)가 있다(Kim *et al.*, 2010). 대부분의 느릅나무 종류는 키가 크다. 그런데 제주도에 자라는 참느릅나무는 4m를 넘는 나무를 보기 어렵다. 대부분 2m 이내의 관목 같은 모습으로 자란다. 물론 지역에 따라서 10m 이상 자라기도 한다.

이곳에서 보는 비술나무는 한반도를 포함하여 동시베리아, 극동, 우수리, 그리고 일본에도 분포하고 있다(Grubov, 1982). 또한 투르크메니

∧ 몽골 모래언덕 엘슨 타사르해의 비술나무(*Ulmus pumila*)

스탄을 포함한 중앙아시아에 분포하고 있다. 『한국 속 식물지』에는 이 종의 분포지를 국내로는 '북한', 국외로는 '온대 북동아시아'로만 기재하고 있어 분포범위를 파악하는데 별 도움이 되지 않는다. 그런데 국내 분포지는 '전남 백양산, 지리산 이북', 국외로는 '중국, 몽골, 아무르, 우수리, 다후리아, 아시아'라는 자료도 있다(이, 2006). 좀 더 상세해 보이지만 아시아라는 지나치게 포괄적인 지리범위를 제시하여 역시 크게 신뢰할 바는 되지 못한다. 제주도에 자라는 참느릅나무 역시 『한국 속 식물지』에 지리적인 분포를 국내는 '중부 및 남부', 국외로는 '북동 아시아'라고만 씌어 있어서 분포에 대한 정보를 파악하는데 도움이 되지 않는다. 또 어떤 자료에는 국내의 '경기도 이남', 국외의 '일본, 타이완, 중국'이라고 좀 더 자세히 제시하고 있다(이, 2006). 이러한 현

∧ 제주도 송악산 정상의 참느릅나무(*Ulmus parvifolia*)

상을 보면 국내에서는 식물의 분포에 대한 정보를 중요성이 떨어지는 분야로 인식하여 관심이 없거나 현지탐사나 문헌 확보에 문제가 있는 게 아닌가하는 생각이 들게 된다.

엘슨 타사르해의 모래언덕에는 이런 나무들만 있는 건 아니다. 모래땅이 물을 머금는 능력이 떨어지는 특성 때문에 뿌리를 깊게 내릴 수 있는 대형식물이 유리해 보이기는 하다. 그러나 그런 종들은 물을 뺏기는 면적도 같이 늘어나기 때문에 어느 편이 유리하다고 단정하기는 어렵다. 여기서도 꽤 많은 풀 종류가 보인다. 환경 적응력이 뛰어난 사초과 식물을 포함해 벼과, 백합과의 식물도 보인다. 그 중에서도 화려하게 꽃이 피어 있는 식물에 눈길이 간다. 털두메자운(*Oxytropis racemosa*)이다. 이 종은 여러 자료에 '*O. gracillima*(Grubov, 1982)'로 인용하고 있지만 지금은 '*O. racemosa*'로 통합되었다. 한반

∧ 털두메자운(*Oxytropis racemosa*)

∧ 물싸리풀(*Potentilla bifurca*)

도에는 북부지방에만 자생하는데 정작 북한의 자료에는 이 학명이 기재되어 있지 않다. 같은 종을 아마도 'O. strobilacea'로 쓰고 있는 듯해 검토가 필요한 부분이다(김 등, 1988). 1913년 나카이 타케노신이라는 일본의 학자는 이 종을 한국 특산식물로 보아 'O. koreana'라는 학명으로 발표한 바 있으나 역시 통합되었다. 물싸리풀(*Potentilla bifurca*)도 보인다. 바람에 날려 온 모래를 뒤집어 써 마치 목만 밖으로 나온 형상이다. 몽골에서는 거의 전역에 분포한다. 우리나라에선 백두산에 자라는 것으로 알려져 있을 뿐 그 이남으로는 기록된 바가 없다. 다만 북한의 자료에 따르면 백두산, 무산, 개마고원의 산지에 자란다고 한다. 중국과 러시아에도 분포하는 것으로 알려져 있다(Li *et al.*, 2003). 우리말 이름은 남한에서는 물싸리풀, 북한에서는 풀물싸리(김 등, 1988), 또는 풀매화(도 등, 1988)라고 한다. 오늘 몽골의 모래언덕에서 만난 비술나무, 털두메자운, 물싸리풀은 이름도 정겨운 우리말로 되어 있다. 우리나라에 있으되 지금은 볼 수 없는 꽃들이다. 이 종들은 빙하기에 한라산까지 확장했다가 온난화로 퇴각했을 가능성이 높은 종이다.

✱ 흥미로운 비술나무와 참느릅나무

비술나무의 분포지역은 독특한 면이 있다. 크게 중앙아시와 동아시아의 두 곳으로 나뉘는데 이 두 지역은 서로 멀리 떨어져 있다. 이것은 골담초속에서 봤던 것처럼 분단분포종이라고 할 수 있다. 실제로 독일의 식물학자 쾨네(E. Koehne)가 서시베리아와 투르키스탄에서 채취한 씨앗으로 키운 나무들을 1910년 독일의 식물학잡지 「Feddes Repert」에 에 신종 '*Ulmus pinnato-ramosa* Dieck ex Koehne'로 발표했다(Yarmolenko, 1985).

사실 이 나무들은 '*Ulmus pinnato-ramosa* Dieck'라는 비합법명으로

보급된 것들이었다. 명명자만 다른 이명이다. 이 나무들은 비술나무와 매우 유사했으나 어린가지에 털이 있고, 잎자루가 3~11mm로 좀 더 길다는 점에서 달랐다. 또한, 가지가 쌍가지치기를 하는 특징이 분명하지 않았다. 그래서 잎이 작은 중앙아시아산 비술나무와 동아시아산의 비술나무가 서로 다른 종일 가능성이 충분하다. 지금은 과학자 대부분이 이 두 집단을 비술나무 한 종으로 보고 있다. 어쨌거나 비술나무는 중앙아시아와 동아시아로 분포지역이 크게 두 곳으로 나뉜다. 이것은 이미 암매, 조선골담초, 큰골담초에서 봤던 것처럼 분단분포를 하는 것을 알 수 있다. 동과 서의 분포집단 모두 같은 비술나무라면 분단분포종이다. 만약 중앙아시아산은 다른 종 즉, 'U. pinnato-ramosa'라면 분단분포에 따른 지리적 자매종인 것이다. 식물의 분포란 이처럼 어느 한 지역의 식물상을 파악하거나 식생사 혹은 진화를 연구하는데 중요한 정보가 된다.

송악산 정상에는 여러 그루의 참느릅나무가 자라고 있다. 느릅나무가 봄에 꽃이 피는데 비해 이 식물은 가을에 꽃이 피는 나무다. 그런데 이 식물에 대해 그냥 막연히 잘 알고 있는 것으로 넘어가고 있는 실정이지만 실제는 모르는 게 참 많다. 『한국 속 식물지』는 북동아시아에 분포한다고 했지만(Kim, 2007) 실제 이 종은 우리나라 중부 이남, 일본 열도, 타이완, 중국, 베트남, 인도에 분포한다(Fu et al., 2003). 유라시아 관점에서 보면 동·동남·남아시아에 분포하는 것이다. 비술나무가 중앙아시아와 시베리아를 비롯한 동북아시아에 분포하는데 비해서 이 종은 그보다 훨씬 남쪽에 분포하면서 서로 지역이 겹치지 않는 것이다. 이 2종은 지역적 자매종인 것이다. 또한 제주도에 참느릅나무가 분포한다는 건 남방에서 기원한 식물들도 분산에 의해 분포한다는 점을 시사한다. 사실 이 종은 제주도에서도 한라산 해발 400m 이하에 분포한다는 점을 참고할 필요가 있다.

애기똥풀

엘슨 타사르해의 모래언덕에서 코그노칸산으로 가기 위해서 차에 올랐다. 모래밭은 그다지 강한 햇살이 아니었음에도 반짝이는 반사광으로 얼굴이 따가웠다. 발목까지 모래에 잠기면서 모래가 날렸고 사진을 찍는데도 방해가 되었다. 초원길을 어느 정도 달렸을까 멀리 웅장한 산이 보이기 시작했다. 광활한 초원에 우뚝한 산은 주로 바위로 되어 있어서 회백색으로 보였다. 산으로 접근하는 길은 거의 완전한 평원이어서 마치 일렁이는 바다 위를 달리는 배를 탄 것 같았다. 코그노칸산은 바다 위에 떠 있는 섬처럼 보이며 여간해서 가까워지지 않았다. 차에서 내려 첫발을 내디뎠을 때 우리는 이제 섬에 다다랐음을 느꼈다. 흙을 밟으니 편안했다. 산에 자라는 식물들은 모래땅에 자라는 종들과 확연히 달랐다. 나무들도 훨씬 컸고, 바위들 사이사이엔 아름다운 꽃들이 피어 있었다. 모래땅에서 봤던 종들보다 훨씬 싱싱해 보인다. "야, 꽃 잘 피었네." 몽골 학자가 반가운 목소리로 잡아끈다. 바위 그늘에는 좀 익숙하다고 느껴지는 식물이 있었다. 마음속으로는 '애기똥풀 같은데…'하고 생각하고 있었다. 그렇지만 이렇게 멀고 환경도 다른 중앙아시아에 우리나라에 분포하는 애기똥풀이 자랄 것 같지 않아서 자신이 없었다. 좀 더 자세히 관찰해 보니 역시 애기똥풀(*Chelidonium majus*)이었다. 탐사가 얼마나 많은 걸 알 수 있게 해주는지 느끼는 순간이다.

애기똥풀은 높이 80cm까지 자라는 이년초이다. 꽃과 뿌리가 황색

∧ 몽골 코그노칸산

이다. 줄기를 자르면 애기 똥 같은 황색 진이 나온다. 몽골에선 사실 매우 드물다. 식물상이 풍부한 보호지역 외에서는 볼 수 없다(Enkhtuul, 2008). 몽골 내의 분포지역은 북몽골로서 아마도 이보다 남쪽으로 가면 만날 가능성이 거의 없을 것이다(Grubov, 1982). 시베리아잎갈나무숲, 자작나무숲, 물가의 그늘진 곳, 그늘진 암석지에 자란다(Jamsran et al., 2015). 세계적으로는 우리나라를 포함해 러시아, 유럽, 일본, 중국에도 분포한다. 우리는 이번 탐사를 통해 이 종이 몽골에도 분포하고 있다는 사실을 분명히 확인할 수 있었지만 국내외의 여러 문헌에는 이런 내용이 빠져 있다(Kim, 2007). 우리나라에서는 마을 근처의 양지 또는 숲 가장자리에서 흔히 자란다(이, 2003). 그런데 제주도에서는 이상하리만치 드물다. 목장의 축사 주변에서나 간혹 볼 수 있을 뿐 쉽게 찾아 볼 수가 없다. 자생하는 식물인지조차 의심이 들 정도다. 제주도

∧ 애기똥풀(*Chelidonium majus*)

∧ 코그노칸산의 인가목(*Rosa acicularis*)

를 둘러싼 인근지역에 모두 흔한 종인데 왜 제주도에만은 드물까.

빽빽한 바위그늘을 벗어나 훤히 트인 곳으로 나왔다. 이곳은 어느 정도 고지인데다 보호지역이어서 그런지 가축들에 의한 피해는 찾아볼 수 없었다. 식생의 높이가 거의 1m에 달했다. 마치 장미처럼 선홍색의 꽃이 눈길을 사로잡는다. 인가목(*Rosa acicularis*)이다. 국내외의 여러 문헌에서 이 종의 학명을 '*R. marretii*(생열귀나무)'로 인용하고 있는 경우를 볼 수 있는데(이, 2003; 이, 2006; Makino, 2000) 이 학명은 생열귀나무(*R. davurica*)의 이명으로 처리된 지 오래다(Ohwi, 1965). 장미의 일종으로 우리나라에도 분포하고 러시아의 아무르, 캄차카, 사할린, 우수리, 일본, 중국, 중앙아시아, 유럽, 북아메리카에도 분포한다. 원예용으로 널리 재배하고 있다. 몽골 사람은 이 식물의 열매, 꽃, 잎을 먹기도 하고, 약재로 사용하기도 한다(Tungalag, 2016). 『한국 속 식물지』는 전국에 분포한다고 하지만 실제로 제주도에는 분포하지 않는다(Lee, 2007). 다만 최근에 한라산 고지대 구상나무숲 속에서 이와 계통학적으로 아주 가까운 생열귀나무(*R. davurica*)가 발견되었다. 이 두 종은 외관상 아주 유사하지만 인가목은 어린 싹에 곧은 가시가 많은 데 비해서 생열귀나무는 낫처럼 꼬부라진 가시가 있는 점이 다르다. 또 인가목은 잎자루에 가시가 없는데 비해 생열귀나무는 가시가 있다. 불과 수 개체만이 자라고 있다. 몽골에도 분포하는 식물이다. 그 외로도 러시아의 아무르, 캄차카, 사할린, 시베리아, 일본, 중국에도 분포한다(Lee, 2007). 당시까지 국내에서는 지리산이 유일한 자생지였으며, 그 외 지역으로 북한에만 분포하는 것으로 알려졌다(이, 1996).

✱ 한라산의 장미는 어디서 왔을까?

장미속 식물은 전 세계에 약 200종이 알려져 있다. 그중 95종이 중국에 분포하는데 65종이 고유종이다. 모두가 아열대에서 아주 추

∧ 한라산 구상나무숲에 자라는 생열귀나무(*Rosa davurica*)

운 한대지방까지 분포한다. 몽골에는 9종, 일본 열도에는 18종이 분포한다. 우리나라에는 8종이 분포하는데 그중 제주도에는 용가시나무(*Rosa maximowicziana*), 돌가시나무(*R. wichuraiana*), 찔레나무(*R. multiflora*), 생열귀나무(*R. davurica*) 4종이 있다. 이 중에 용가시나무와 생열귀나무는 대체로 북방에 분포하고 돌가시나무와 찔레나무는 남쪽으로 더 넓게 분포하는 종이다. 장미속 식물만을 두고 보면 중앙 아시아 일대에서 발생하여 널리 퍼져나갔음을 알 수 있다. 제주도가 지리적으로 북방식물이 자라기엔 상당히 남쪽에 위치해 있는 점으로 볼 때 북방 기원이라고 생각되는 용가시나무와 생열귀나무는 빙하기 이전부터 제주도에 널리 분포하고 있었다가 아직까지 살아남은 유존종이라고 볼 수 있다. 그 외 돌가시나무와 찔레나무는 점차 따뜻해지면서 남쪽으로부터 확산해 들어왔을 것이다.

장미속(*Rosa*) 식물은 넓은 사막으로 둘러싸인 고산지역이 많은 중국에 전체 종의 반 정도가 분포하고, 고유종도 많다. 또한 그중 일부의 종들, 예를 들면 인가목과 생열귀나무 등이 아시아, 유럽, 아메리카의 고위도에 전반적으로 분포하고 있다. 이런 분포 상황으로 볼 때 중국의 북부와 중앙아시아 등 한랭한 지역에서 발생하여 점차 퍼져나가 북방과 남방에 적응하는 종들이 분화하였다고 추정할 수 있다. 학자들은 장미가 지금은 멸종한 북극 주변에 분포했던 10배체인 종에서 분화를 시작한 것으로 추정하고 있다(Erlanson, 1938). 이것을 '멸종 주극 10배체 조상설'이라고 한다. 장미속에서 가장 단순하면서 원시적 형질을 갖는 종들은 다배체면서 주극 고산지역에 분포한다. 그중에서도 특징적인 종이 북극 주변에 분포하는 인가목이다. 이 종은 6배체와 8배체 계통이 있다. 6배체는 8배체보다 훨씬 남쪽으로 확장해 있다. 또 다른 종 '*R. pimpinellifolia*'는 유라시아의 산악에서 가장 널리 퍼진 종이면서 4배체다. 이 두 종은 봄에 가장 먼저 개화하는 종이다. 이 종들은 가장 고위도의 한대림에까지 분포영역을 확장한 다배체 계통을 가지고 있다. 이 두 종간에 교잡에 의한 유전자교환이 일어났고 그런 과정이 여러 종간 그리고 세대 간 이루어지면서 많은 장미로 진화했다는 것이다.

피구실사리의 등장

코그노칸산은 평원 위에 솟은 바위로 된 산이다. 지금은 이렇게 건조한 곳이지만 그 어느 옛날에는 매우 강한 비바람이 몰아쳤을 것 같은 지형이다. 보호지역으로 지정된 1997년 이래 식생은 잘 보존된 듯하다. 그러나 여기저기에 흩어져 있는 그루터기는 최근까지도 무분별하게 벌채했음을 보여주고 있다. 식생은 얼핏 봐도 산림스텝과 초원스텝임을 알 수 있다. 지금까지 본 바와 같이 건조한 산림스텝도 매우 넓게 펼쳐져 있다. 이 산은 보호지역이면서 국립공원임에도 조사 자료는 매우 빈약하다. 아니면 공식적으로는 발표하지 않고 해당 기관이 관리를 목적으로만 사용하고 있는지도 모른다. 지금까지 공식적인 식생 조사 자료는 겨우 한 편을 찾을 수 있었을 뿐이다(Tsolmon and Kim, 2001). 자료를 참고하면 가장 낮은 지역은 해발 1,165m, 최고봉은 1,967m이다. 전체 면적의 63%는 산림, 나머지 37%는 해발 1,400m 이하의 초원이다. 크게 5개의 식생으로 구분되는데 비교적 고지대는 자작나무와 구주사시나무(*Populus tremula*)숲으로 되어 있다. 나무의 높이는 대략 10m 정도다. 계곡은 덤불 형태의 느릅나무숲이 남아 있다. 산허리쯤에는 바위틈에 형성된 관목과 스텝 초원 식생으로 되어 있다. 저지대 스텝은 건조스텝과 초원스텝이다. 그보다 낮은 곳은 모래언덕과 소규모 습지 식생으로 되어 있다. 여기까지 오면서 우리는 습지 식생과 모래언덕을 탐사했다. 비교적 물기가 많은 곳에서 갯봄맞이꽃을 비롯한 염생식물을 볼 수 있었다. 모래언덕에는 자작나무

▲ 코그노칸산에서 바라본 초원스텝과 모래땅

과와 버드나무과, 그리고 크게 자란 비술나무들을 볼 수 있었다.

　잠시 지난번에 소개한 한라산의 생열귀나무를 떠올리면서 좀 더 규모가 큰 바위 그늘 속으로 들어가는 순간 양치식물을 만났다. 고란초과 식물로 한라산의 온대 낙엽수림대에서 간혹 보이는 나사미역고사리(*Polypodium fauriei*)를 닮았다. 군락의 규모가 꽤 크고 포자낭군도 잘 발달했다. 식물체가 싱싱하고 푸른색을 띠고 있어서 수분 조건이 어느 정도 양호한 상태임을 짐작케 한다. 우리나라 자료에는 북한에 분포하며 우리말 이름은 좀미역고사리로 기재되어 있다(Sun, 2007). 주로 바위나 나무 등걸에 착생한다. 몽골의 자료에는 '*P. sibiricum*'으로 나와 있지만 지금은 '*P. virginianum*'으로 통합 사용하는 추세다(Grubov, 1982). 그런데 『중국식물지』는 "전통적으로 후자인 '*P. virginianum*'으로 분류해 왔으나 '*P. sibiricum*'이 캐나다 서부의 한대림에서 일본의 북부

∧ 좀미역고사리(*Polypodium virginianum*)

지방, 중국을 지나 시베리아까지 분포하는데 비하여 '*P. virginianum*'
은 북아메리카의 동부에 국한해 분포한다."는 의견을 받아들이고 있
다(Zhang et al., 2013). '이런 건조한 스텝지역에서 양치식물을 만나다니…'
탐사대는 기대에 들뜨기 시작했다. 그 기대는 너무도 빨리 찾아들었
다. 불과 몇 발짝도 나아가기 전에 역시 바위틈에서 석송식물을 만났
다. 마치 바위 겉에 맺힌 이슬이 날아갈까 바짝 붙어 자라는 피구실
사리(*Selaginella sanguinolenta*)다. 종소명이 '핏빛을 띠는'의 뜻이 들어
있기 때문에 이렇게 붙인다. 줄기가 특히 겨울철에 붉은색 또는 갈색
을 띤다. 한반도에는 이 부처손속(*Selaginella*) 9종이 알려져 있다. 이
중에서도 왜구실사리(*S. helvetica*)와 부처손(*S. involvens*)은 한라산에
서만 자라고 있다(Sun, 2007). 지금 이곳에서 만난 피구실사리는 중국의
북부와 서부, 아프가니스탄, 히말라야, 카슈미르, 네팔, 러시아의 시

∧ 피구실사리(*Selaginella sanguinolenta*)

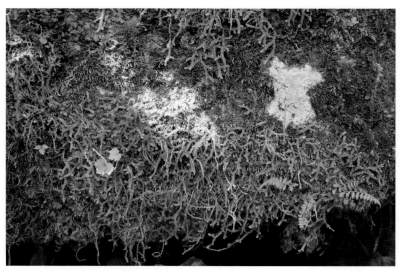

∧ 한라산에 자라는 왜구실사리(*S. helvetica*)

베리아에 분포한다(Zhang *et al.*, 2013). 과거엔 이 식물들을 양치식물에 속하는 것으로 생각했으나 지금은 양치식물과는 아주 다른 석송식물로 구분하고 있다.

✱ 지구상 최초의 관속식물

양치식물은 꽃과 씨가 없이 포자로 자손을 남기는 관속식물로 전 세계에 10,560종이 알려져 있다(Christenhusz *et al.*, 2016). 이들은 배수체(2n 상태인 포자체로 무성세대)와 반수체(n 상태인 배우체로 유성세대)라고 하는 세대가 다른 특별한 생애주기를 가지고 있다. 사람은 배수체인데 몸속에서 만들어지는 정자와 난자는 반수체다. 정자와 난자는 별도의 세대(n세대)이긴 하지만 독립적으로 생활할 수는 없다. 우리가 먹는 고사리는 배수체다. 고사리의 잎에서 배수체인 포자가 생기고 포자는 감수분열을 하여 반수체로 엽록소를 가진 전엽체라고도 하는 배우체로 자란다. 여기에서 다시 난자와 정자가 만들어져 수정하면 다시 배수체로 자라게 된다. 그런데 식물은 대부분 물과 양분의 이동통로가 되는 관다발이 있다. 관속이라고도 하는 이 조직은 정교하게 설계되어 있어서 잎에서 만들어진 탄수화물은 뿌리로, 뿌리에서 흡수한 물과 무기물질은 잎으로 서로 섞이지 않게 이동할 수 있다. 그런데 일부 식물에서는 이 조직이 없거나 아주 단순한 원시 형태로 되어 있다. 양치식물은 포자로 생식한다는 점에서는 이끼식물과 닮았지만 이끼식물에는 없는 관다발이 있다는 점에서는 겉씨식물과 속씨식물과 같은 관속식물에 속한다. 그래서 과거에는 포자로 생식하면서 관다발이 있는 식물을 모두 뭉뚱그려서 양치식물이라고 했다.

그러나 고도로 해상력이 높은 현미경이 등장하고, DNA분석과 해석기술이 발달하면서 과거에는 몰랐던 많은 양치식물의 비밀들이 밝혀지고 있다. 지금 이곳에서 발견된 피구실사리는 양치식물일까? 얼마 전까지도 당연히 양치식물로 구분했다. 그러나 연구 결과 이들은 여타의 양치식물과 다른 특징들이 밝혀졌다. 특히 관다발 체계가 독특하게도 아주 단순하거나 원시형으로 되어 있었다. 그리고 분자유전학적 분석 결과에서도 많은 차이를 갖고 있었다. 이런 결과들을 종합해 볼 때 이 종들은 나머지 양치식물보다 오히려 관다발이 없는 이끼식물에 더 가까웠다. 최근 세계적인 양치식물학자들이 모여서 양치식물 계통분류 그룹을 조직하고 이 문제를 논의했다. 그 결과는 논문으로 작성하여 2016년도 「분류 및 진화(Journal of Systematics and Evolution)」라고 하는 학술지에 발표했다(PPG1, 2016). 이 논문에 따르면 피구실사리와 같은 특징을 갖는 종이 전 세계적으로 1,338종(3목 3과 18속)이 있으며 석송식물이라고 이름 붙었다. 또한 양치식물은 종자식물과 매우 밀접한 혈연관계를 가지고 있으며 석송식물은 양치식물과 종자식물을 모은 집단과 근연관계를 보였다. 비유하자면 양치식물은 종자식물과 4촌, 양치식물과 종자식물은 석송식물과 6촌 정도의 관계라고 할 수 있다. 종자식물이 지구상에 나타난 건 1억 2,000만 년 전으로 추정되는데 비하여 석송식물은 4억 2,000만 년 전으로 추정되고 있다(Clarke et al., 2011). 지구상에 출현한 최초의 관속식물이다.

  울란바토르를 출발하여 드넓은 초원과, 모래땅, 크고 작은 강들을 건너 알락 하이르산에 도착했다. 알타이산맥 중에서도 종 다양성이 높아 유네스코가 생물권보전지역으로 지정한 알락 할르한산! 그 멀고 험했던 길을 무사히 통과하여 정상에 섰을 때의 감동이란 직접 경험하기 전까지는 상상조차 할 수 없는 것이었다. 자연사 탐사란 어떤 산의 정상이나 오지를 탐험하는 것에만 목적이 있는 것은 아니다. 그러므로 우리의 첫 탐사에서 얻은 것은 난관을 뚫고 목적지를 향하는 여정에서 수많은 발견을 했다는 데 더 큰 의미가 있었다.

  알락 할르한산 정상에 피어 있는 수많은 꽃들! 그 아름다운 꽃을 밟지 않고는 한 발짝도 진행할 수 없을 만큼 무수히 많은 꽃들은 왜 거기에 있는 것인가. 어찌보면 한라산 정상에 피어 있는 꽃들과 모두가 사촌 정도밖에 되지 않는 친척들이었다. 이 꽃들을 마주하는 순간 '아, 정말 한라산과 비슷하구나.' 하는 느낌을 받기에 충분했다.

  이 느낌이 더욱 강하게 든 것은 이런 아름답고 다양한 꽃들도 물론이지만 그곳에서 말도 통하지 않는데 진정어린 친절을 베풀어 준 테무르 가족과의 만남이었다. 그뿐만 아니라 우리를 처음부터 끝까지 어려운 여정을 함께 해준 엥헤, 그리고 그의 가족들도 우리 민족과 어떤 연관이 있을 것 같은 느낌을 주었다. 이런 만남들을 통해 결국 자연이라고 하는 것은 사람이 사는 환경이며, 환경이 비슷하면 생각도 문화도 공통적일 수밖에 없다는 것을 알았다. 몽골은 초원과 사막으로 되어 있는 곳이라고 알고 있는 사람들이 많다. 그러나 이건 선입견에 불과하다. 직접 탐사를 해보면 전혀 그렇지 않다는 사실을 확인할 수 있게 된다. 우리 탐사대도 이번의 탐사를 통하여 수많은 호수와 강과 만년설이 있다는 걸 알게 되었다. 이러한 요인들이 종 다양성을 높이고, 사람이 살 수 있는 곳으로 만든다는 것 또한 알게 해 주었다.

  또한 초거대 대륙인 인도 아대륙과 아시아 대륙이 움직이면서 만들어지는 환경에 적응하면서 진화 과정을 거치는 식물들도 만났다. 그런 적응 과정 외

∧ 왼쪽부터 탐사대원인 김진, 엥헤, 서연옥, 김찬수, 다쉬 줌베렐마, 송관필, 테무르

에도 지형적, 기후적, 계절적, 기타 환경적인 장벽으로 인해 여러 갈래로 진화하면서 많은 종과 집단들이 흥망성쇠를 거듭하고 있는 현장도 볼 수 있었다. 물론 그들 중의 일부는 우리 한반도에도 살고 있다. 이번 여정에서 본 또 하나의 현장은 염생식물의 다양성이다. 바다가 없는데 왜 여기에 염생식물이 산단 말인가. 그들은 다양하기도 했지만 무엇보다도 놀라운 것은 대부분은 우리나라 해안에 사는 염생식물과 유연관계가 매우 깊다는 것이었다. 그럼 우리나라의 염생식물은 몽골과 같은 중앙아시아의 저 깊숙한 내륙에 분화했단 말인가? 아니면 우리나라와 같이 대양에 연접해 있는 지역에서 분화했단 말인가? 이런 의문은 당연해 보이지만 이건 탐사를 직접 해 보지 않은 상태에서나 있을 법한 일이다.

또 한 가지 간과할 수 없는 현상들이 보였다. 그것은 목축과 같은 오랜 인간의 생활이 일으키는 식생의 변화다. 흔히 생물의 진화와 지구 환경의 변화를 일으키기엔 사람은 너무나 미미해서 그 영향이 매우 적을 것이라고 생각하기 쉽다. 그러나 몽골 초원을 탐사해 보면 전혀 그렇지 않다. 사람은 장구한 세월 동안 특정 종을 선택하기도 하는데 이건 자연선택과 비교해본다면 인간선택이라고 할 수도 있을 것이란 생각이 든다. 즉, 특정 종을 집중적으로 소비하거나 억압하기도 하고 반대로 특정 종을 대단위로 퍼뜨리기도 하는 것이다.

2부

몽골 초원과
바이드락강

저평가된 노랑개자리

코그노칸산은 두 차례나 찾아갔지만 그때마다 일정 때문에 정상을 오르진 못했다. 아쉬움을 남기고 출발했다. 엘슨 타사르해의 모래언덕을 통과하려는데 노랑개자리(*Medicago ruthenica*)가 보였다. 남한에선 제주도에서만 자라는 것으로 알려져 있다. 북한에도 매우 드물어서 함경북도 무산에 자란다는 기록이 있을 뿐이다. 이렇게 보기 힘든 식물이어서 그런지 『한국 속 식물지』에는 아예 다루고 있지도 않다. 여기에는 우리나라에 분포하는 개자리 종류로 자주개자리(*M. sativa*), 잔개자리(*M. lupulina*), 개자리(*M. polymorpha*) 3종을 기재하고 있는데, 모두 귀화종이다(Choi, 2007). 노랑개자리는 개자리 종류 가운데 유일한 자생종인 셈이다. 이 종은 제주도의 오름, 그중에서도 백약이 오름을 비롯한 제주도 동부지역의 들녘에서 관찰이 가능하다. 앞으로 이와 같은 분포유형의 종을 많이 만나겠지만 그다지 잘 알려지지 않은 사례에 속한다. 예컨대 피뿌리풀(*Stellera chamaejasme*) 같은 경우는 몽골, 황해도, 그리고 제주도에 분포하여 그 기원에 대한 의견이 분분하다. 그러나 피뿌리풀은 이런 유형의 분포를 보이는 사례 중 하나일 뿐이다. 노랑개자리는 함경북도 무산 이북인 만주, 사할린, 아무르, 우수리, 시베리아, 그리고 몽골에 나기 때문에 제주도는 분단 분포지가 된다. 제주도 식물종이 어디에서 왔는지를 추적하는데 중요한 단서 중의 하나인 것이다. 이른바 저평가된 종이다.

모래언덕을 빠져 나오자 이제 다시 초원이다. 이 풀밭은 가축들

∧ 초원 너머로 모래땅 엘슨 타사르해와 코그노칸산 줄기가 보인다.

이 깡그리 뜯어먹은 모습이다. 말 그대로 목장이다. 방목한 초원은 어떤 식물들이 자랄까. 심하게 방목하면 초원 본래의 식물 군집은 완전히 황폐화되고 모든 생태적 연결은 교란된다. 정작 원래 그곳에 잘 형성되어 있던 식물 군락은 사라져 버리고, 이곳에 자라지 않던 종들과 가축들이 선호하지 않는 식물들이 집단을 이룬다(Chognii, 1988). 방목 초기에는 중간 정도의 습기를 선호하는 풀 종류, 예컨대 초원개밀(*Agropyron cristatum*, 종소명 '*cristatum*'은 '다발을 형성하는'의 뜻이지만 같은 속 식물들 중에서는 초원에서 두드러지는 특성을 보이기 때문에 우리말 이름을 이렇게 이름 지었다), 크릴로프나래새(*Stipa krylovii*, 종소명 '*krylovii*'는 사람 이름에서 따온 것이므로 우리말 이름을 이렇게 지었다), 바이칼나래새(*S. baicalensis*) 같은 벼과식물들이 주를 이룬다. 그러다 점차 건조한 곳을 선호하는 식물이 많아진다. 그중에서

ʌ 노랑개자리(*Medicago ruthenica*)

ʌ 동토쑥(*Artemisia frigida*)

∧ 삼잎쐐기풀(*Urtica cannabina*)

도 특히 동토쑥(*Artemisia frigida*), 몽골쑥(*A. adamsii*) 또는 삼잎쐐기풀
(*Urtica cannabina*, 종소명 '*cannabina*'가 '삼과 식물의 잎을 닮은'의 뜻
이므로 우리말 이름을 이렇게 지었다)이 집단을 이루게 된다.

　이처럼 중앙 몽골 스텝지역에서 목축을 하게 되면 식생이 변하게
된다. 우선 나래새가 주로 자라던 초원은 중간 정도의 습기를 좋아하
는 풀로 바뀐다. 그 후 키 작은 잔디모양 사초(Hard sedge)가 자라다가
중간 정도의 건조한 환경에 잘 자라는 잎이 넓은 초본으로 대체 된
다. 그 다음에는 사초와 쑥으로 구성된 군집으로 발달하고 난 후 잎
이 넓은 초본으로 대체 된다. 그리고 지속적으로 목축이 이루어지면
마지막에는 일년생, 이년생의 잡초 집단만 남는다. 자연적인 초원 또
는 숲이었던 곳에 목축을 지속적으로 심하게 하게 되면 우선 가축의
답압으로 토양의 물리적 특성은 점차 수분을 잘 유지할 수 없는 상

태가 된다. 그리고 식물에 의해 토양으로 공급되던 유기물은 현저히 줄어들게 되어 그 다음의 식생의 형성과 유지가 어렵게 될 수밖에 없다. 그러므로 외부에서 씨앗이 끊임없이 공급된다 해도 원래 모습의 식생으로는 쉽게 돌아갈 수 없다. 결국 초원에서의 방목은 토양의 수분 유지 능력의 감퇴를 초래하여 점점 건조한 식생으로 바뀌게 한다. 이것은 목축이 생명으로 넘실대는 초원을 사막으로 바뀌게 할 수도 있다는 뜻이다.

✱ 몽골 초원의 대표, 동토쑥

몽골 초원의 대표 식물은 무엇일까? 이 동토쑥이야말로 초원의 대표라 할 만하다. 몽골에는 쑥 종류가 65종이나 있다(Grubov, 1982). 몽골 초원은 물론 칭기즈칸 국제공항을 포함해서 어디에서든 독특한 향을 느낄 수 있는데 그것은 거의 쑥에서 나는 향이라고 보면 된다. 쑥은 일년생·이년생·다년생인 초목 혹은 관목이다. 직립하는 종, 비스듬히 서거나 땅위를 기는 종이 있다. 이 무리는 세계적으로 400종이나 될 정도로 종류가 많다. 주로 유럽, 아시아, 북아메리카의 온·한대에 분포한다. 보통 쑥은 열대지방보다는 북방의 한대지역에 많다. 러시아에는 카스피해 북단에서 캄차카에 이르기까지 널리 분포하는데 무려 174종이 있다(Polyakov, 1936).

동토쑥은 몽골 전역에 분포하고 있다. 방목이 성행하는 스텝초원에서는 가축이 뜯어먹거나 밟혀서 식물체 자체가 아주 작아졌다. 언뜻 눈에 잘 띄지 않을 수도 있다. 그러나 자세히 보면 이 동토쑥을 관찰하는 것은 어렵지 않다. 가축이 잘 가지 않는 절벽이나 바위틈 또는 자갈밭 같은 곳에서는 키가 40cm에 직경 약 30cm 정도의 포기로 자라기 때문에 훨씬 쉽게 볼 수 있다. 어떤 곳에서는 아주 넓은 면적에 마치 잔디밭처럼 자라는데 멀리서 보면 호수로 착각하기 쉽다. 식물체의 색깔이 전체적으로 회백색이 도는 청색이기 때문이다. 몸 전체에 비단 같은 털이 밀생한다. 줄기는 나무처럼 딱딱한 가지를 많이 내는데 열매가 달리는 가지와 생식을 하지 않는 가지로 나뉜다. 방목에는 아주 쓸모 있는 식물이다. 양, 염소, 말, 낙타 등은 연 중 이 풀을 먹는다. 소도 이 풀을 먹지만, 좋아한다고 한다(Undarma *et al.*, 2015).

쑥 종류는 우리나라에서도 식용과 약용으로 널리 쓰이는 식물이다. 한반도에는 32종이 있다(Park, 2007). 그중 제주도에는 15종이 있는데, 한라산 특산식물로 섬쑥(*A. japonica* var. *hallaisanensis*)이 있다(Song *et al.*, 2014). 이 종은 한라산 정상 부근에만 자라는데, 몽골은 물론 스칸디나비아반도에서 북아메리카까지 분포하는 북방쑥(*A. borealis*)이 한라산에 남아 별도의 적응 과정을 거치면서 진화한 것으로 생각된다.

∧ 섬쑥(*Artemisia japonica* var. *hallaisanensis*)

초원에 피는 할미꽃,
가축과의 공존

반가우면 아는 사인가? 그동안 강가, 높고 낮은 산, 모래언덕과 같은 지형을 지나왔다. 그러나 눈에 들어오는 풍경 대부분은 초원이다. 우리나라와는 경관이 달라도 너무 다르다. 그런 만큼 마주치는 종들도 대부분 낯설다. 사실 몽골 초원을 탐사하기 위해 이곳에 온다면 누구나 느끼게 될 것이다. 종들이 너무 달라 아예 알아보고 싶은 마음조차 싹 가신다고. 그러다 오히려 국내에서는 잘 아는 종조차도 낯설어 보일 때가 있다. 이런 저런 생각을 하며 초원을 탐사하는데 익숙한 꽃이 눈에 들어 왔다. 할미꽃이었다. 할미꽃들은 꽃만 보면 비교적 단순해서 제주도에서 보는 꽃이나 여기서 보는 꽃이나 다 그게 그거 같다. 우리나라에서는 할미꽃을 보면 꽃대가 밑을 향하여 굽은 모양이 지팡이를 짚은 할머니를 연상했던 듯하다. 한자로는 백발이 성성한 할아버지를 나타내는 백두옹(白頭翁)이라 했는데 이것은 열매가 익었을 때 모양을 표현한 것이라 할 수 있다. 그런데 라틴어 학명 중 속명 ‘*Pulsatilla*’는 원래 ‘종모양’이라는 뜻을 가지고 있다. 같은 꽃을 보고도 이렇게 보는 이마다 느낌이 다르다. 우리는 이 몽골 벌판에서 할미꽃을 처음 봤을 때 “야! 할미꽃이다”하고 누가 먼저랄 것도 없이 카메라를 들이 대기에 바빴다. 이건 이 꽃이 특별히 아름답다거나 탐사의 목표가 됐던 꽃이라서가 아니다. 단지 익숙한 꽃이기 때문이 아니었을까? 한번 보고 나니 자주 눈에 띄었다. 다만 이 종들이 자라는 곳이나 생김새가 비슷하여 모두 같은 종으로 느껴진다. 우리나라에서는 할미꽃이 몇 종 되지도 않을뿐더러 같은 장소에서 여러 종을 만날 일이 거의 없기 때문에 별 의심 없이 모두 할미꽃이라고만 하면 됐다.

몽골 초원에는 6종의 할미꽃이 자란다. 가장 뚜렷하게 구분되는 종은 노랑할미꽃(*Pulsatilla flavescens*)이다. 종소명 '*flavescens*'는 '노란빛이 도는'의 뜻으로 우리말 이름을 이렇게 지었다. 이 종은 꽃이 노랗게 피기 때문에 눈에 잘 띄기도 하려니와 다른 종과 구분하기도 쉽다. 주로 시베리아잎갈나무숲 또는 자작나무숲의 어느 정도 햇볕이 드는 곳 또는 그 주변에 자란다. 이런 곳이면 꽃이 피는 6월경에 이 꽃을 찾기는 어렵지 않다. 스텝초원이라면 빼놓을 수 없는 할미꽃이 있다. 초원할미꽃(*P. bungeana*)이다. 초원에서 볼 수 있는 할미꽃 종류 중 가장 흔히 만나는 종의 하나여서 우리말 이름을 이렇게 지었다. 종소명 '*bungeana*'는 러시아 식물학자의 이름에서 유래한다. 이 종은 꽃이 좁은 종모양이고 열매의 까락이 3cm에 달할 정도로 긴 것이 특징이다. 다른 할미꽃들에 비해서 대체로 포기도 크고 줄기도 많이 나온다. 다양한 생태 환경에 자라기 때문에 종내 변이가 다양하다. 몽골에서도 이 종은 3개의 변종으로 더 자세히 구분하고 있다. 그리고 비슷한 생태 환경을 선호하는 몽골할미꽃(*P. ambigua*)도 있다(Grubov, 1982). 종소명 '*ambigua*'는 '의심스러운' 또는 '불확실한'의 뜻이다. 아마도 가장 흔히 분포하고 변이도 많은데 착안한 게 아닌가 한다. 이 종은 털이 비교적 짧고 성기게 난다. 개화기를 잘 맞춘다면 초원을 화려하게 수놓는 몽골할미꽃을 볼 수 있다.

몽골 초원에서 할미꽃은 가축의 좋은 먹이자원이다. 특히 봄철에 일찍 새싹이 나오기 때문에 염소, 양, 말, 소와 같은 가축들이 매우 좋아한다고 한다. 가축을 키우는 목동들은 이 식물이 겨울 동안 허약해진 가축에게나 살을 찌워야 하는 가축 모두에게 매우 유용한 식

∧ 할미꽃(*Pulsatilla cernua* var. *koreana*)

∧ 노랑할미꽃(*Pulsatilla flavescens*)

∧ 초원할미꽃(*Pulsatilla bungeana*)

∧ 몽골할미꽃(*Pulsatilla ambigua*)

물로 평가한다고 한다. 열매가 맺힌 후에는 시들어 버리거나 생체량
이 급격히 줄어들기 때문에 소나 말은 크게 선호하지는 않지만 염
소와 양에게는 여전히 뜯어먹기 좋아하는 풀이다(Jamsran et al., 2015). 이
렇게 뜯어 먹히지만 역설적이게도 가축이 없으면 번성할 수 없는 게
이 할미꽃이다. 경쟁자를 적절하게 조절해 줌으로써 이 종도 살아남
을 수 있으니까. 할미꽃은 특히 키가 작기 때문에 가축들이 환경을
만들어 주지 않으면 생명을 유지하기가 힘들 것이다. 공존의 한 방
식을 보는 듯하다. 제주도에서도 목축시대에는 할미꽃이 지천이었을
테지만 지금은 거의 사라져 무덤가에서나 볼 수 있는 희귀식물이 되
어 가고 있다.

✱ 제주도에만 분포하는 가는잎할미꽃

우리나라에는 어떤 할미꽃들이 살고 있을까? 우선 남한에선 볼
수 없지만 산할미꽃(P. nivalis)이 있다. 일반적으로 할미꽃은 꽃줄기
가 30~40cm에 달하지만 이 산할미꽃은 8cm에 불과하다. 우리나라 특
산식물로 북부지방의 높은 산 양지쪽에 자라는데 함경북도 관모봉에
자란다는 기록이 있다(조선식물지편집위원회, 1974). 세잎할미꽃(P. chinensis)
은 평안남도 맹산에 자란다. 이 종은 중국의 동북지방, 러시아의 우
수리에도 자라는 것으로 보아 맹산이 남한계로 보인다. 분홍할미꽃
(P. dahurica)이라는 종 역시 북한에 자라며 남한에서는 볼 수 없는 종
인데 중국의 동북지방과 러시아의 아무르, 우수리지방에 분포한다.
동강할미꽃(P. tongkangensis)이 강원도와 충청북도의 석회암지대에 자
란다. 이 종은 한국 특산식물인데 비교적 최근인 2000년도에 발표되
었다.

나머지 한 종이 전국에 널리 분포하는 할미꽃이다. 그런데 이 집
단은 좀 복잡하다. 중국에서는 크게 이 모두를 조선백두옹(P. cernua)

∧ 가는잎할미꽃(*Pulsatilla cernua* var. *cernua*)

이라 하고 있다. 그러나 우리나라 학계는 이를 두 개의 집단으로 나누어 하나는 할미꽃(*P. cernua* var. *koreana*), 나머지 하나는 가는잎할미꽃(*P. cernua* var. *cernua*)이라 하고 있다. 여기에서 할미꽃은 중국의 동북지방과 러시아의 아무르, 우수리, 그리고 우리나라 전국에 분포한다(Park, 2007). 그런데 가는잎할미꽃은 국외로는 중국과 일본에도 자라지만 우리나라에서는 제주도에만 분포하는 것으로 알려져 있다. 그렇다면 이 가는잎할미꽃은 중국의 중남부 아니면 일본 열도에서 제주도로 상륙하였을 것이다. 북방에 분포하는 할미꽃집단이 아니라 그 외 지역에서 분화한 집단에서 제주도로 들어 왔으니 분산분포종의 하나이다. 이런 분포 유형의 종들도 제주도의 종들이 어디에서 들어 왔는지 밝히는 또 하나의 단서가 될 수 있다.

다섯 잎 클로버

　시원하게 흐르는 강을 만났다. 울란바토르에서 서남쪽 392km 지점이다. 여기서 조금만 더 가면 아르바이헤르(Arvaikheer)솜이다. 이곳 사람들도 더위는 싫은지 서너 팀이 가족 단위로 피서를 나왔다. 자동차를 병풍 삼아 쉬거나 강물에 들어가 있다. 마침 점심식사 장소를 찾던 중이라 우리도 기꺼이 피서에 동참했다. 날씨는 덥지만 강물은 차가웠다. 그래도 아이들은 신이 난 듯 서로 물을 튀기며 깔깔댄다. 가축들도 다리 아래서 발을 담근 채 쉬고 있고 엄마들은 아이들을 지켜보고 있다. 이런 장면은 누구에게나 익숙해 있고, 한편으론 그 시절을 동경하기 마련이다. 점심을 준비할 생각도 없고 식물을 관찰하려는 대원도 없다. 멍하게 쳐다보고 있을 뿐이다. 잠시 서 있는

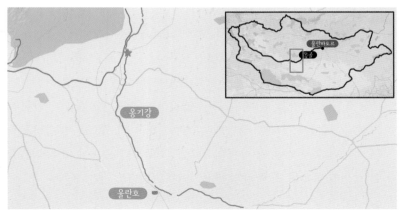

∧ 옹기강과 울란호

것만으로도 몸은 한결 가벼워진다. 이 강은 옹기강(Ongi River)으로 물이 흐르는 강폭은 얼추 30m이지만 강변은 꽤 넓어서 수백 미터는 됨직했다. 강바닥은 직경 10cm 전후의 미끈한 자갈로 되어 있다. 슬픈 이야기지만 이 강은 정처 없이 흐르고 있다. 갈 곳을 잃어버렸기 때문이다. 강변은 진흙으로 되어 있어서 질퍽거리거나 조금이라도 높은 곳은 마디풀과, 현삼과, 콩과, 장미과의 식물들이 자라고 있다. 그런가 하면 군데군데 웅덩이가 만들어져 있어서 미나리아재비과 종들도 보인다. 식물들은 높이가 15cm 이하로 가축에게 뜯겼거나 한랭한 바람으로 제대로 크지 못한 상태이다. 이런 장소를 선호하는 특성을 가져 아예 키 작은 종들도 있다. 주위 산들은 나무라곤 찾아보기 힘들만큼 식생의 높이가 낮았고 건조한 기후를 말해 주듯 바싹 메말라 있다.

작지만 앙증맞은 꽃이 눈에 들어온다. 학토끼풀(*Trifolium eximium*)이다. 아고산침엽수림대의 축축한 곳, 고산 계곡의 암석지, 빙하가 흐르면서 끌고 내려온 암석과 진흙이 쌓인 지형에 자라는 종이다. 이곳 몽골 외에도 중국과 러시아의 시베리아에 분포한다(Vassilczenko, 2010). 그렇지만 분포 면적도 좁고 개체수도 적은 편으로 여간해서 만나기 어려운 종이다. 이 종과 혈연적으로 가까운 종이라면 아무래도 토끼풀(*T. repens*)을 들 수 있다. 흔히 클로버라고 부르는 식물이다. 토끼풀은 속명 '*Trifolium*'이 나타내듯 '소엽 3개로 구성되어 있는' 식물이다. 그래서 사람들은 예외적으로 나타나는 네잎클로버를 찾는다. 종소명 '*repens*'는 '땅위를 기는'의 뜻을 갖는다. 학토끼풀도 소엽 3개로 되어 있다. 우리말 이름 학토끼풀은 토끼풀 중에서 군계일학처럼 예쁘다는 뜻으로 지었다. 종소명 '*eximium*'은 '특출한' 또는 '두드러진'의 뜻이다. 토끼풀은 아프리카 중부에서 북부, 유럽, 남서아시아의 건조한 곳이 원산지다. 이 식물이 환경 적응력이 뛰어나고 뿌리혹박테리아에 의한 질소 고정 작용을 왕성하게 하므로 농경지나 목초지에 토양을

ㅅ 학토끼풀(*Trifolium eximium*)

ㅅ 달구지풀(*Trifolium lupinaster* var. *lupinaster*)

ㅅ 제주달구지풀(*Trifolium lupinaster* var. *alpinum*)

비옥하게 할 목적으로 재배하던 것이 이제는 귀화식물로 널리 정착하였다.

붉은토끼풀(*T. pratense*)도 마찬가지다. 몽골에는 이 종류로 귀화식물인 토끼풀과 붉은토끼풀, 자생식물인 학토끼풀과 달구지풀(*T. lupinaster*) 4종이 분포한다. 그중 토끼풀, 붉은토끼풀, 학토끼풀은 세잎클로버다. 오직 달구지풀만 다섯잎클로버다. 이 달구지풀은 우리나라는 물론 몽골, 러시아, 일본, 중국, 동유럽에 분포한다. 남한에서는 유일하게 한라산에 자라고 있다. 우리나라에서는 토끼풀, 붉은토끼풀, 달구지풀 3종이 자라는데 그중 토끼풀과 붉은토끼풀은 귀화식물이므로 달구지풀은 토끼풀 종류 중 유일한 자생종이 된다(Choi, 2007). 특히 한라산에 자라고 있는 달구지풀은 그중에서도 제주달구지풀(*T. lupinaster* var. *alpinum*)이라 하여 다른 지역에 자라는 집단과는 구분하고 있다(임, 1975). 제주달구지풀은 달구지풀에 비해 전체가 작은 것이 특징이다. 그 외로도 잎의 길이가 현저히 짧고, 모양도 긴타원형 또는 거꿀달걀모양으로 다르고, 톱니가 거의 발달하지 않는다는 점에서도 다르다. 이것은 이 집단이 한라산에 정착한 후 장기간에 걸쳐 적응하면서 달라졌기 때문이다. 자매종인지 분단분포종인지 좀 더 연구가 필요하다.

✳ 정처 없이 흐르는 강

잠시 휴식을 취한 옹기강에서 서쪽으로 조금 더 가면 아르바이헤르(Arvaikheer)솜이 나온다. 항가이산맥(Khangai Mountains)의 동사면으로 46°15′N, 102°46′에 해당한다. 평균 해발고도는 1,817m, 2008년 기준 인구는 2만 5,622명이다.[*] 연평균 기온은 0.77℃, 가장 추운 달인

---

[*] Övörkhangai Aimag Sums Statistics, 2009. http://www.statis.mn/portal/content_files/comppmedia/cpdf0x220.pdf.

1월 평균 기온은 -14.7℃, 최저 기록은 -32.7℃에 달한다. 가장 더운 달은 8월로 평균 기온 21.4℃, 최고 기온은 33.1℃에 달한 때가 있었다. 연평균 강수량은 207.6mm, 비가 가장 많이 오는 달은 7월로 평균 60.1mm이다. 7월은 보통 11일 정도 비가 온다고 한다.** 옹기강의 강물은 무릎까지 차고 강폭도 넓어서 수량이 꽤 많음을 알 수 있다. 이 강물에 의존해 사는 사람은 무려 6만 명에 이른다고 한다. 이 강은 이곳에서 좀 더 북쪽, 중앙 몽골을 차지하고 있는 높고 넓은 항가이산맥(Khangai Mountains)의 해발 1,900m에서 발원한다. 강수량은 적지만 비교적 넓은 지역에 형성된 빙하가 원천이다. 그렇다면 이 강의 종착지는 어딜까? 북극해도 아니고 태평양도 아니다. 그렇다면 호수

** Arvaikheer Climate Normals 1961-1990. National Oceanic and Atmospheric Administration. Retrieved January 14, 2013.

일까? 지금 이 강은 그 어느 곳으로도 흐르지 않는다. 그냥 어느 지점에서 사라져 버린다.

　다만 특별히 강수량이 많은 해에는 무려 435km 남쪽의 울란호(Ulaan Lake)로 흘러들어가는 경우도 있다.*** 더욱 관심을 끄는 건 이 지점에서 약 20km만 남쪽으로 내려가도 강물은 거의 말라버리고 희미한 줄기로 간신히 명맥을 잇고 있을 뿐이라는 것이다. 만약 그보다 더 남쪽지점에서 강을 횡단한다면 많으면 8개의 빈 강을 건너게 되리라는 것이다. 이 빈 강이란 특별한 경우에만 흐르고 대부분 말라 있는 강을 말한다. 그러므로 관찰자에 따라서 강의 위치가 다르고 강의 수량도 다르게 보인다. 심지어 어떤 경우에는 강이 이동하는 것처럼 보이기도 한다. 이 강은 울란호 가까이 근접한 후 하나의 강으로 합쳐지지만 대부분의 경우엔 울란호까지 도달하지 못하고 완전히 소멸해 버린다. 이 지경에 이르게 된 원인은 과도한 목축이 가장 큰 원인이다(Batnasan, 2003). 목축이 사막화를 촉진하고 있기 때문이다. 땔감과 용재를 조달하기 위해 과도하게 벌채하고, 댐을 건설해 농업용지에 물을 댄다든가, 광산을 개발하고 지하수를 과도하게 소비하는 것도 문제가 되고 있다. 또한 기후변화가 크게 영향을 미치고 있는 게 사실이다. 수면 면적 175km²의 울란호, 그 운명은 어떻게 될 것인가.

*** Earth Day in Mongolia: Onggi River Movement Receives Award, Mongolia-Web.com.

지느러미엉겅퀴는
왜 제주도에 없을까?

옹기강가에서 점심식사를 마치고 오후 1시에 출발했다. 30분 만에 아르바이헤르(Arvaikheer)에 도착할 수 있었다. 그냥 지나칠 수도 있었지만 GPS의 배터리를 추가로 구입해야 했기 때문에 어쩔 수 없이 들르게 되었다. 이 도시는 오보르항가이아이막(Övörkhangai Aimag)의 도청소재지다. 아르바이헤르는 몽골어로 보리스텝(Barley Steppe)이라는 뜻이며, 몽골 국토의 중앙에 위하고 있다. 비행장이 있어서 울란바토르와 알타이를 연결하고 있다. 수도 울란바토르와는 정기 노선 버스가 있다. 전통 공예로 유명하며 염소를 많이 키우고 있다고 한다. 대도시에 걸맞게 크고 작은 현대식 빌딩도 많았다. 관공서를 비롯한 극장, 체육관 등 공공시설도 보였다. 마트도 꽤 많아서 생필품을 구입하는데도 별 불편이 없을 것 같았다. 두어 군데를 들른 끝에 우리 GPS에 맞는 모델의 배터리를 구할 수 있었다.

널찍하게 잘 구비된 도로의 중앙 분리대와 양쪽에는 가로수를 심었다. 몽골 초원에게 나무란 귀찮은 존재였을 지도 모른다. 몽골을 달리다 보면 산불로 훼손된 산림을 흔히 볼 수 있는데 이것은 조금이라도 풀이 나는 면적을 늘리기 위함이다. 나무가 무성하면 가축 떼를 관측하는 데도 방해가 된다. 이래저래 성가신 존재일 뿐이다. 그러나 이제는 사정이 달라졌다. 과거에 비해 게르를 이동하는 빈도가 훨씬 줄어들었다. 점점 정착 생활을 하는 주민이 늘어나는 추세다. 그리고 관광 산업이 번창하고 있다. 이렇게 되면 장작이나 건축자재

∧ 아르바이헤르(Arvaikheer) 시내의 구주사시나무 가로수

의 조달이 많아질 수밖에 없다. 바람을 막아주는 방풍림이 필요하게
되었다. 그뿐 아니라 먼지도 막아주고 사람에게는 물론이지만 동물
에게도 시원한 그늘을 제공해 주기 때문에 나무가 얼마나 소중한지
를 점점 더 많이 느끼게 되었다. 도시는 물론 시골에서조차도 나무
심는 모습이 더 이상 생경하지 않게 되었다. 심는 나무는 뭐니 뭐니
해도 구주사시나무(*Populus tremula*)다. 울란바토르를 비롯해서 몽골
전역에 널리 심고 있다. 사시나무 종류는 몽골에 5종이 알려져 있다
(Grubov, 1982). 이 종들은 대부분 빨리 자라고 크게 자라기도 한다. 그중
에서도 건조한 곳에서도 잘 자라는 이 구주사시나무를 선호하는 것
같다. 이 나무는 잎자루가 납작하기 때문에 사시나무 떨 듯 떠는 특

징이 있다.

울란바토르에서 이곳까지 오다 보면 길가에 핀 드물게 키가 크고 빨간색이 아름다운 꽃을 볼 수 있다. 언뜻 보면 엉겅퀴와 닮았다. 지느러미엉겅퀴(*Carduus crispus*)다. 줄기와 가지에 날개가 달려 있는데 마치 지느러미 같다. 일본 열도에서 한반도를 거쳐 중국 동북지방, 시베리아, 유럽에 걸쳐 분포한다(Ito *et al.*, 1995). 미국을 비롯한 북아메리카에도 널리 귀화하여 살고 있다. 자라는 곳은 대체로 길가, 물길 주변 등 물기가 많은 곳이다. 잡초로 흔히 자라지만 꿀을 생산하는 데는 유용한 식물로 알려져 있다(Shi, Z. *et al.*, 2011). 다만 제주도에서는 아직까지 채집된 바 없다(Song *et al.*, 2014). 동아시아에서 유럽까지 고위도에 널리 분포하는 종이 이렇게 제주도에 없다는 것은 매우 이례적이다.

✱ 거대 호수 울란호는 어디로 갔나?

몽골에는 약 3,750개의 호수가 있다. 이들의 총 면적은 16,003km²로 추산된다. 그중 83.7%인 3,060개는 0.1km² 이하이며 그 면적은 전체 면적의 5.6%에 불과하다.* 면적이 50km² 이상 되는 큰 호수는 26개인데 가장 넓은 호수는 3,350km²의 웁스(Uvs)호다. 제주도 면적의 1.8배나 된다. 수량이 가장 많은 호수는 면적 2,760km², 최대 수심 262m에 달하는 흡수굴호로 수량이 무려 380.7km³에 달한다고 한다. 이것은 소양강댐의 저수 능력 29억 톤의 100배를 훨씬 넘는 양이다. 옹기강이 흘러드는 울란(Ulaan)호는 넓이가 175km²로 몽골 내 12번째로 큰 호수다. 그런데 호수 목록에는 다른 호수들이 모두 호수 이름, 위치, 해발고, 면적, 최대 길이, 평균 및 최대 너비, 평균 및 최대 수심, 수량 등이 기록되어 있지만 울란호에 대해서만은 호수 이름, 위치, 해발고, 면적만 나와 있고 나머지는 모두 빈 칸이다. 이 호수에 대한 궁금

---

* List of lakes of Mongolia. Wikipedia, https://en.wikipedia.org/wiki/List_of_lakes_of_Mongolia.

∧ 구주사시나무(*Populus tremula*)

∧ 지느러미엉겅퀴(*Cirsium crispus*)

증이 증폭될 수밖에 없는 이유다. 이렇게 큰 호수에 대한 정보가 이렇게 없다니… 혹시 측정을 할 수 없는 오지에 있어서 그런 건가? 이 호수까지 가려면 이 강을 따라서 간다 해도 약 300km를 더 남쪽으로 가야 한다. 고비사막에 있기 때문이다. 그런데 이 호수에 과감히 도전하여 연구를 진행하고 그 결과를 국제적인 과학전문저널에 발표한 과학자들이 있다(Lee et al., 2013).

한국 과학자들은 2013년에 탐사 결과를 과학저널 「Quaternary Science(제4기학)」에 논문으로 발표했다. 이들은 논문에서 울란호가 1960년대까지는 65km²에 달하는 거대 호수였다는 다른 연구를 수용하고 있다. 그리고 지금은 완전 말라버려 호수 바닥이 드러난 울란호에 숨겨진 과거의 기후를 알기 위해 호수 바닥에서 5.88m 깊이의 침전물을 추출했다. 이 침전물을 분석한 결과 8,800년 전과 1만 1,300년 사이에 기후변화가 발생했음을 밝혔다. 이때 울란호의 기후는 지금의 몽골 초원의 스텝 기후와 비슷했다. 또한 지금으로부터 3,000년 년 전부터 습기가 빠르게 감소하였다. 그 결과 오늘날의 건조 기후가 되었다는 것이다. 또한 울란호 일대는 1만 1,300년과 3,000년 전 사이에 동아시아 여름 몬순 기후에 영향을 받았으며, 몽골 남부 즉 고비사막 일대도 같았을 것으로 추정했다. 당시의 동아시아 여름 몬순 기후의 북방한계는 울란호의 북쪽, 아마도 현재 우리 탐사대가 위치한 지역까지 확장해 있었을 것이라는 추정을 내놓았다. 이러한 결과는 이 논문이 나오기 이전의 과학자들의 추정한 것보다 훨씬 북쪽까지 영향을 미쳤다는 것을 의미한다. 현재의 동아시아 여름 몬순 기후는 기껏해야 만주, 내몽골의 일부, 서쪽으로 중국의 동부 평야지대까지로 알려져 있다.

이 연구 이후 또 하나의 울란호에 대한 연구가 영국 과학자들에 의해 수행된 바 있다(Sternberg and Paillou, 2015). 영국 과학자들은 울란호

(N44°53′, E103°.73′)의 과거 크기를 인공위성 영상을 분석하는 방법으로 측정하였다. 그 결과 가장 넓게 확장했었을 때인 홀로세에서 이 호수는 19,500km²였다. 그 수량은 3,150km³로 추정되었다. 이 크기는 현재 몽골의 모든 호수를 다 합친 면적보다도 훨씬 넓다. 이런 거대한 호수가 기후변화를 이기지 못하고 점차 줄어들더니 1960년대까지 65km² 넓이로 명맥을 유지하다가 현재는 완전히 사라진 것이다.

∧ 울란호로 흐르는 옹기강의 한 지류

황기인가 제주황기인가

아르바이헤르에서 물자를 보충한 탐사대는 쭉 뻗은 아스콘 포장 도로를 내달렸다. 시야는 가릴 것 없이 탁 트였고, 태양은 구름한 점 없는 창공에서 빛나고 있었다. 몽골의 초원은 넓다. 지구의 표면이란 이런 것인가 하는 장대함을 느끼며 가던 중이었다. 노란 꽃 무더기 가 눈에 들어 왔다. 황기의 일종이다. 황기는 우리나라에서 많이 소 비하는 한약재 중 하나다. 특히 여름철에 즐겨먹는 삼계탕에는 이 약 재가 필수적이다. 콩과에 속하는 다년초이다. 지하부가 마치 인삼처 럼 생겼는데 1m 정도로 아주 길게 생장한다. 이걸 말린 게 황기다. 그런데 이 식물의 정체가 아주 복잡하다. 우선 궁금한 것이 이 식물 의 학명이다. 대부분의 자료에 '*Astragalus membranaceus*'로 되어 있다. 『한국 속 식물지』에도 같은 학명으로 실려 있다(Choi, 2007). 그런데 '국 립수목원 국가생물종지식정보*'의 내용은 이와 좀 다르다. 여기에는 '*Astragalus mongolicus*'로 되어 있다. 학명은 그 식물의 정체성을 나타 내는 일차적인 정보이므로 아주 중요하다. 우리나라 최고 권위의 출 판물과 국가기관이 서로 다르게 종 정보를 제공하고 있다면 문제가 있다.

황기 무리는 전 세계적으로 약 3,000종이 알려져 있다. 그중 2,500 종이 유라시아 대륙에, 500종이 아메리카 대륙에 분포한다. 이곳 몽 골에도 68종이 분포한다(Xu and Podlech, 2010). 이처럼 황기 무리는 많은

---

* 국가생물종지식정보시스템. 국립수목원, www.nature.go.kr.

∧ 몽골에서 자라고 있는 황기(*Astragalus mongholicus*)

종을 거느리고 있다. 그리고 대체로 분포 범위가 넓어 수많은 생태형을 가지고 있기도 하다. 그러므로 지역에 따라 형태에 많은 차이를 보이므로 이름도 다르게 붙여진 경우가 많다. 우리나라에는 황기를 포함해서 자운영, 자주황기, 자주개황기, 개황기, 강화황기 6종이 있다. 그중 제주도에 분포하는 종은 자운영, 자주개황기, 황기 3종이다(Song et al., 2014). 자운영은 경작지에 땅을 비옥하게 할 목적으로 널리 재배한다. 질소 고정 박테리아와 공생하기 때문이다. 제주도에도 그다지 많이 볼 수 있는 건 아니지만 귀화한 것이 관찰된다.

자주개황기는 성읍, 송당, 종달 등에서 관찰된다. 다년생으로 줄기가 여러 개가 나온다. 잎은 깃모양 복엽인데 소엽이 11개에서 21개까지 있다. 꽃은 7~8월에 자색으로 핀다. 뿌리가 마치 황기처럼 굵고 땅속 깊게 들어간다. 이 종은 분포 측면에서 매우 흥미로운 종의 하나다. 우리나라에서는 함경북도와 제주도에서만 자라고 있는 것이다. 왜 국내에서는 한반도 최북단과 제주도의 동부지역 오름들에서만 자라는 것일까? 이 종도 목축과 관련이 있는 것인가? 세계적 분포를 보면 중국의 넓은 지역 해발 3,700m 이하에 분포하고 있다. 러시아(극동시베리아), 일본에서는 홋카이도와 혼슈의 후지산을 비롯한 고산에 자란다. 우리나라에는 높은 산에 자라는 것으로 알려져 있지만 실제 제주도에는 그다지 높지 않은 오름의 풀밭에 자라고 있다. 몽골, 카자흐스탄, 북아메리카에도 분포해 있다. 주로 축축한 자갈 또는 모래 토양으로 되어 있는 강가나 풀밭에서 자란다. 이 종도 학명이 다소 혼란스럽다. 우리나라의 모든 문헌에 'A. adsurgens'로 인용하고 있으나 국제적으로는 2010년 『중국식물지』에 여러 가지 지역종들을 'Astragalus laxmannii'로 통합한 후 이를 받아들이고 있다. 이렇게 되면 지금까지 사용하고 있는 자주개황기의 학명 'A. adsurgens'는 더 이상 사용하지 않게 된다. 그 외에도 일본의 특산으로 알고 있었

∧ 한라산에서 자라는 자주개황기(*Astragalus laxmannii*)

던 'A. *fujisanensis*'를 포함한 여러 학명들이 동반 폐기되는 것이다. 어쨌거나 제주도에 자라고 있는 자주개황기는 이와 같은 분포특성 때문에 한라산의 종의 기원을 밝히는 또 하나의 중요한 단서다. 유라시아 대륙과 아메리카 대륙의 고위도 지방과 일본 열도의 고산에 자라는 종이 어떻게 한반도의 북단과 제주도의 풀밭에 자라고 있는 것일까. 격리분포의 한 예로서 중요한 의미를 간직하고 있는 것이다.

그럼 황기의 경우는 어떤가? 사실 제주도에 분포하고 있는 이 종은 제주황기 또는 한라황기라는 명칭을 써 왔다. 학명 역시 'A. *nakaianus*' 등으로서 황기와는 다른 종인 제주 특산식물로 알고 있었던 종이기도 하다. 이러한 명칭이 위에서 언급한대로 국명은 황기로, 학명은 '*Astragalus membranaceus*'로 통합하여 사용하고 있다는 것이다. 그런데 이마저 '국립수목원 국가생물종지식정보'에서 사용하는

∧ 한라산에서 자라고 있는 황기

∧ 한라산의 황기의 열매

바와 같이 지금은 'Astragalus mongolicus'로 통합되었다. 이 학명이 지칭하는 식물을 몽골황기라고 구분하여 쓰는 학자들도 있지만 황기와 제주황기 등 여타의 많은 이름들을 통합하여 사용하는 것이므로 국명은 그대로 황기를 쓰는 것이 타당하다.

한라산에서 황기는 주로 해발 1,400m 이상의 고지대에 분포하고 있다. 그렇다고 해서 저지대에 전혀 없는 것은 아니다. 간혹 오름의 풀밭에서도 관찰이 된다. 그런데 제주황기는 키가 30cm 이내로 1m까지 자라는 황기에 비해서 현저히 작다는 특성을 갖고 있다. 꽃차례의 길이와 꽃차례 당 꽃의 수, 꼬투리의 크기, 잎의 크기와 형태를 비롯한 여러 형질에서 차이를 보이고 있다. 또한 중국이나 일본의 관련 연구자들도 한라산에 이 종이 분포하고 있다는 사실을 모르고 있다. 이것은 제주황기에 대해서 충분한 검토가 이루어지지 않았다는 점을 의미하는 것이 아닐까. 따라서 이 종에 대해서는 좀 더 자세한 검토가 필요하다. 어쨌거나 황기는 한라산을 비롯한 한국, 러시아(극동시베리아), 몽골, 일본(홋카이도의 저지대와 고산, 혼슈의 고산), 카자흐스탄, 중국(해발 800~2,000m의 스텝초원, 다소 건조한 관목숲, 침엽수림과 산악지대)에 분포한다. 한라산의 황기 역시 자주개황기처럼 격리분포의 양상을 보여주고 있다. 우리나라로서는 보배로운 종들이다.

내륙 깊숙한 곳에 자라는
갯활량나물

황기를 관찰한 곳 바로 근처에서 또 하나의 콩과식물인 좁은잎
갯활량나물(*Thermopsis lanceolata*)을 마주했다. 꽃이 활짝 피었다. 높
이 20cm 내외로 파란 빛이 도는 잎에 노란 꽃이 잘 어울린다. 가지
는 치지만 무성하지 않은 형태다. 지금까지 간간이 볼 수 있었다. 주
로 심하게 방목했다던지 아니면 기타의 이유로 지피 식생이 거의 벗
겨져 토양이 노출된 곳에 자리를 잡는다. 수년 전 이곳이 아스팔트
포장을 하기 전의 자동차 바퀴자국에 자라고 있었다. 우리나라에는
이 콩과식물이 없지만 같은 속의 한 종이 알려져 있다. 갯활량나물
(*Thermopsis lupinoides*)이다. 함경남도(원산), 함경북도(성진, 경성, 서
수라)의 바닷가 모래땅에 자란다고 알려진 종이지만(이, 1996) 최근 강
원도 양양에서도 자라는 것이 알려졌다.* 그런데 이 종에 대하여 북
한에서는 잠두싸리라고 부르며(임, 1975) 이명으로는 청진싸리, 북녘갈
퀴완두라고도 하니 유의할 필요가 있다(손, 2004). 세계적으로 25종 밖
에 없는 속이다. 갯활량나물속의 식물은 땅속 깊은 곳에서 뿌리줄기
가 덩굴처럼 길게 벋는데 해마다 줄기가 나와서 지상에 곧추서는 방
식의 생활 유형을 갖는 식물이다. 중국에 12종이 있고, 중앙아시아와
동아시아, 그리고 북아메리카에 분포하고 있다. 한반도에는 갯활량
나물 1종이 동해안을 따라 양양까지 몇 안 되는 개체들이 점점이 분
포하여 그 옛날의 분포상을 유추해 볼 수 있게 한다.

---

* 국가생물종지식정보시스템. 국립수목원, www.nature.go.kr.

∧ 좁은잎갯활량나물(*Thermopsis lanceolata*)

∧ 몽골갯활량나물(*Thermopsis mongolica*)

좁은잎갯활량나물이라는 이름은 종소명의 'lanceolata'가 창모양, 피침형이란 뜻을 가지므로 잎이 그다지 좁은 편이 아니지만 학명의 뜻을 살려 이렇게 붙인다. 이 종은 크게 자라면 40cm까지 자라는 다년초이다. 몽골의 초원을 비롯해 러시아, 중국, 키르기스스탄에도 분포하고 있다. 우리나라에 자라는 갯활량나물처럼 염분 농도가 높은 곳에 자라는 염생식물의 하나다. 이와 유사한 종이 있다. 몽골갯활량나물(*T. mongolica*)이다. 이 종은 좀 더 건조한 곳에 자란다. 크기와 외양에서 두 종이 비슷해 보이지만 좁은잎갯활량나물은 잎이 거꿀창날모양이거나 달걀모양으로 길이가 너비의 4.5배 이하인 데 비하여 몽골갯활량나물은 잎이 좁은 선형으로 길이가 너비의 5배 이상이다. 고비사막을 비롯한 건조한 지역의 자갈밭, 초원, 염생지, 특히 염호의 호반에 자란다. 몽골을 비롯해 중국, 카자흐스탄, 러시아(서시베리아)에 분포한다(Li et al., 2010).

✳ 가축의 나라 몽골

식물탐사에 집중하다 보면 가축 떼가 가까이 있는 줄도 모른다. 몽골에서는 사람은 피할 수 있어도 가축은 피할 수 없을 정도다. 아무리 멀리 달아나도 가축을 떼놓을 순 없다. 2015년 기준 가축이 5,600만 마리에 달했으니 300만 인구의 몽골인 1인당 18마리가 넘는 셈이다. 의식주를 가축에 의존한다고 할 만큼 가축이 중요한 점을 감안하면 이 숫자도 모자라다고 할지 모르는 일이다.

몽골은 유목 국가답게 1918년부터 5년 또는 6년에 한 번 가축 총조사를 해 오고 있다. 2016년 2월 부탄의 팀푸에서 FAO 농업통계 아시아태평양위원회가 열렸다. 여기에서 발표한 몽골의 가축 통계를 보자(Eldevochir, 2016). 가축 총 조사 초기에는 가축의 종별 마릿수를 조사했으나 점차 가축 사육 가구 수, 가축의 연령별 수, 기타 소득에 대

∧ 가축 떼

한 부분까지 확대했다. 가축의 종류는 몽골의 5대 가축이라고 하는
말, 소, 낙타, 양, 염소를 대상으로 하고 있다. 가장 최근의 총 조사는
2014년 이뤄졌다. 당시 몽골 전체 노동 인구의 28%가 농업부문에 종
사하고 있었다. 농업부문은 국민 총생산의 13.5%를 차지하여 1인당
국민 소득 평균에는 미치지 못하는 것으로 나타났다. 농업 생산액의
5.9%는 수출로 벌어들이고 있었다. 한편, 농업이 차지하는 몽골 국민
소득은 1990년 12.5%에서 점차 증가하여 1996년 38.5%까지 높아졌
다. 그러나 그 이후 완만하게 감소하여 2011년 10.3%까지 낮아졌다가
2014년 13.5%까지 회복한 상태였다. 참고로 이 통계에는 감자나 야채
등 목축 이외의 농업 생산도 포함된다. 2014년 몽골의 국민 총생산은
21,975.5백만 투그릭(Tog)이었다. 당시 농업, 임업, 사냥 등으로 벌어
들인 농업부문 생산액은 2,972.8백만 투그릭이었다. 한편 오늘날 몽

골의 화폐의 환율은 빠르게 하락하여 1달러당 1,900투그릭 정도이며 1인당 국민소득은 3,866달러 수준이다.

목축 생산 현황을 보면 2014년 1년간 294.5천 톤을 도축했다. 이를 통해 소고기 54.7천 톤, 양과 염소고기 153.2천 톤을 생산했다. 우유는 765.4천 톤, 울 23.9천 톤, 캐시미어 7.7천 톤을 생산했다. 가죽도 9.3천 톤을 생산했다. 가축의 수를 보면 1932년도에 162만 마리였던 것이 점차 증가하여 1999년에는 336만 마리, 그 이후 급증하여 2015년도에는 5,600만 마리에 달해 역사상 가장 많았다. 그중에는 말 329만 4,000마리, 소 377만 9,000마리, 낙타 36만 7,000마리, 양 2,493만 3,000마리, 염소 2,358만 2,000마리다. 가축에 따라서 또는 지방에 따라서 우유 생산량에서 차이가 있다. 몽골 소는 하루에 스텝에서 2.8리터를 생산하는데 비해서 산악이나 고비사막에서는 2.3리터밖에 생산하지 못한다. 이와는 달리 야크인 경우는 고비에서 2리터를 생산하는데 비해서 고산이나 스텝에서는 1.7리터밖에 생산하지 못한다. 이런 현상은 계절적으로도 편차가 매우 크게 나타난다. 몽골 소는 여름에 하루 우유 생산량이 5.9리터에 달하는 반면 겨울에는 그 양이 3리터에 불과했다. 그 외의 가축들도 이와 유사한 경향을 갖는데 일일 평균 생산량은 말 2.4리터, 낙타 1리터, 양과 염소는 각각 0.3리터 정도다. 목축 소득에 많은 비중을 차지하는 털 생산량도 가축별, 지역별 차이가 크게 나타난다.

초원의 버드나무

몽골 초원에서 버드나무는 특별한 존재다. 지평선은 물론이려니와 대부분의 선이 횡으로 되어 있는 광활한 초원 중에 그나마 세로로 보이는 건 버드나무니까. 신기하게도 아주 조금의 물이라도 모여들 것 같은 지형에 이 나무가 있다. 메마른 먼지가 푹푹 솟아오르는데도 말이다. 아르바이헤르에서 83km를 달린 끝에 바이양홍고르(Bayankhongor)에 도착했다. 울란바토르에서 서남쪽 620km 지점이다. 입구는 넓은 강이 있고 길이 약 100m에 달하는 다리가 있다. 투인강(Tuin River)이다. 여기까지 오는 마지막 5km 정도는 전체 강폭이 어디서 어디까지인지 모를 정도로 넓었다. 수 킬로미터는 되어 보였다. 그래도 물이 흐르는 강폭은 약 80m 정도로 보인다. 강의 한가운데는 꽤 많은 물이 흐르고 있다. 이 강은 몽골의 중앙산맥인 항가이(Khangai)산맥의 고지대에서 발원하여 이곳에서 약 120km 남쪽의 오록호(Orog Lake)로 흘러든다. 강변은 역시 건조한 스텝초원의 연장이기 때문에 조금만 높아도 먼지투성이다. 물기라곤 전혀 느낄 수 없다. 그래도 4m는 족히 됨 직한 나무들이 꽤 많았다. 버드나무다.

우리나라 사람들에게 이러한 모습은 참 신기하게 느껴질 것이다. 그나마 육지 사람들에게는 그 신기함이 덜하겠지. 옛부터 마을 우물가나 천안삼거리에도 이런 나무가 있으니까. 제주도 사람들에겐 더욱 버드나무가 생소하다. 제주도에도 버드나무 종류가 10종이나 있으니 적은 수는 아니다(Kim *et al.*, 2010). 그중에는 제주도 특산식물인 제

∧ 투인강의 스텝버드나무(*Salix ledebouriana*). 멀리 바이양홍고르시가 보인다.

주산버들도 있다. 그래도 생활 주변에서 버드나무를 본다는 것은 드문 일이다. 전국적으로는 35종이 있다(Park, 2007). 전 세계에 550종, 중국 275종(Chao N. *et al.*, 1999), 러시아에는 176종이나 있다(Nazarov, 1985). 일본에도 20종이 자란다(Makino, 2000). 몽골에는 43종이 자란다. 인접 국가들의 분포 상황에서 짐작할 수 있듯이 이 버드나무에 속하는 종들은 주로 추운 지방에 자란다. 아마도 나무가 살 수 있는 가장 북쪽에는 버드나무 종류가 살고 있을 것이다. 이들은 모두가 나무이지만 아주 작아서 풀처럼 느껴질 만한 종도 있다. 심지어 어떤 종은 너무나 작은 나머지 대부분의 몸이 땅속에 묻힌 채로 살면서 꽃이 피는 시기에 꽃봉오리만 땅위로 내밀어서 수정과 종자 산포를 하는 종도 있다.

여기에서 보는 종은 '*Salix ledebouriana*'라는 종이다. 우리나라엔 없는 종이다. 잠정적으로 우리말 이름을 스텝버드나무로 지었다. 이곳에서는 이렇게 흔히 보이지만 세계적으로는 몽골과 러시아에만 분포하는 종이다. 몽골에서는 주로 사막을 흐르는 강가의 모래땅에 자란다. 러시아에는 시베리아의 동서로 광범하게 분포하고 있다고 한다(Nazarov, 1985). 종소명 'ledebouriana'는 독일인이면서 에스토니아 식물학자인 칼 프리드리히 폰 레데보우어(Carl Friedrich von Ledebour, 1786~1851)를 기념하기 위해 붙인 이름이다. 이 학자는 에스토니아 타투대학 교수를 지냈으며, 알타이 식물상 연구로 유명하다. 또한 버드나무 종류를 많이 발견하기도 했다. 뿐만 아니라 4권의 러시아제국 식물지를 발간했는데 이것은 러시아 전체 식물을 다룬 것으로는 최초였다. 특히 이 학자의 업적으로 유명한 것은 알타이산맥에서 현재 널리 재배하는 사과의 야생 조상종(*Malus sieversii*, 당시는 *Pyrus sieversii*로 기재했다)과 시베리아잎갈나무(*Larix sibirica*)를 처음으로 찾아내 기록했다는 점이다.[*] 그가 이 길을 지나갔는지는 알 수가 없

⋀ 스텝버드나무의 열매

---

[*]   Carl Friedrich von Ledebour. Wikipedia, https://en.wikipedia.org/wiki/Carl_Friedrich_von_Ledebour.

지만 우리보다 앞서간 알타이 식물탐사가인 그의 업적이 떠오른다.

✱ 오록호의 운명

투인강은 어디로 흐르는가. 시내가 모여서 강을 이루고 강은 다시 바다에 이르러 모든 물이 만나기 마련이라는 게 일반적인 생각이다. 그런데 여기에서는 호수로 흘러드는 강이 많다. 그리고 태평양으로도 흐르지만 북극해로 흐르는 강도 있다. 그냥 흐르다가 소멸하는 강도 많다. 지도에는 마치 지렁이 모양으로 표시된다. 강폭이 좁다고 발원지 쪽이라고 할 수 없고, 그렇다고 강폭이 넓은 곳이 반드시 하구 쪽이라고 할 수도 없다. 그래서 강에 이르면 이 강물이 어느 방향으로 흐르는지부터 눈여겨보게 된다. 이런 내륙을 탐사하면서 느끼는 것 중의 하나가 바로 이렇게 우리나라에서는 상상할 수 없는 현상이 벌어지면서 통념이란 무엇인가를 생각하게 한다.

이 투인강은 오록호(Orog Lake)로 흐른다. 오록호는 2017년 구글맵자료에 따르면 면적이 140km²나 되는 매우 넓은 호수다. 그런데 이 호수의 수면 면적을 조사한 과학자들이 있다(Yang et al., 2012). 이들은 2000년부터 2010년까지 조사했는데, 이 기간 호수 면적이 점차 줄어드는 현상을 발견했다. 처음 2000년에서 2003년은 호수 면적에 큰 변화가 없었다. 그러나 그 다음 2002년도 중반부터 2004년은 매우 심각할 정도로 축소되었다. 그 후 2005년도 이후는 거의 완전히 사라지거나 다시 나타나는 현상이 반복되었다. 계절적으로도 차이가 많았다. 봄과 가을에 면적이 넓어졌는데 봄에는 항가이산맥 정상부의 눈이 녹아내리면서 투인강을 통해 유입되는 양이 많아지기 때문이고 가을에는 여름 동안에 강수량이 많기 때문이다. 2001년에서 2002년까지는 해마다 40mm를 조금 넘는 수준의 아주 적은 강수량을 기록하여 결정적으로 호수 면적의 감소를 촉진했는데, 이 때문에 2005년에서

2007년, 그리고 2009년도 등 4개 연도는 호수가 완전히 바닥을 드러내었다. 이처럼 이 호수는 계절에 따라 혹은 연도에 따라 출현과 소멸을 반복하고 있다.

그 원인은 강수량, 해빙, 증발량, 토양 수분 저장, 사람들의 소비 같은 요인들과 관련이 깊은 것으로 밝혔다. 그러면서 앞으로도 온도가 지속적으로 상승하고, 그에 따른 증발산량이 증가하여 수분 손실이 많아지며, 투인강 상류의 적설량의 감소와 가축의 수가 급격히 늘어날 것이 예상되고 있다. 이 때문에 고비사막에서 가장 큰 울란호가 사라졌던 것처럼 이 호수도 완전히 사라질 것으로 우려된다. 이와 같이 2005년도 이래 호수로 들어오는 지표수가 변동하는 것은 호수가 매우 취약한 상태이며, 장차 얼마나 강수량이 유입되느냐에 달려 있다고 볼 수 있다. 좀 더 장기적인 데이터가 필요하겠지만 앞으로 이 호수의 운명은 증발량, 만년빙의 녹아내림, 목축이나 광산 개발과 같은 인위적인 소비와 연관될 것으로 보인다.

∧ 투인강

지천으로 피어나는
생소한 꽃들

　6월부터 7월 초순까지는 몽골 초원의 야생화가 지천으로 피어나는 시기다. 차창 밖으로 보이는 꽃들, 그중에서도 도로변이나 철길 주변에 핀 꽃들 중엔 꿀풀과의 식물들도 많다. 이 꽃들은 통꽃이면서 꽃잎조각이 입술모양이어서 다른 무리들과 확연히 구분된다. 그래서 제주도에 분포하고 있는 같은 과의 식물들과도 비슷해 보이고 그래서 그런지 어디서 본 듯하면서 익숙하다는 느낌을 받게 된다. 그런데 실제 관찰해보면 알쏭달쏭하다. 제주도에서는 본 적이 없는 종류들이다. 보면 볼수록 우리나라 그 어디에서도 보기 어려운 꽃임을 알게 된다. 몽골의 초원에서 차창 밖으로 흔히 보게 되는 꿀풀과의 꽃은 대개 용머리속(*Dracocephalum*) 식물인 경우가 많다. 속명이 용(Dracon 또는 Dragon)과 머리(Cephalc)의 합성어인 것과 영어의 일반명도 용의 머리(Dragon's head)인 것을 보면 서양 사람들은 꽃이 마치 용의 머리를 닮았다고 봤던 모양이다. 우리말 이름 용머리는 이걸 번역한 것이다.

　냄새용머리(*Dracocephalum foetidum*)는 그중에서도 흔한 종이다. 'foetidus'가 '냄새가 나는', 또는 '악취가 나는'의 뜻이다. 이 종은 울란바토르 일대에서도 보이더니 탐사 경로 내내 보인다. 바이양홍고르 초입의 건조한 바위산의 아랫부분에서도 보인다. 이 종은 몽골의 스텝과 사막스텝에 널리 자라고 있다. 다음으로 흔히 보이는 종은 몰다비아용머리(*D. moldavica*)이라 할 수 있다. 종소명 'moldavica'는 루마니아를 위시한 몰다비아지방을 나타낸다. 그런데 이 두 종은 자라는

ᐱ 냄새용머리(*Dracocephalum foetidum*)

ᐱ 몰다비아용머리(*Dracocephalum moldavica*)

∧ 쌍둥이용머리(*Dracocephalum origanoides*)

∧ 가는용머리(*Dracocephalum fragile*)(왼쪽)와 큰용머리(*Dracocephalum grandiflorum*)(오른쪽)

곳도 비슷하고 식물체나 꽃의 모양과 색깔도 유사한 점이 많아 구별이 잘 되지 않는다. 그러나 냄새용머리는 잎의 길이 1.5cm 이하, 꽃의 길이 18mm 이하인데 비하여 몰다비아용머리는 이보다 길다. 식물체의 높이는 대개 냄새용머리가 20cm 이하인데 비하여 몰다비아용머리는 이보다 크다. 무엇보다도 두 종의 차이는 냄새용머리는 좋지 않은 냄새가 나는 반면에 몰다비아용머리는 향이 좋다는 것이다.

그래서 몰다비아용머리를 과거에는 밀원자원으로, 또 일부에서는 차 대용으로 재배하기도 했다. 최근에는 정유를 생산하기 위해서 재배하는데 증류할 경우 식물체량의 0.01~0.17%를 얻을 수 있다고 한다(Shiskin, 1987). 이 정유의 주성분은 시트랄(citral, 25~68%), 제라니올(geraniol, 30%), 네롤(nerol, 7%) 및 기타 성분이다. 시트랄은 과일주스를 만들거나 향수산업에 이용되고 있다. 냄새용머리가 냄새난다고 쓸모없는 건 아니다. 이 식물체는 0.46~1%의 정유를 함유하고 있는데 여기에는 알파 피넨(α-pinene)과 베타 피넨(β-pinene)을 비롯한 여러 유용한 성분들이 들어 있다. 이 정유는 항박테리아, 항균 효능이 뛰어난 것으로 밝혀졌다. 특유의 톡 쏘면서 쓴 맛을 가지고 있다. 몽골에서는 전통적으로 지혈과 상처의 치료, 위장병과 간장병 치료에 이용해 왔다(World Health Organization, 2013).

큰용머리(D. grandiflorum)은 주로 강수량이 비교적 풍부한 헨티, 항가이산맥 등 북부와 중부, 그리고 알타이산맥의 고산에 자란다. 'grand'가 '크다'는 뜻을 가져와 우리말 이름을 붙였다. 가는용머리(D. fragile)는 흡수굴, 항가이산맥 등의 고지대 모래 또는 자갈로 된 다소 습한 땅에 터를 잡는다. 'fragile'가 '부러지기 쉬운', '섬세한'의 뜻을 가져 우리말 이름을 이렇게 붙였다. 쌍둥이용머리(D. origanoides)은 이 속에서는 드물게 줄기가 바닥을 기면서 뿌리를 내려 수많은 별개의 쌍둥이로 발달하는 특정을 지닌 종이다. 'origanoides'가 '분체를 만드는'의 뜻을 가지므로 이렇게 이름 지었다. 주로 고산에 자란다.

✱ 제주도의 용머리는 멸종했나?

몽골에서 자주 만나게 되는 야생의 꽃들 중에서 꿀풀과의 식물들을 빼 놓을 수는 없을 것이다. 24속 103종이나 분포해 있다(Urgamal et al., 2004). 우리나라에는 남북한을 통틀어 26속 65종이 알려져 있다(Suh Y et al., 2007). 용머리속의 식물들의 일부는 그중에서도 비교적 흔히 보이는데 우리나라에서 매우 드문 것과는 대조적이다. 우리나라에는 2종이 있다. 용머리(D. argunense)와 벌깨풀(D. rupestre)이다. 그런데 자료에 따라 분포나 자생지 생태에 대한 설명이 천차만별이다. 용머리에 대해서 『한국 속 식물지』는 전국에 분포하며 숲속의 풀밭에 자란다고 했다(Suh, 2007). 그러나 국가생물종지식정보 사이트는 북한(함경남도, 평안북도), 한국(강원도 강릉시, 충청북도 단양군)에 분포한다고 하여 매우 드물게 자라는 식물로 설명하고 있다.✱ 세계적으로도 전자는 러시아, 몽골, 일본, 중국에 분포한다고 하는 반면 후자는 일본, 중국에 분포한다는 것이다. 『일본식물지(Flora of Japan)』에는 일본의 홋카이도, 혼슈의 북부와 중부와 중국의 북부, 만주, 몽골, 동시베리아, 한국에 분포한다고 기재한다(Murata and Yamazaki, 1993). 『중국식물지(Flora of China)』에는 허베이, 헤이룽장, 지린, 랴오닝, 내몽골에 분포하고 세계적으로는 한국과 러시아에 분포한다고 기재한다(Kudrjaschev, 1994).

벌깨풀(D. rupestre) 역시 한반도 내의 분포에서 북부지방이라는 설명과 강원도 삼척시, 정선군, 전라북도 부안군이라는 설명으로 서로 다르게 소개하고 있다. 국외로는 중국에 분포한다고 한다(Suh, 2007).✱ 그렇다면 제주도에는 분포할까? 아직까지 용머리속의 식물이 제주도에 자란다는 보고는 없다. 이 종들이 몽골, 중국, 러시아, 일본 등 주변국

✱ 국가생물종지식정보시스템. 국립수목원, www.nature.go.kr.

∧ 우리나라에 분포하는 용머리(*Dracocephalum argunense*)

의 분포 상황을 보면 북쪽에 치우치거나 고산에 자라는 특성을 가진
다는 점은 명백해 보인다. 우리나라에 분포하고 있는 두 종 즉, 용수
염과 벌깨풀의 경우도 북한이나 남한에서 삼척, 단양 등 특수한 자생
지에서만 발견되고 있다. 이 책 76~78쪽에서 소개했던 갯봄맞이꽃의
분포 유형과 같다. 과거 분포 영역을 제주도까지 확대했다가 지금은
마치 화석처럼 특별히 차가운 곳에만 점점이 남아 있는 것으로 추정
할 수 있다. 화려했던 제주도의 용머리들은 멸종했을 것이다.

자주개자리,
원산지는 어디?

　자주개자리(*Medicago sativa*)는 원산지가 어디인지, 언제부터 우리나라에 자라게 됐는지 궁금해지는 식물이다. 이름부터 심상치 않은 종이다. 학명 그대로 보자면 재배하는 개자리라는 뜻을 갖는다. 왜 이런 학명을 갖게 되었을까? 학명에 'sativa'가 들어 있는 식물은 모두 재배하는 작물을 뜻한다. 우리나라에 자라는 식물 중에서 이처럼 학명에 'sativa'가 들어 있는 식물은 삼(*Cannabis sativa*), 당근(*Daucus carota* subsp. *sativus*), 벼(*Oryza sativa*), 귀리(*Avena sativa*) 등이 있다. 이름만 들어도 경제적 중요성에서 타 식물들을 압도한다. 그런데 이 식물들은 사람들이 재배하는 조건에서만 살고 있다. 야생으로 일출해서 스스로 살아가는 상태는 거의 찾아볼 수 없다. 자주개자리도 이들 식물처럼 재배종이라는 것인데, 자주개자리가 어떻게 이런 재배종의 반열에 오를 수 있었을까?

　우리나라 식물 관련 문헌들은 대부분 자주개자리를 귀화식물로 소개하고 있다. 원산지는 아프리카, 유럽, 중동, 서아시아, 인도라거나 막연히 지중해 연안으로 소개하고 있다(Choi, 2007). 국내 분포는 중부에서 북부지방 또는 전국에 분포하고 있는 것으로 되어 있다(Choi, 2007). 그러나 제주도에도 간간이 야생 상태에서 볼 수 있다. 국립산림과학원 난대아열대산림연구소 표본실에는 제주지역에서 채집한 표본이 여러 점 보관되어 있다(Song *et al.*, 2014). 몽골에서는 중국과 넓게 걸쳐있는 대싱안링 산맥에 분포하는 것으로 기록되어 있다(Grubov, 1982).

∧ 각각 색이 다른 자주개자리(*Medicago sativa*)

그렇다 해도 울란바토르를 비롯한 여러 곳에서 볼 수 있는데 이것은 지금도 재배하고 있거니와 널리 귀화한 상태이기도 하기 때문이다.

중국의 기록은 어떻게 되어 있을까? 이상하게도 중국에서는 자생종이라고 하지 않고 재배식물이라고 하면서 전국에 널리 귀화식물로 자란다고 한다. 그러면서 원산지를 북아시아, 서남아시아, 어쩌면 남유럽도 원산지일 수 있다고 기록하고 있다(Li et al., 1994). 그럼 중앙아시아의 관련 기록은 어떻게 되어 있을까? 중앙아시아에도 여러 지역에 광범위하게 분포하는 것이 알려져 있다. 재배도 하고, 야생으로도 쉽게 적응하며, 잡초로도 흔히 관찰된다는 것이다. 몽골, 카슈가르, 중가르, 칭하이, 티베트, 파미르 등에서 널리 채집한 기록이 많다. 그러나 원산지가 어디인지는 특정하지 않았다.

그렇다면 러시아의 기록은 어떨까? 『러시아식물지』에는 발칸반도와 소아시아에 야생하고 유럽, 아시아, 아메리카에 널리 재배하고 있으며 잡초로 자란다고 하고 있다(Grossgeim, 1985). 중앙아시아, 유럽, 지중해연안이라고 하는 얘기는 결국 이 지리적 명칭의 모호성에서 비롯된 것으로 보인다. 그러나 발칸반도는 아드리아해, 이오니아해, 에게해, 마르마라해, 흑해에 둘러싸여 있는 반도로서 보통 그리스, 알바니아, 불가리아, 터키의 유럽 부분, 그리고 구 유고연방의 일부였던 나라들이 여기에 포함된다. 루마니아가 포함되기도 한다. 소아시아는 아나톨리아라고도 하는데 흑해, 캅카스, 이란 고원, 지중해, 에게해로 둘러싸인 지역을 말한다.

우리나라에선 전통적으로 자주개자리를 목숙(苜蓿)이라고 한다. 이건 순전히 중국명을 그대로 옮긴 것이다. 자주개자리는 그중에서도 자목숙(紫苜蓿)을 번역한 것이다. 이 이름은 아마도 꽃이 자주색이라는 뜻으로 보이는데 실은 색깔이 아주 다양하다. 뿐만 아니라 꽃차례의 크기, 잎의 모양, 털의 유무 등도 다양하다. 이것은 이 종이

다양한 환경에 적응하기 때문으로 보인다.

✱ 자주개자리가 제주도에 온 사연

자주개자리, 이 식물은 정수일의 『실크로드 사전』에 따르면 예로부터 여러 가지 용도로 쓰였다고 한다(정, 2014). 부드러운 잎은 담백한 맛과 풍부한 단백질을 포함하고 있어 중국과 일본에서는 식재료로 그리고 약재로 쓰였다. 『본초강목』에는 오장에 이롭고 비만한 사람을 여위게 하며, 비장, 위장, 소장의 열독을 제거하는 효능이 있다고 쓰여 있다. 그런데 이 식물의 가치는 뭐니 뭐니 해도 사료용에 있다. 그래서 중국에서 적극 수입했다는 것이다.

『태평어람』이라는 옛 책에 이와 관련한 내용이 있다고 한다. 전한의 한 무제 때 장건의 서역사행을 계기로 포도 등 기타 식물과 함께 중국에 전래되었다는 것이다. 청나라 말 황이인이 쓴 『목숙고』라는 책에도 이를 근거로 한나라 때 중국에 전래되었음을 인정한 내용이 있다. 한나라 이후에도 남북조와 당, 송 시대에 이르기까지 서역마의 수입이 지속되었으며, 이를 위해 그 사료인 자주개비자리의 재배는 계속 늘었다.

그런데 신라는 중국의 사회·경제 발전과 군사력 증강에 서역마가 막대한 영향을 미치고 있음을 알게 되었다. 그리고 이를 위해 목숙을 대량으로 재배하고 있음도 알게 되었다. 신라 역시 군사용 말의 대량 사육 필요성을 느끼고 있었으므로 목숙을 도입을 하지 않을 수 없었다. 『삼국사기』에도 목숙전을 설치하고 그 관직에 대해서도 구체적으로 기술되어 있다. 예나 지금이나 군사무기의 확보는 국가 간 민감한 문제이다. 장비가 있으면 운용에 필요한 연료는 필수 아닌가. 자주개자리는 이처럼 신라시대에 전담 기구와 전담 관료 및 기록 책임자까지 두어 여러 곳에서 재배한 일종의 도입 특용작물이었던 것이다. 지금부터 천 년도 더 된 옛이야기다. 일본의 경우는 메이지 초기, 그러니까 1870년 전후에 도입했다고 한다(Makino, 2000). 제주도에 자주개자리는 어떻게 오게 되었을까? 제주도는 우리나라 최대 말 사육지다. 제주마라는 고유의 품종이 있을 정도다. 신라 때 우리나라는 이미 이 식물을 재배했다. 목축 국가인 몽골에선 지금도 널리 재배하고 있다. 그 외에도 여러 나라에서 알팔파라는 이름으로 재배하고 있다. 제주도에 자주개자리는 도입했을까? 아니면 우연히 귀화했을까?

∧ 자주개자리(*Medicago sativa*) ⓒ Wikimedia Commons

좀메꽃을 아십니까?

알타이를 가다 보면 초원, 산림, 강, 사막, 호수 등 다양한 환경을 만나게 된다. 우리는 어제 야영을 한 다음 초원을 달리고 있다. 이곳이 초원인지 사막인지 분간이 안 된다. 그냥 모래땅에 식물이 듬성듬성 있는 정도다. 어느 정도 달렸을 때 식생이 좀 높은 덤불을 만났다. 모든 식물은 뻣뻣하고 바싹 마른 상태였다. 이게 살아 있는 생물인지 의심이 들 정도였다. 그런 사이에도 눈길을 끄는 꽃이 있었다. 작지만 마치 나팔꽃 모양이다. 그렇다면 메꽃과의 식물이라는 건데 이게 웬 말인가. 식물체가 덩굴이 아니라 나무 아닌가. 더구나 길고 단단하며 날

∧ 좀메꽃(*Convolulus arvensis*)

∧ 털좀메꽃(*Convolvulus ammanii*)

∧ 가시좀메꽃(*Convolvulus gortschakovii*)

∧ 털가시좀메꽃(*Convolvulus fruticosus*)

카로운 가시로 온몸을 무장하고 있다. 세상에 이런 메꽃 종류가 있다니… 우린 이제까지 채집한 메꽃과의 식물들을 검토해 보기로 했다. 몽골의 메꽃과 식물로는 4개 속 16종이 분포한다(Grubov, 1982). 그중 메꽃속(Convolvulus)은 5종이 있는데 우리는 지금까지 4종을 채집했다. 이 식물들과 우리나라, 그리고 제주도의 식물상과는 어떤 관련이 있을까? 이 속이 국내에 분포한다는 사실은 1980년 처음 등장한다. 'Convolvulus arvensis'를 '서양메꽃'이라는 이름으로 「한국식물학회지」를 통해 보고한 것이다(임과 전, 1980). 그리고 이어서 1994년 「자생식물」이라는 잡지에 자세하게 해설을 실었다(전, 1994). 지금 많은 자료에 게재되어 있는 내용은 대부분 이걸 인용한 것이다.

그런데 어떤 자료는 서양메꽃이 재배 중 일시적으로 야생에 퍼진 것으로 귀화식물이라 할 수 없다며 아예 국내 분포를 인정하지 않은 경우도 있다(Choi, 2007). 그러나 '국립수목원 국가생물종지식정보', '국립생물자원관 생물다양성정보', 각종 사전과 도감들은 이 식물을 당초의 미기록 귀화식물 보고의 내용대로 '서양메꽃'으로 부르고 있다. 그러면서 북아메리카, 아시아에 귀화되었으며 국내에는 1980년에 처음 전라북도 군산에서 채집하여 '서양메꽃'으로 우리말 이름을 새롭게 붙여 발표한 사실을 잘 전달하고 있다.[*] 한편 이 식물을 유럽 원산의 귀화식물로 세계적으로 아시아와 북아메리카에 귀화하여 자라는 것으로 기록한 경우도 있다.[**] 또한 국내 분포가 확대되어 보길도, 대구, 포항, 백령도, 양평군에도 자란다는 자료들도 있다.[***]

문제는 이 식물이 이전부터 우리나라에 분포하고 있었을지 모른다는 점과 원산지가 불분명하다는 점이다. 왜냐하면 몽골에는 이와 유사한 식물이 5종이나 분포하고 있고 그중에서도 특히 지금 우리나

---

[*]   국가생물종지식정보시스템. 국립수목원. www.nature.go.kr.
[**] 생물다양성정보. 국립생물자원관. http://www.nibr.go.kr.
[***] 서양메꽃. 두산백과. http://www.doopedia.co.kr.

라에서 '서양메꽃'이라고 하는 종은 거의 전국에 분포하기 때문이다. 그런데 아뿔싸! 우려한 대로였다. 이미 우리나라에도 이 식물이 살고 있다는 사실이 기록에 있었다. 이름도 '서양메꽃'이 아닌 '좀메꽃'이다. 그리고 '밭메꽃'을 병기해 놓았다. 문헌은 1975년 평양에서 출판한 『조선식물지』 5권이다. 여기에는 평안남도에 분포하며, 그 내용을 자세히 기재하고 그림도 제시했다. 그 이후에 출판된 북한의 문헌에는 역시 같은 내용을 다루고 있다(과학백과사전출판사, 1988). 자! 그렇다면 이제 계속 '서양메꽃'으로 불러야 할까 아니면 '좀메꽃'으로 불러야 할까? 귀화식물이라고 해야 하나 아니면 자생식물이라고 해야 하나?

우리가 채집한 4종은 우리나라에도 분포해 있는 좀메꽃(*C. arvensis*, 이 명칭의 선취권이 있으므로 이 책에서는 서양메꽃 대신 이 이름을 쓴다), 털좀메꽃(*C. ammanii*, 털이 매우 많은 특징을 살려 이렇게 지었다), 가시좀메꽃(*C. gortschakovii*, 가시가 매우 뚜렷한 특징이므로 이렇게 지었다), 이와 아주 비슷한 종으로 털가시좀메꽃(*C. fruticosus*, 가시좀메꽃과 유사하나 꽃받침에 털이 있는 특징으로 이렇게 지었다) 등이다. 좀메꽃은 우리나라 자생종이다. 원산지는 우리나라를 포함한 유라시아지만 지금은 거의 전 세계에 널리 퍼져 있다. 엄연한 우리나라 자생식물을 귀화식물이라 하고, 이름마저도 원래의 이름을 버리고 새로 지어 불러야 하는 현실은 남북 정보 교류의 한계 때문에 벌어진 문제일 것이다.

✱ 서양이라는 이름의 식물 이름

서양측백(*Thuja occidentalis*), 서양말냉이(*Iberis amara*), 서양까치밥나무(*Ribes grossularia*), 서양오엽딸기(*Rubus fruticosus*), 서양톱풀(*Achillea millefolium*), 서양금혼초(*Hypochaeris radicata*), 이들의 공통점은 우리말 이름에 서양이라는 지리적 명칭이 들어간다는 것이다. 이

식물들의 원산지가 유럽이라서 이렇게 이름 붙였다는 설명도 접하게 된다. 하지만 실은 그런 것만도 아니다. 서양메꽃(사실 폐기되어야 할 이름이지만)도 서양이라는 표현이 들어 있지만 이 식물의 원산지는 러시아(시베리아), 몽골, 중국 등을 중심으로 한 유라시아다. 이렇듯 우리나라가 아닌 외국, 또는 유럽, 아메리카, 아프리카 등을 뭉뚱그려서 서양이라고 하는 경우를 종종 보게 된다. 이건 식물명에서만이 아니라 분포에 대해 설명할 때도 이렇게 관용적으로 써버리는 경우가 있다. 유럽이라는 지역이 어디부터 어디까지인지 모호하게 표현하고, 또 그걸 무비판적으로 받아들이기 때문에 벌어지는 오류들 중의 하나다.

문자 그대로 보면 동양은 동쪽 바다, 서양은 서쪽 바다다. 왜 이렇게 지리 구분을 할까? 동양과 서양이라는 개념은 사실 지역이나 시대에 따라 아주 다르게 변천해 왔다. 지금의 동서양이란 말의 기원은 중국에 들어온 유럽 사람들이 한자로 세계지도를 설명하면서 북부 태평양 이서를 대동양, 이동을 소동양이라 하고, 인도양 이서를 소서양, 유럽 이서를 대서양이라 명명하면서 자신들을 '대서양인'이라고 자칭한데서 출발한다고 한다.『실크로드 사전』에 따르면 근세에 와서 유럽인들은 주로 정치문화적인 차원에서 '동'(the East, 동양 혹은 동방)과 '서'(西, the West, 서양 혹은 서방)라는 개념을 정립해 사용하고 있다. 이와 같은 구분은 대체로 터키 이동에 위치한 아시아 지역을 일괄해 '동'으로 통칭하였다. 즉 우랄산맥-흑해-지중해-홍해를 연결하는 남북선을 기준으로 그 이동은 '동'이고, 그 이서는 '서'로 대별하였다. 이처럼 현대의 동과 서, 동양과 서양 같은 구분은 어떤 자연·환경적 요인(바다나 산맥 등)을 기준으로 한 것이 아니라, 전적으로 정치·외교적 고려에 따라 인위적으로 동서를 나눈 것이다. 그러므로 국경이 따로 없는 생물의 분포를 설명하면서 이와 같은 인위적 구분선을 기준으로 한 동양과 서양이라는 말을 쓰는 것은 신중해야 할 문제다.

남가새는 희귀식물?

초원과 사막과 자갈밭을 번갈아 가며 마치 항해하듯 달리고 있었다. 간간이 염소와 양 그리고 말과 낙타 떼가 보이곤 이내 멀어져 갔다. 지면은 기복이 그다지 심하지 않았고, 맨땅으로 된 도로지만 대체로 평탄해서 승차감이 과히 나쁘진 않았다. 그래도 태양이 솟아오를수록 사막의 기운은 맹렬해져 갔다. 차창을 열면 뜨거운 열기가 훅 들어온다. 탐사란 이런 것인가? 너무나 더운 나머지 숨이 막힌다. 내리자고 할 수도 없고, 계속 달리자고 할 수도 없다. 피할 데라곤 아무데도 없다. 이렇게 선택의 여지가 없을 수가 있나. 마실 물이 있다는 것이 감사할 따름이다. 창밖의 풍경을 망연히 바라보고 있을 때 아스라한 지평선 저 멀리 10여 채의 게르가 보였다. 평원에서 보인다는 것, 그곳까지의 거리는 참 종잡을 수 없다. 중간 중간 비교 대상이 있어야 더 멀거나 가깝다고 할 수 있는 것인데 그저 까마득히 보였다가 사라지기를 반복하다가 어느 순간 가까워진다. 이곳에 도착한 탐사대는 눈앞에 맞닥뜨린 풍경에 눈이 휘둥그레지고 말았다. 물 한 방울 없는 이런 사막에 수백 미터나 되는 너비에 깊이는 가늠할 수조차 없는 강물이 맹렬한 기세로 흐르고 있었다. 바이양홍고르에서 251km, 울란바토르에서 742km 지점, 바이드락강이다.

건너는 차량들은 자동차를 비롯한 수많은 종류의 짐을 잔뜩 실은 대형트럭들, 승객을 가득 실은 버스, 가족 단위의 승객이 탄 승용차들로 아주 다양했다. 소형차들은 예외 없이 트랙터가 끌어주어야 건

∧ 바이드락강을 건너다 강물에 빠진 대형트럭, 운전기사는 탈출했다.

널 수 있었는데 강의 중간쯤에는 직경이 1.6m에 달하는 트랙터 바퀴가 거의 잠기는 수준이어서 승용차들은 조그만 보트처럼 방향을 잃고 떠내려가려는 듯 통제가 되지 않는 모습이다. 이런 지경이고 보니 그중엔 완전히 침수되어 마르기를 기다리는 차, 범퍼, 보닛 같은 부속들이 떨어져 나간 차, 심지어 번호판을 잃어버린 채로 물 밖으로 나온 차도 있었다. 우리 차도 이 과정에서 고장이 나거나 인명 피해가 발생할 수도 있겠다는 데까지 생각이 미쳤다. 그러면 일정에 차질이 생기고 목적지까지 간다는 것은 당연히 포기해야 하는 상황이다. 결단을 내려야 했다. 자, 이제 어떻게 하지? 건너자!

우리 차와 트랙터를 연결한 밧줄을 풀고 상태를 점검하는 동안 강가를 둘러보다가 익숙한 식물 남가새(*Tribulus terrestris*)를 발견했다. 전에도 몽골에서 본 적이 있었다. 남가새과에 속하는 이 종은 분포

∧ 남가새(*Tribulus terrestris*)

∧ 남가새의 열매

에서 좀 독특한 면이 있다. 이 종만이 아니라 이 과에 속하는 종들이 모두 분포에 어떤 사연이나 있는 것처럼 특징적인 분포 양상을 보인다. 남가새과에는 전 세계에 26속 284종이 알려져 있다. 아프리카, 아메리카, 아시아, 오스트레일리아, 유럽의 온대와 아열대 및 열대에 분포한다. 거의 모든 대륙에서 발견된다는 뜻이다. 그중에서도 주로 더운 지방에 분포한다는 점이 특이하다. 주변국의 분포 상황을 보자. 우리나라에는 남가새과 식물들 중에서 남가새만이 분포하고 있다(Lee, 2007). 함경북도, 경상북도(포항), 경상남도(남해군), 그리고 제주도에 드물게 분포한다[*](Song et al., 2014). 모두 해안가 모래밭이다. 일본의 경우도 제주도에 가까운 큐슈와 시코쿠의 해안에 자란다(Makino, 2000). 그러나 몽골의 경우는 사정이 다르다. 남가새과에 속하는 종이 13종이나 된다(Magsar et al., 2014). 몽골의 면적이 한반도의 여덟 배나 되면서 관속식물의 종 수에서는 우리나라에 미치지 못하여 종 다양성에서 상당히 떨어지는 현실을 볼 때 대단히 많다. 앞으로 계속 나타나겠지만 사막이나 염분 농도가 높은 토양에서 자라고 있는 이 남가새과의 종은 매우 다양하다. 남가새만 하더라도 몽골 거의 전역에 분포한다.

✱ 이 강물은 어디로?

바이드락강은 항가이산맥의 가장 높은 지역의 하나인 해발 3,540m에서 발원하여 이곳에서 좀 더 남쪽 해발 1,312m에 위치한 분차간호로 흘러드는 강이다. 길이는 310km로 항가이산맥 발원지에서 점차 아래로 갈수록 영구동토대가 줄어들어 푸석푸석해진 땅을 적시면서 결국 반사막지역에 위치한 분차간호로 흘러든다. 이 강의 유역 면적은 45,020km²에 달한다(Lehner et al., 2008). 여름철 항가이산맥 고지대

---

[*]   국가생물종지식정보시스템. 국립수목원. www.nature.go.kr.

의 분차간호 유역에 쌓였던 눈이 녹으면서 이처럼 범람하는 것이다. 분차간호가 위치한 곳에는 영구동토가 전혀 없다(Sharkhuu, 2003). 몽골의 관련 자료에 따르면 분차간호와 이미 본란을 통해 소개한 투인강이 흘러들어 만들진 오록호를 위시해서 크고 작은 호수들이 산재한 지역은 겨울엔 2~4.5m 깊이로 결빙한다. 이 위도에서 일 년 내내 결빙하려면 해발 2,500~2,800m는 돼야 한다(Zabołotnik, 2001). 항가이산맥의 고지대는 연간 강수량이 300~350mm, 연속적이거나 불연속적인 영구동토대가 있어서 몽골에서는 몇 안 되는 지표수가 만들어지는 곳이다(Davaa and Oyunbaatar, 2012; Kwadijk *et al.*, 2012).

그러나 이 분차간호가 위치한 지역은 강수량이 50~150mm에 불과하여 호수로 유입되는 수량은 충분하지 않은 실정이다. 분차간호는 면적 252km², 수량 2.355km³, 평균 깊이 10m(Kwadijk *et al.*, 2012)이며, 몽골에서 아홉번째로 넓은 호수다. 거의 대부분의 물은 바로 이 바이드락강에서 흘러든다. 이 지역은 1974년도부터 3013년까지 40년 동안 1.7℃ 상승하고, 연평균 강수량은 같은 기간 205mm였다. 이 기간 호수의 면적은 17%가 감소했다고 한다(Szuminska, 2016). 면적의 감소 추세가 뚜렷하다. 한편 분차간호가 있는 이 일대는 고비알타이산맥과 항가이산맥의 사이로 분차간호, 오록호, 타친차간호, 아드긴차간호 등을 묶어서 '호수들의 계곡'이라는 명칭으로 1998년 람사르습지로 지정되었다. 동서로 약 100km에 달한다.**

** Valley of the Lakes. Wikipedia, https://en.wikipedia.org/wiki/Valley_of_the_Lakes.

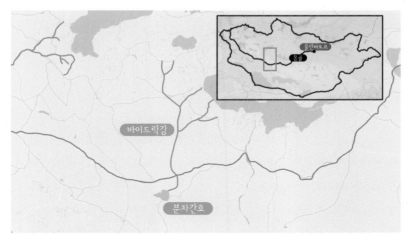

∧ 분차간호로 흘러드는 바이드락강

∧ 람사르습지의 하나인 웁스(Uvs)호

은골담초와 납작콩골담초

바이드락강을 건너자마자 쉴 틈도 없이 달리기 시작했다. 오늘 해가 떨어지기 전에 알타이시에 도착하는 것이 목표다. 여기서 알타이시까지는 거리로 약 280km, 시간으로는 일곱 시간 정도 걸리는 거리다. 지금이 11시 30분이니 문제없이 달린다면 6시 30분 정도엔 도착할 수 있을 것이다. 식생은 완전히 바뀌어 있었다. 강을 건넜다는 기분 때문만은 아니다. 가장 먼저 눈에 들어오는 특징은 높이 1m 내외의 관목들이 꽤 많이 보인다는 것이다. 이 나무들은 주로 골담초 종류였다. 나래새를 비롯한 벼과식물과 백합과, 국화과, 남가새과식물이 매우 싱싱해 보인다. 바이양홍고르에서 이곳까지 오면서 본 식생과는 판이했다. 거리가 그렇게 멀리 떨어져 있는 것도 아니고 기후가 크게 다른 것도 아닌데 왜 이렇게 식생이 다를까? 가축의 수가 적다는 것 외에 뚜렷한 원인을 찾을 수는 없다. 다만 아주 조금씩의 변화도 누적되면 이렇게 큰 차이로 나타날 수 있지 않을까 추측한다.

그중에서도 나무가 좀 많은 곳에서 내렸다. 몇 종의 골담초 종류가 보였다. 그중에서도 단연 관심을 끄는 종이 있었다. 은골담초(*Caragana bungei*)다. 잎의 앞뒷면 모두 은색의 털이 밀생하여 전체적으로 은색을 띤다는 점에서 이렇게 이름 붙인다. 이 식물은 몽골에서도 이곳에서부터 나타난다. 사실 이 종은 분포 면에서 중요한 의미를 지니고 있다. 이 종이 처음 알려진 건 1831년 「알타이식물지」라는 보고서를 통해서였다. 앞서 소개했던 칼 프리드리히 본 레데보우어가

∧ 은골담초(*Caragana bungei*) 식생

처음 명명했다. 그 후에 채집한 기록을 보면 1879년 몽골 서북부 알타이의 호브드아이막의 킹겔트식강을 비롯해서 많은 기록이 남아 있다. 몽골 알타이지역에서도 채집한 기록이 많다. 이곳에서는 1948년에 처음 채집됐다. 몽골 서북단에 가까운 '호수들의 저지대'라고 하는 지역에서도 채집됐는데 여기에서는 1879년부터 채집한 기록이 있다. 이곳 고비알타이 지역에서는 1926년도에 몇 차례 채집된 것 말고는 찾아보기 힘들었다. 지금 우리가 채집하는 것은 아마도 초기 소비에트학자들이 채집한 이후 처음일지도 모른다. 지금까지 기록을 살펴보면 몽골에서는 알타이지역 중에서도 북쪽에서 주로 채집되었음을 알 수 있다.

　몽골 외 지역으로는 러시아에 분포할 뿐이다. 서시베리아의 알타이지역, 동시베리아의 사얀지역에 분포하는데 사얀지역이라는 곳도

∧ 은골담초(*Caragana bungei*)

∧ 납작콩골담초(*Caragana korshinskii*)

알고 보면 알타이에 인접한 곳이다. 결국 이 종은 알타이 특산이라고 할 만한 것으로 지금 이곳은 그중 가장 남쪽에 해당한다. 러시아의 자료를 보면 골담초 중 알타이를 주 분포지로 하는 종은 6종인데 이것은 골담초 종류가 알타이에서 발생하지 않았을까하는 추측을 낳게 한다. 한편 그중에서도 이 은골담초가 가장 북쪽에 분포한다. 만약 이곳이 골담초의 고향이라면 우리나라 북부지방에 자라는 좀골담초, 큰골담초, 중부까지 내려 와 있는 조선골담초 등도 이곳에서 발생하여 이동 또는 확산한 종이 된다. 이런 분포 유형 즉, 알타이산맥과 같이 남북으로 긴 지역에 분포하는 종은 위도에 따른 기후에 적응하는 과정에서 외부 형태가 다양하게 변한다. 러시아 학자들의 관찰에 따르면 구소련 영토 내에서 채집한 표본들은 예외 없이 엽축과 소엽에 털이 성기게 나고 꽃받침에도 털이 성기게 나 있는데 비해서 몽골에서 채집한 표본은 소엽에 은색털이 아주 조밀하게 나 있고 꽃받침에도 털이 조밀해서 비단 같다. 그래서 학자에 따라서는 전자를 푸른은골담초(*C. bungei* var. *viridis*), 후자를 은색은골담초(*C. bungei* var. *sericea*)로 구분하기도 한다(Poyarkova, 1985). 이런 점으로 볼 때 알타이산맥이 종의 분화에 지대한 영향을 미치고 있음을 알 수 있다.

바이드락강을 건너 30km 정도 거리에서 또 하나의 의미 있는 골담초가 채집되었다. 납작콩골담초(*C. korshinskii*)다. 콩꼬투리가 납작하다는 점에서 이렇게 이름 붙인다. 납작콩골담초의 분포는 또 다른 점에서 의미가 있다. 이 식물은 몽골의 동부지역에서 1866년에 처음 채집되었다. 그러나 그 이후는 주로 고비알타이, 알라쉬고비지역에서 채집되었다. 이곳에서 훨씬 남쪽에서도 채집된 바 있다. 그러므로 이 종은 이곳에서 남쪽과 동쪽이 주 분포지이며 현재 이곳은 그중에서 어느 정도 북단에 위치한다고 할 수 있다. 문제는 이 종이 몽골을 제외하고는 중국에만 분포한다는 점이다. 중국에서도 북부 또는 서부에 분포한다. 중국엔 은골담초는 없고, 러시아엔 납작콩골담초가 없다. 이 두 종이 함께 사는 곳은 이곳이 유일하다.

✱ 맛있는 만두를 준비해 준 알타이 소녀

은골담초, 납작콩골담초, 이 희귀한 나무들의 자생지를 감사한 마음으로 통과했다. 주변은 다시 메마른 모래와 자갈만이 뜨거운 햇살을 반사하고 있었다. 부차간솜(Buutsagaan Sum)에 도착했다. 강을 건넌 지 두 시간, 67km를 달려왔다. 마을은 꽤 크고 관공서 등 큰 건물들도 많았다. 농사용 비닐하우스도 있었다. 폭 15m, 길이 30m 정도 규모다. 뜨거운 여름이라 작물은 없었다. 여기서 우리는 준비할 게 많다. 그중에 가장 중요한 건 자동차 연료를 보충하는 것이다. 탱크를 가득 채우고 20리터 예비용을 더 싣고 가야 한다. 그러나 웬걸 주유소는 있는데 주인이 없다. 주인을 찾는데 거의 한 시간을 보내야 했다. 몽골에서 주유소를 찾는 일은 쉽지만 그 주인을 찾는 일은 만만치가 않다.

식당을 찾아 나섰다. 메뉴 중에 만두가 있었다. 이걸 그냥 넘어갈 순 없지! 엄마가 다른 준비를 하는 동안 그 딸이 만두를 빚는다. 단발머리에 청바지, 빨간 재킷이 앳돼 보인다. 열대여섯 살 먹었을까. 방학을 맞아 부모를 돕기 위해 와 있을 것이다. 양고기며 밀가루반죽, 그 외 여러 가지 양념을 가지고 만두를 정성껏 빚는다. 영락없는 옛날 우리 모습이다.

∧ 만두를 빚는 몽골소녀

몽골은엉겅퀴와
한라산의 바늘엉겅퀴

출발은 뜨거운 사막의 오후 1시 반, 부차간솜에서 필요한 물자를 보충하고 달리기 시작했다. 지형의 변화는 거의 없었다. 멀리 지평선이 보일 뿐이다. 그러다가 어느 순간 길가에 아름다운 꽃들이 눈에 들어왔다. 줌베렐마 박사가 먼저 탄성을 지른다. 희귀한 종을 만났다는 뜻이다. 이 식물은 지금이 꽃피는 적기인지 아주 아름다웠다. 세계적으로도 아주 희귀한 종으로 알려진 몽골은엉겅퀴(*Jurinea mongolica*)다. 유리니아속은 우선 엉겅퀴속과 유사하고, 전체적으로 은색이 나는 점을 들어 은엉겅퀴속으로 부르기로 했다. 또한 이 종의 경우 몽골에 주로 분포한다는 점도 고려해야 하므로 몽골은엉겅퀴로 이름 지었다. 이 유리니아속은 1821년 프랑스 식물학자 카시니가 명명했는데 현재 250여 종이 프랑스, 스위스 등 유럽의 중부 및 대서양 인접지역, 그리고 중앙아시아에 주로 분포한다(Czerneva, 2003). 러시아에도 150종 이상이 보고되어 있다(Iljin, 2003). 그중에서 이 몽골은엉겅퀴는 1871년 11월 30일 프르제팔스키라는 러시아 학자가 채집한 기록이 있다.[*] 그 3년 후 1874년 러시아 막시모위츠가 명명했다. 몽골에서 최근에 채집한 기록을 보면 1978년 9월 독일 식물학자 크나프가 채집했다. 그 후로는 사진 촬영 기록은 보이지만 채집을 했는지는 확인이 되지 않는다.[**]

---

[*]   PE Herbarium Type Specimens, http://petype.myspecies.info/.
[**] University of Greifswald, Institute of Botany and Landscape Ecology, Institute of Geography and Geology, Computer Centre, 2010-2017. https://floragreif.uni-greifswald.de/floragreif/taxon/?flora_search=Record&gr1=FloraGREIF-Virtual Flora of Mongolia (http://floragreif.unigreifswald.de/floragreif/). Computer Centre of University of Greifswald, D-17487 Greifswald, Germany. [access date].

∧ 한라산의 바늘엉겅퀴(*Cirsium rhinoceros*)
∨ 몽골은엉겅퀴(*Jurinea mongolica*)(왼쪽), 바늘엉겅퀴(*Cirsium rhinoceros*)(오른쪽)

사실 난 이 식물을 만나는 순간 한라산의 바늘엉겅퀴(*Cirsium rhinoceros*)를 떠올렸다. 몽골은엉겅퀴의 크기가 전체적으로 좀 작고 잎에서 흰색이 강하게 비친다는 것 외에는 두 종이 아주 닮았다. 특히 꽃의 크기, 꽃받침조각의 모양은 거의 유사했다. 한라산 정상 일대 하늘과 맞닿은 곳에 무더기로 피어난 바늘엉겅퀴는 가을에 한라산의 아름다움을 한층 돋보이게 한다. 제주도에서는 '춥소앵이'라고 하는데 진짜 엉겅퀴라는 뜻이다. 이 식물의 뿌리는 기다란 무처럼 생겼다. 옛날 제주도에서는 이걸로 엿을 만들어 먹기도 했다. 특히 신경통에 특효가 있다고도 한다. 엉겅퀴속의 명칭은 그리스어의 정맥질환을 의미하는 '*kiros*'다. 이 식물의 뿌리를 정맥질환에 사용했다는 기록에서 유래한다. 이 종은 아름다움이나 생김새, 즉 분류학적 형질이 너무나 특이하여 필자가 한라산 특산식물을 소개할 때 자주 예로 든다. 바늘엉겅퀴의 바늘은 아마도 그 꽃받침조각이 바늘 같다는 데서 유래했을 것이다. 그런데 종소명 '*rhinoceros*'는 영어로는 코뿔소의 뿔을 의미하지만 학명의 종소명은 형용사다. 즉 '코를 형성하는'의 뜻이 있다. 이게 무슨 말일까? 코뿔소의 뿔처럼 단단하고 세다는 의미일까? 이렇게 보면 제주도에서 사용하는 이름이 훨씬 의미가 잘 통한다. 이 식물에 대해서는 1910년 프랑스 학자 레비유와 바니어트가 공동으로 '*Cnicus rhinoceros*'라고 이름 붙였다. 그런데 일본 학자 나카이가 1912년 소속을 정정하면서 '*Cirsium rhinoceros*'로 바꾼 것이다.

어쨌거나 몽골에서 만난 이 몽골은엉겅퀴는 엉겅퀴들과 유연관계가 가깝기는 하지만 다른 속이다. 몽골 정부가 평가한 적색목록에서 취약종에 해당한다. 자생지가 매우 좁고, 지리적으로도 제한된 지역에만 분포한다. 지나친 방목과 광산 개발로 급격히 줄어들고 있다는 게 그 이유다(Jamsran *et al.*, 2011). 몽골 외에는 중국에 분포한다. 중국에서도 사막스텝에 자란다(Zhu *et al.*, 2011). 우리는 지금까지 알려진 분포지보다 상당히 서북쪽으로 치우친 사막에서 이 아름다운 희귀식물을 만났다.

✱ 젊은이들은 도전하라

몽골은엉겅퀴는 유리니아 카시니라는 속의 한 종이다. 이 속의 이름을 줄여서 유리니아 카스(Jurinea Cass.)라고 쓴다. 카시니라는 사람이 '유리니아'라고 붙였다는 뜻을 담고 있다. 식물의 명칭들은 모두 국제식물명명규약이라고 하는 이름 붙일 때 준수해야 하는 규정에 따라야 한다. 카시니(Alexandre Henri Gabriel de Cassini, 1781~1832)는 프랑스 식물학자면서 박물학자이기도 하다. 특히 국화과에 대해 연구를 많이 했다. 유리니아를 비롯해 20여 가지 속을 새롭게 설정하였다. 우리나라에도 분포하고 있는 씀바귀속, 곰취속, 고들빼기속은 그가 명명한 것이다.

그러면 이 유리니아가 무슨 뜻일까? 카시니는 국화과의 식물을 관찰하다가 어떤 한 그룹이 이제까지 알려지지 않은 특별한 특징들을 공유하고 있음을 알았다. 그래서 '유리니아 알라타(*Jurinea alata*)라는 종을 대표로 하는 유리니아 속을 설정하게 된다. 이 유리니아라는 명칭은 유린(Louis Jurine, 1751~1819)을 기념하기 위해서 사용한 것이다. 18세기 말 제네바대학 약학 교수를 지냈고, 박물학자이기도 했다. 딱정벌레 등 곤충류, 나비류에 대한 연구로 유명하다. 그가 채집한 표본들은 지금도 제네바 자연사박물관에 유린의 채집품 전시관에 전시되어 있다고 한다.

이처럼 식물의 학명에는 발견자, 공로자를 기념하는 단어들이 들어간다. 특히 그 식물의 학명을 붙인 학자의 이름은 규약에 의거 당연히 이름이 들어가 영원히 지워지지 않는 영광을 누리게 된다. 지금도 많은 식물들이 발견되고 있다. 이 속의 식물들만 해도 1999년 터키(Duman and Aytac, 1999), 2010년 마케도니아(Stevanović *et al.*, 2010)와 터키(Dogan *et al.*, 2010)에서 각 1종, 2014년 터키에서 1종(Dogan *et al.*, 2014)이 새롭게 발견되어 명명발표 되었다. 본 탐사 기록을 정리하면서 느끼는 점은 '왜 우리는 탐험을 주저해 왔는가.'라는 아쉬움이다. 사막과 설산, 그 어딘들 못갈 곳이 없는데, 미지의 세계가 기다리고 있잖나. 젊은이들은 도전하라. 그리고 발견하라.

∧ 몽골은엉겅퀴(*Jurinea mongolica*) 분포지

사막과
크고 작은 호수로
가득한 몽골

epilogue

몽골은 국토 면적이 1,564,116km²로서 세계에서 19번째로 넓은 국토를 가지고 있는 나라이다. 남한 면적의 16배 정도이다. 동서의 최대거리는 2,394km, 남북의 최대거리는 1,259km 정도이다. 그리고 러시아와 접경이 3,452km, 중국과 접경이 4,710km로 총 국경선 8,162km인 내륙 국가이다. 사계절이 뚜렷하지만 겨울은 10월에서 4월까지로 길고 매우 추운 게 특징이다. 여름은 7~8월이지만 짧고 아주 더운 날씨가 많다. 강수량은 연간 350mm 정도이다. 이 나라의 수도 울란바토르의 1월 평균 기온은 −24.3℃, 지금까지 기록한 최저 기온은 −48℃이다. 가장 따뜻한 달 7월의 평균 기온은 16.6℃, 기록상 최고 기온은 39℃이다. 5~6월은 봄이다. 이 시기 초원은 가장 싱싱하고 많은 꽃을 피워 아름다운 계절이다. 그러나 날씨의 변화가 심하고 때로는 심한 돌풍이 불 때도 있다. 대체로 연중 강한 바람이 불어 황사의 원인이 되기도 하며 식생에도 영향을 끼친다. 사브르모양의 나무도 흔히 볼 수 있다(Schweingruber, 1996). 이것은 원래 적설, 눈사태, 침식으로 나타나는 현상이지만 이곳에서는 바람에 의한 경우도 많았다. 사브르란 펜싱에 쓰이는 검이나 펜싱 경기 종목을 가리키는데 기다랗고 구부러진 군용 칼을 의미한다. 한라산의 용진각, 서북벽, 삼각봉 사면에 자라는 사스래나무에서 쉽게 볼 수 있다.

이 나라의 국토는 평균 표고가 약 1,580m인 고원 국가인데, 전체적인 지형은 서고동저 즉, 서쪽은 높고 동쪽은 낮은 지형을 보이고 있다. 가장 높은 곳은 알타이산맥에 위치한 멍헝할르한산 후이 어르길 정상으로 해발 4,366m이고, 가장 낮은 곳은 가장 동쪽에 더르너드솜(Sum)의 호누르호(Hoh Nuur)로서 해발 522m이다.* 이와 같이 몽골의 국토는 서쪽으로 갈수록 높고 험준하나 천혜의 고원성 초원지대를 이루어 목축이 가능한 곳이 많다. 몽골은 전 국토의 약 40%를 차지

---

* Surface water of Mongolia. http://raise.suiri.tsukuba.ac.jp/new/press/youshi_sugita8.pdf. http://mng.mofa.go.kr/webmodule/htsboard/template/read/korboardread.jsp?typeID=15&board id=1619&seqno=830533&c=&t=&pagenum=1&tableName=TYPE_LEGATION&pc=&dc=&wc=&lu=&vu=&iu=&du=. Central Intelligence Agency. https://www.cia.gov/library/publications/the-worldfactbook/geos/mg.html. Mongolia. Wikipedia, https://en.wikipedia.org/wiki/Mongolia.

ᴧ 사브르모양으로 자란 강변의 나무들.
원래 적설, 눈사태, 침식으로 나타나는 현상이지만 이곳에서는 바람의 영향으로도 나타난다.

ᴧ 용진각 일대에서 보이는 사브르모양 사스래나무(*Betula ermanii*)숲. 한라산에서는 삼각봉, 서북벽
등에서 볼 수 있다.

할 정도로 사막이 넓게 형성되어 있다. 특히 남부 일대를 고비라고 부르며, 일부
는 순 사막, 나머지 지역은 풀이 빈약하게 생육하는 스텝지대이다. 고비(Gobi)는
그 자체로 본래 사막이라는 뜻을 가지고 있다. 호수는 0.1km² 이상 되는 것만도
3,060개가 있으며, 전체 호수의 면적은 16,003km²에 이른다.[**] 이것은 제주도 면
적의 8.8배에 달하는 넓이다. 이 중 큰 호수들은 대부분 알타이, 항가이, 타누-올
가 같은 산맥들로 둘러싸인 대호수저지대(Great Lakes Depression)이라고 하는 곳
에 분포하고 있다. 이 지역은 마치 북아메리카의 오대호 지역을 연상케 하는 곳이
다. 다음으로는 산악 계곡에서 볼 수 있는데, 러시아 사얀산맥의 남쪽 계곡에 있는
홉스골호는 면적도 물론 넓지만 수심이 깊어 가장 많은 수량을 보유하고 있다. 나
머지 호수들은 스텝지역과 고비사막에 있는 것들로 소규모들이다.

3부

알타이를 따라 북으로

반은 나무 반은 풀인
기이한 식물

멀리 왼쪽으로 아스라이 보이는 검은 그림자는 알타이산맥이다. 끝도 없을 것처럼 보이던 사막스텝의 비포장도로를 달리다가 어느 순간 고속도로처럼 뚫린 아스콘 포장도로 위로 올라탔다. 우리는 지금까지 이 도로의 존재를 전혀 모르고 있었다. 오로지 몽골대원들만 알고 있었던 것이다. 전혀 눈에 띄지 않던 이 큰 도로를 어느 순간 달리는 말 등에 올라타듯 우리는 그렇게 이 도로 위로 올라와 있었다. '야~ 얼마만인가. 이 편한 포장도로를 달리는 것이.' 자를 대고 선을 긋듯이 일직선으로 만들어진 이 도로로 알타이시까지 120km 이상을 달릴 것이다. 편안하다. 우선 허리에 힘을 주지 않아도 되니 안락하다는 느낌마저 든다. 정면의 지평선에는 깜깜한 먹구름이 온 하늘을 덮고 있다. 좀 더 자세히 보니 이건 완전히 폭우가 쏟아지고 있는 게 아닌가! 이렇게 무심히 달리기만 하다가는 저 비를 맞게 될 것이고 그러면 우리는 그 사이에 어떤 식물들이 자라고 있는지 볼 기회조차 잡지 못하고 지나치게 될 것이다. 이런 건조한 사막스텝에서 웬 비가 쏟아진담! 식생이 특별해 보이지도 않는 곳에서 우리는 내렸다.

그런데 내리자마자 만난 이 식물이 기가 막히다. 이건 도대체 무슨 과에 속하는 식물인지 짐작이 되지도 않을 뿐만 아니라 아예 나무인지 풀인지조차 모르겠다. 자세히 보니 지하부를 포함해서 지상부의 아주 일부 즉, 노출된 부분 정도만 나무였다. 목질근이라고 하는 조직이다. 대체로 지하부가 나무라는 뜻이다. 그리고 노출된 지상

∧ 알타이산맥 가까이 가면서 점점 윤곽이 뚜렷해지고 있다.

부에는 짧지만 많은 가지가 아주 작은 덤불 모습을 형성하고 있었다. 이 가지에는 마디가 있었다. 풀인가 나무인가. 반은 나무고 반은 풀이다. 반관목이라는 형태다. 사실 반관목이라는 말을 우리나라에서도 가끔 쓰기는 하지만 그런 식물이 거의 없기 때문에 식물학 관련 책에 이 용어를 아예 싣지 않는 경우가 대부분이다. 지금 이 식물은 지상부의 높이는 15cm 이하이다. 모든 잎은 일찍 떨어지는 성질을 가지고 있으며, 짧고 뻣뻣한 작은 가시모양으로 되어 있었다. 줄기 중간 높이 이상에 나 있는 잎들은 길이 10mm 정도이고 아래로 굽었다. 가장 밑엣 것은 비늘모양인데 줄기 쪽으로 누워 있다. 꽃은 잎겨드랑이에 1~3개가 달린다. 명아주과의 짧은잎뿌리나무(*Anabasis brevifolia*)다. 속명 '*Anabasis*'는 그 의미가 분명하지 않다. '*brevifolia*'는 '잎이 짧은'이라는 뜻이다. 이 속 식물들이 반관목이라는 뜻을 살려 우리말

∧ 짧은잎뿌리나무(*Anabasis brevifolia*)

∧ 뿌리나무쑥(*Artemisia xerophytica*)

194

이름을 이렇게 붙인다. 러시아(남서시베리아), 중국(고비, 내몽골, 간수, 진장, 닝샤), 카자흐스탄에도 분포한다고 한다(Grubov 1982; Iljin 1985).

이 보다는 키가 좀 크지만 비슷한 식물이 있다. 높이는 30~40cm 정도 돼 보인다. 이 식물도 역시 줄기가 아주 많았다. 약 20cm 정도 높이의 목질근 정단부의 거의 같은 높이에서 발생한 줄기들이다. 이 줄기들은 표면이 황색이며, 속은 비었다. 목질화 되었고 이 줄기들이 말라 죽게 되면 그 자리에서 반복해서 줄기를 발생한다. 향은 쑥향과 비슷하다. 우리나라에도 흔히 자라는 쑥과 같은 속이다. 목질근이 직경 10cm 이상의 아주 강건한 나무 모양으로 자란다. 쑥과 같은 속이라고는 하나 그 느낌은 판이하다. 국화과의 뿌리나무쑥(*Artemisia xerophytica*)이다. 학명의 뜻으로는 '건조한 곳에 자라는 쑥'의 의미가 있다. 목질부가 아주 강한 나무 형태라는 특성을 살려 뿌리나무쑥으로 이름 지었다. 흔히 모래땅의 스텝에 자라는데 강변, 호숫가, 산악의 낮은 부분에서 관찰된다. 몽골의 대호수저지대, 호수들의 계곡, 동고비, 고비알타이, 그리고 그 외로는 중국에 분포한다고 한다. 이런 식물들을 관찰하다가 강한 바람을 마주하고 저 멀리 바라보니 알타이산맥의 윤곽이 지금까지보다 훨씬 뚜렷해졌음을 느낄 수 있었다.

✱ 교목, 관목, 아관목 그리고 풀

식물의 자람새를 나타낼 때 우선 풀인지 나무인지 구분한다. 풀은 한자어로 초본이라 한다. 이 부류는 목부가 그다지 발달하지 않은 초질 또는 다육질의 줄기를 가진 지상부 대부분이 1년에 고사하는 식물체들이다. 그러나 지하경이 발달하여 이년생, 다년생인 것이나 상록성의 잎을 갖는 것도 있다. 이에 대응하는 것이 나무 또는 한자어로 목본이라고 하는 것이다. 줄기와 뿌리는 비대생장을 통해 다량의 목부를 형성한다. 그리고 그 세포벽의 대부분이 목질화하여 강하게 된 식물이다. 그중에는 또 관목과 교목으로 구분한다.

수목 중에서 보통 2m 이하인 것을 관목이라고 한다. 그 이상 크게 자라는 것을 교목으로 나누고 있다. 그러나 그 구별은 분명하지도 않고 같은 종이라도 환경에 따라 다르기 때문에 편의적일 때가 많다. 보통 근본 또는 지하부에서 몇 개의 줄기가 가지로 나누어진 줄기의 형식을 가진다. 각각의 줄기의 수명은 비교적 짧고, 고사한 근본에서 새로운 줄기를 내는 것이 많다. 댕강나무는 약 8년 정도에 한번 지상의 줄기들이 교대한다. 제주도에 자라는 식물 중에 죽절초는 지상부가 3~4년이면 고사하지만 그 수명은 거의 영구적이다. 반관목이라고 할 수 있다. 두릅나무 같은 종은 줄기가 분명하게 비대생장을 하는 나무에 속하지만 영구적으로 살면서 비대생장을 하지는 않는다. 나무의 최대 굵기는 발생단계부터 정해져 있어서 지속적으로 굵어지지는 않으며, 비교적 단명하다.

관목과 같은 형태를 갖지만 근본만이 목질로 지상을 편평하고 기는 상태의 것을 아관목으로 구별한다. 순비기나무는 역시 비대생장을 하는 나무에 속한다. 그러나 근본은 대체로 영구적으로 생명을 유지하면서 비대생장도 지속하지만 줄기는 다수가 발생하여 지면을 기다가 어느 정도 자라면 말라 죽고 다시 새로운 줄기들로 교대한다. 어떤 분류에서는 2m 이하를 관목, 2~8m를 교목과 관목의 중간 계급, 간혹 아교목으로도 표현한다. 8m 이상을 교목이라고 하는 경우도 있다. 이 경우의 교목은 군락의 최상층을 구성하고, 나무줄기의 생명이 길다.

알타이는 어떤 곳?

알타이는 흔히 알타이산맥을 중심으로 러시아 알타이지역, 알타이공화국, 그리고 몽골의 고비알타이아이막을 일컫는다. 그러나 여기에서는 알타이산맥을 통칭하고 있다. 또한 이르티시강과 오브의 발원지이다. 동쪽으로 사얀산맥과 연해 있고, 남동으로 길게 달리다가 낮아지면서 고비사막의 고원과 연접하게 된다.

시베리아 알타이는 아시아판에 대한 인도판의 구조 충돌로 영향을 받는 최북단이다. 대규모 단층 시스템들이 쿠라이 단층대와 최근에 확인된 타산타 단층대를 포함한 지역을 종단하고 있다. 이 단층 시스템들은 전형적으로 밀거나 측방 주향이동단층들이고, 그중 일부는 구조적으로 활성을 가지고 있다. 이 산맥의 암석은 대표적으로 화강암과 변성편암이다. 이 지역의 지진 활동은 드물게 발생하는 편이지만 2003년 9월 27일 진도 7.3의 대지진이 추야분지(Chuya basin)에서 알타이 남부지역에 이르러 일어났다. 이 지진과 여진은 넓은 지역을 황화폐시켜 1억 600만 달러 상당의 피해를 유발하고 벨티르(Beltir)마을을 초토화했다. 이번 탐사 중 몽골대원인 엥헤가 설명한 바에 따르면 그 당시 지진으로 땅이 갈라진 틈에 떨어진 가축들의 울부짖는 소리가 일주일 동안이나 계속되었다고 한다.

알타이산맥은 지난 빙하기 이래 기후변화를 비교적 크게 겪지 않았다. 포유동물상 역시 매머드의 멸종 같은 일부 예외를 제외하고는 대체로 이전 상태를 유지하고 있다. 그래서 지구상에 몇 남지 않

∧ 몽골 알타이시의 안내간판. 간판의 크기는 그들의 자존심을 보는 듯하다. 산이든 평야든 황량하기 이를 데 없으나 이 지역 정치, 경제, 사회 문화의 중심지다.

∧ 몽골 고비알타이아이막의 최대도시 알타이시

은 빙하기의 동물상을 보유하고 있는 곳 중의 하나로 남아 있게 되었다(Colin, 2014). 알타이산맥은 네안데르탈인과 현생인류인 호모 사피엔스가 동시대에 살았던 사람과(인과) 데니소바의 한 일파의 고향이다. 그들은 현재의 사람들보다 더 일찍 아시아에 도달한 사람과의 후손이다.* 2008년 4만 년 전에 살았던 데니소바 사람의 골격의 일부가 남시베리아 알타이산맥의 데니소바 동굴에서 발견되었다. 그들에 대해서는 완전한 상태의 골격이 아직까지 발견되지 않아 일차적으로 DNA 분석으로 알게 되었다. 이 동굴에서 네안데르탈인의 뼈와 현생인류가 만든 연장 등이 발견됨으로서 호미니드 3개 계열 모두가 살았던 것으로 알려진 세상에서 유일한 장소가 되고 있다.

한편 카니드(Canid)라고 하는 개와 비슷한 동물의 뼈가 또 다른 동굴인 라즈보이니치아 동굴의 3만 3,000년 전 지층에서 발견되었다. DNA 분석 결과 현재의 늑대보다는 개와 밀접하게 연관된 종으로 밝혀졌다(Druzhkova1 *et al.*, 2013). 생물학적으로 개과는 길들여진 개, 늑대, 여우, 딩고(오스트레일리아 들개), 그리고 여타의 현존하거나 멸종한 개와 비슷한 포유류를 포함하는 식육목의 한 계통이다. 이 과에 속하는 동물들을 카니드라고 부른다. 이 식육목에서 고양이과와 개과가 지금부터 약 4,300만 년 전에 분화했다. 또한 알타이산맥에 있는 남러시아와 중앙몽골의 산악지대는 세이마 투르비노현상이라고 하는 문화 확산의 수수께끼의 기원지로도 알려져 있다(Keys, 2009).

✱ 세이마 투르비노현상

알타이산맥은 세이마 투르비노현상(Seima-Turbino Phenomenon)이라고 하는 문화 확산의 기원지로도 알려졌다. 이곳에서 청동기시대

---

*   Colin B. 2014. Ice-age animals live on in Eurasian mountain range. NewScientist. (https://www.newscientist. com/article/mg22129533-800-ice-age-animals-live-on-in-eurasianmountain-range/).

인 기원전 2000년대의 시작을 전후로 유럽과 아시아의 먼 곳으로 빠르고 대량으로 민족이 이동한 현상이다.[**] 이 현상은 핀란드에서 몽골에 이르는 북유라시아 일대에서 발견되는 매장지를 발굴하면서 밝혀지고 있다. 고고학자들은 매장물을 근거로 문화의 이동을 추정한다. 같은 유형의 매장물이라도 장소에 따라 다른 연대 층에서 발굴된다. 이 층을 연대순으로 배열하면 이 문화가 어디에서 발생하여 어느 방향으로 이동했는지 알 수 있다. 세이마 투르비노현상도 이러한 발굴의 결과로 진보한 금속 기술의 기원과 설명할 수 없이 빠른 이주가 어떻게 일어나게 됐는지를 추정할 수 있었다. 위키피디아에 따르면 매장물은 주로 유목 전사와 금속 기술자, 말이나 두 바퀴 전차를 타고 가는 사람들이었다.

[**] Seima-Turbino phenomenon. Wikipedia, https://en.wikipedia.org/wiki/Seima-Turbino_phenomenon.

세이마 투르비노라는 명칭은 오카강과 볼가강의 합류점에 있는 묘지에서 유래하는데, 1914년경에 처음으로 발굴되었으며, 페름에 있는 투르비노 묘지는 1924년에 처음으로 발굴되었다. 세이마 투르비노현상은 농사 기술이 아직 발달하지 않은 시기에 금속 기술이 산림과 스텝지역의 유목 사회에 존재했다는 점에서 주목받고 있다. 이것은 기원전 2000년 경 이 지역의 기후변화가 생태학적, 경제적, 정치적 변화를 이끌었으며, 이것은 서쪽으로는 유럽, 동쪽으로는 중국을 지나 거의 4,000마일에 달하는 베트남과 태국을 향해 빠르고 대규모의 이주를 촉발했다는 추측을 할 수 있다. 이 이주는 5~6세대 내에 이루어졌으며, 서쪽의 핀란드에서 동쪽의 태국으로 동일한 금속 기술이 발달하였고, 일부 지역에서는 말의 교잡이 이루어졌으며 승마 기술도 같은 방식을 사용하게 되었다. 물론 고고학적 발굴의 기술과 연대 측정 기술의 진보로 여러 곳에서 세이마 투르비노현상은 뜨거운 논쟁의 대상이 되고 있는 것도 사실이다.

∧ 알타이에서 볼 수 있는 방치된 고분 유적

삭사울이라 불리는
사막의 나무

거의 완전히 모래 아니면 자갈로 되어 있는 곳을 지나왔다. 알타이시에서 대략 50km 정도 지점이다. 드문드문 사람 키 정도 되는 나무들, 멀리서 보아도 색깔이 진하지 않아 잎이 없거나 매우 작은 잎으로 되어 있을 법하다. 흔들림이 매우 유연해 나뭇가지는 가늘 것이다. 나무들이 많았다가 적었다가를 반복하면서 주위는 어두워지고 있었다. 야영할 자리를 빨리 정해야 하는데 기왕 그렇다면 나무들이 많은 곳에서 하룻밤을 머물러야겠다고 생각했다.

이 나무는 삭사울(Saxaul), 러시아어로는 카자흐스탄말 섹세빌(Seksevil)에서 따온 삭사울(Saksaul), 학명은 'Haloxylon ammodendron'이라는 종이다. 속명의 'Haloxylon'은 그리스어 소금을 뜻하는 'Halos'와 나무를 의미하는 'Xylon'의 합성이다. 종소명 'ammodendron'은 사막을 뜻하는 'Ammo'와 나무를 뜻하는 'dendron'으로 되어 있다. 이런 뜻을 함축적으로 나타내기 위해서 '사막나무'로 이름 붙인다. 사실 이 나무가 자생하는 지역에서는 이 나무를 별칭으로 사막의 나무라고 부르기도 한다. 이 나무는 보통 2~8m, 드물게 12m까지 자란다고 한다. 그러나 이곳에서는 크게 자란 것이 3m를 넘지 않는다. 보통 2m 이하다. 줄기는 갈색인데 직경이 4~10cm, 크게 자란 것은 25cm까지 된다고 하지만 여기서는 대략 5cm 전후다. 나무껍질은 마치 스펀지처럼 되어 있어서 누르면 탄력이 있다. 사막의 건조와 뜨거운 열기를 능히 견딜만하다. 그 외에도 이런 나무껍질은 순간적으로 내리는 빗물을

∧ 사막나무(*Haloxylon ammodendron*)숲

흘러내리지 않게 흡수하여 저장하는 기능도 가지고 있다. 어린가지
는 녹색이지만 오래된 가지는 갈색, 회색, 흰색이다. 잎은 매우 축약
되어 있어서 마치 비늘처럼 보인다. 이것은 선인장의 잎이 가시로 변
한 것과 같다. 이런 연유로 잎이 아예 없는 것처럼 보인다. 꽃은 3~4
월에 핀다. 지금은 7월 하순이니 아쉽게도 볼 수 없었다. 열매는 길이
8mm 정도 되는데 마치 솔방울처럼 보인다. 중앙아시아에서는 숲을
이루기도 하지만 중동지역에서는 드문드문 흩어져 자란다(Iljin, 1985).

　　*Haloxylon*속 식물은 전 세계에 11종이 알려져 있다. 그중 몽골에는
사막나무(*Haloxylon ammodendron*) 1종이 자란다. 그러나 알타이산맥
을 중심으로 분포하는 종들 중에는 열매의 형태로는 구분이 쉽지만
여타의 형질로는 구분이 쉽지 않은 종들도 있다. 그중 *H. pachycladum*
은 흰사막나무(*H. persicum*)와 검은사막나무(*H. aphyllum*)간 잡종이 아

∧ 털사막지치(*Arnebia fimbriata*)

∧ 점박이사막지치(*Arnebia guttata*)

닐까 할 정도로 두 종의 중간 형질을 보인다고 한다.

이 종은 중동과 중앙아시아에 분포한다. 이란, 서아프가니스탄, 투르크메니스탄, 그리고 아랄로-카스피안에서 아무다리야, 중앙아시아 저지대, 몽골, 중국의 신장과 간수까지 분포한다. 사막, 모래언덕, 스텝의 모래땅 등 해발 1,600m까지 분포하고 있다. 모래땅식물(Psammophyte)은 사구식물 또는 사생식물이라고도 하는데 해안, 큰 강의 물가, 사막과 같은 모래땅에 생육하는 식물을 말한다. 극단의 건조와 영양분의 결핍에 견디고, 모래의 이동이나 모래날림에 대해서도 저항성이 있다. 지금 이곳은 사실 삭사울이라고 하는 비교적 대형의 모래땅식물이 분포하는 곳으로서는 가장 동쪽에 해당한다고 할 수 있는 곳이다. 1829년 칼 아톤 폰 메이어라는 학자가 처음으로 학계에 보고했다. 당시에는 짧은잎뿌리나무(*Anabasis brevifolia*)와 같은 속으로 판단했었다. 그러나 그 후 1851년 알렉산더 분게가 추가연구를 통하여 지금의 학명으로 명명하여 오늘에 이르고 있다.

사막나무와 함께 살고 있는 작은 꽃들도 있다. 쉽게 눈에 띄지는 않지만 지치과의 털사막지치(*Arnebia fimbriata*)를 들 수 있다. '*Arnebia*'는 아라비아어에서 나무 이름으로 쓰는 말로 특별한 의미는 없다. '*fimbriata*'는 라틴어로 '억센 털이 있는'의 뜻을 갖는다. 그리고 이 종의 영어 이름은 회색털아르네비아다. 이런 점들을 고려하여 우리말 이름을 '털사막지치'로 지었다. 이 종은 중국의 북부 고비사막과 몽골 고비사막에만 분포한다. 몽골에서는 고비사막 동서로 넓은 지역에 분포하는데 알타이에서는 남부지방에 국한해서 분포한다. 같은 지치과의 점박이사막지치(*Arnebia guttata*)도 간혹 눈에 띈다. 종소명 '*guttata*'는 라틴어로 '점이 있는'의 뜻이다. 노란색의 꽃잎에 갈색의 점이 선명하다. 이런 뜻을 살려 우리말 이름을 지었다. 주로 고비에 분포한다. 아프가니스탄, 북서인도, 카자흐스탄, 키르기스스탄,

파키스탄, 러시아, 타지키스탄, 투르크메니스탄, 우즈베키스탄 등 중
앙아시아에 널리 분포하는 것으로 알려져 있다. 한편 이 사막지치속
(*Arnebia*) 식물은 북아프리카, 유럽, 중앙아시아, 남서아시아, 히말라
야에 25종이 자라는 것으로 알려져 있다. 그중 몽골에 6종(Grubov, 1982),
러시아에 10종(Popov, 1986), 중국에 6종(Zakyrov, 1995)이 분포하지만 우리나
라에는 한 종도 알려진 바 없다. 그래도 이 식물들이 속한 지치과는 우
리나라에 13종(Kim, 2007)이 있는데 그중 6종이 한라산에 자라고 있다.

✱ 사막나무 이야기

중국에서는 사막나무를 건조에 견디는 능력이 매우 크다고 하여
대규모로 조림하고 있다. 사막화 방지의 방편으로서 모래언덕의 고
정과 피난처 벨트를 구축하기 위해서다. 이 나무는 나무껍질이 두꺼
워 수분을 저장하며, 그 물을 짜 마실 수도 있고, 이 나무들이 자라는
곳의 물 공급을 위해서도 중요한 원천이 된다. 고비사막에서 발견할
수 있는 나무는 이 나무가 유일하다. 따라서 이곳에서는 난방이나 음
식을 만드는데 필요한 땔감으로는 유일한 존재다. 그래서 이 사막나
무는 멸종위기에 처해 있다.

그런가하면 이런 이야기도 있다. 러시아제국 해군이 처음으로 증
기선을 육지로 둘러싸인 아랄해에 가져왔을 때, 지방 총독 바실리 페
로프스키는 아랄스크항 사령관에게 이 나무의 목재를 가능한 한 많
이 조달할 것을 명했다. 1851년 첫 항해의 연료로 사용할 생각에서였
다. 그러나 불행하게도(이 나무에게는 다행스럽게도) 이 나무는 증기
선에 적합하지 않았다. 나무가 단단하고 유지가 많아서 베기가 어려
웠기 때문이다. 증기선의 연료로 쓰려면 좁은 공간에 많은 연료를 쌓
아둘 수 있어야 하는데 이 나무는 울퉁불퉁 비틀어지고 뒤틀려서 그
렇게 하지도 못 했다. 그래서 다음해 항해부터는 멀리 오렌버그에서

∧ 사막나무(*Haloxylon ammodendron*)

석탄을 날라다 연료로 사용했다(Michell *et al.*, 1865).

우즈베키스탄 역시 아랄해가 마르면서 남겨진 독성이 강한 소금의 확산을 방지하기 위하여 아랄 사막에 이 나무를 심고 있다. 이 소금은 아랄해 주변에 사는 주민들에게 여러 가지 건강에 나쁜 문제를 야기하고 있기 때문이다(Qobil, 2015).

사막에 사는 바닷가 식물들

사막나무숲을 통과한 지 한 시간 남짓, 전혀 새로운 풍광이 펼쳐지기 시작했다. 목적지 알락 할르한산까지 가려면 아직도 갈 길이 멀다. 더구나 이 산은 진입하는 데 험한 계곡을 통과해야 하기 때문에 우리가 과연 그 험로를 뚫고 정상에 설 수 있을지도 장담하기 어려운 상황이다. 그러므로 발길을 재촉해야만 했다. 창밖으로는 자꾸 새로운 종인 것 같은 식물들이 나타나곤 사라지기를 반복하고 있었다. 계속 지나쳐 가고 있었지만 이 이상한 식물들로 채워진 이곳만은 아무래도 보고 가지 않으면 후회할 것 같았다. 무릎 높이도 채 되지 않는 푸른색의 아관목들이 끝도 없이 펼쳐져 있다. 우리는 이 식물 군락의 한가운데를 뚫고 달려온 것이다. 멀리 우리의 목적지가 있는 알타이산맥의 남쪽 변두리가 병풍처럼 둘러쳐져 있다. 누가 심고 가꾼 것도 아닌데 이 바싹 마른 사막에 이토록 싱싱한 식물들이 일정한 간격으로 자랄 수 있단 말인가. 색깔도 독특하게 연두색을 띠고 있어서 한층 더 싱싱해 보였다. 마치 이른 봄에 돋아나는 새싹을 보는 듯하다.

비름과에 속하는 가는칼륨나무(*Kalidium gracile*)라는 종이다. 속명 '*Kalidium*'은 '식물체 내에 칼륨을 많이 갖고 있는'의 뜻을 갖고 있다. 그래서 우선 우리말 속명을 칼륨나무속으로 했다. 종소명 '*gracile*'는 '가는'의 뜻을 가지고 있다. 중앙아시아, 서남아시아, 남동유럽에 5종, 중국에 5종, 몽골에 4종이 분포한다(Zhu *et al.*, 2003; Grubov, 1982). 우리나

∧ 가는칼륨나무(*Kalidium gracile*) 식생, 뒤로 알타이산맥이 보인다.

라에 이 속 식물은 없다. 지상 20cm 내외의 굵은 줄기 상단에서 무수히 많은 줄기가 나 있다. 자세히 보지 않으면 그냥 뿌리에서 덤불 같은 줄기들이 나온 것처럼 볼 수 있을 것이다. 오래된 줄기는 회갈색을 띠고, 일년생의 가지들은 황녹색 또는 연두색을 띠고 있다. 줄기가 매우 연약하여 쉽게 흔들리고 밑으로 늘어진다. 5mm 이내의 간격으로 마디가 형성되어 있다. 잎은 거의 발달하지 않아 흔적처럼만 보인다. 이 식물 역시 어린 줄기의 형태로 보면 마치 풀 같은 식물인데, 오래된 줄기는 말 그대로 단단한 나무의 형태를 하고 있다.

유사한 형태를 보이는 식물이 또 있다. 진주수송나물(*Salsola passerina*)이라는 종이다. 우리나라에도 이 속 식물이 있다. 수송나물속이라고 하는데 수송나물, 솔장다리, 나래수송나물 3종이 있다(Chung, 2007). 제주도에는 수송나물 1종이 바닷가에 자라고 있다. 전 세계에

∧ 가는칼륨나무(*Kalidium gracile*)

∧ 진주수송나물(*Salsola passerina*)

▲ 뿔나문재(*Suaeda corniculata*)

130종 정도가 아프리카, 아시아, 유럽에 분포하고 북미에도 몇 종이 자란다. 몽골에는 11종이 자라고 있다(Grubov, 1982). 종소명 '*passerina*'는 그 뜻이 명확하지 않다. 네덜란드 사람으로 식물에 대해 자세한 그림을 많이 남긴 크리스핀 드 파세(Crispin de Passe, 1589~1637)를 기념하기 위해 사용한 것이 아닐까 한다. 이 종은 몽골을 제외하면 중국에 분포하는데 중국 이름은 '진주저모채'다(Zhu et al., 2003). 직역하면 진주돼지털나물이다. 다만 우리나라에서는 수송나물속이라고 하고 있으므로 '진주수송나물'로 이름 지었다. 이 식물이 마침 진주목걸이를 연상하기도 하므로 적당하다는 생각도 든다. 높이는 30cm 이하다. 전체에 가늘고 짧은 2갈래의 털로 덮여 있다. 굵은 나무모양의 줄기 끝에서 새로운 줄기가 많이 나와 덤불을 이룬다. 어린줄기는 연한 황색을 띠지만 회록색의 잎으로 싸여 있어서 전체적으로 회록색을 띤다.

잎은 송곳모양이거나 삼각형인데 길이 3mm 이내로 매우 짧다.

역시 이 일대에서 관찰되는 유사한 종으로 룽산에서 보았던 뿔나문재(*Suaeda corniculata*)가 있다. 전 세계에 약 100종이 주로 아시아, 유럽, 북미에 분포하며(Zhu et al., 2003), 몽골에 9종(Grubov, 1982), 중국에 20종(Zhu et al., 2003), 일본에도 3종(Makino, 2000)이 분포한다. 우리나라는 5종이 분포하는데 제주도에 나문재, 방석나물, 해홍나물 3종이 있다(Chung, 2007). 이렇게 제주도 해안에 분포하는 종들과 유연관계가 아주 가까운 종들이 이렇게 먼 고비사막, 알타이산맥 일대에서 만난다는 건 신기한 일이 아닐 수 없다. '*corniculata*'는 라틴어로 '뿔모양의'라는 뜻이다. 꽃덮이조각에 뿔모양의 돌기가 나서 붙여진 이름이다. 바닷가 모래땅이나 진흙이 섞인 바닷가에 자라는 부드러운 풀들만 있는 것으로 알고 있었던 수송나물속, 나문재속 식물이 이렇게 강건한 나무로 이런 혹독한 환경에도 자라고 있는 것을 볼 때 생물의 다양성, 진화의 신비로움을 느끼지 않을 수 없다.

✱ 퀴노아와 카니와

비름과는 지금은 명아주과를 흡수하여 165속 2,040종을 거느리는 석죽목(Caryophyllales) 내에서 종이 가장 많은 과가 되었다(Christenhusz and Byng, 2016). 이 과의 대부분의 종은 1년생, 다년생 초본 또는 아관목이며, 여타의 종들은 관목, 아주 드물게 덩굴식물 또는 교목이다. 일부 다육식물도 있다. 많은 종들이 비후한 마디를 가진 줄기가 있다. 다년생 줄기의 목재는 대표적인 변칙(Nomalous) 2기 생장을 한다.[*] 일부(Polycnemoideae)에서만 정상적인 2기 생장을 한다. 이 과는 열대에서 한대까지 전 지구적으로 퍼진 과이다. 이전의 명아주과가 난온

---

[*] The Amaranthaceae family at APWebsite (Angiosperm Phylogeny Wensite) (http://www.mobot.org/MOBOT/research/APweb/).

대의 건조지대가 다양성의 중심이라면 협의의 비름과는 열대에서 주로 자란다. 많은 종들이 염생식물이며, 염분에 대한 내성이 강하다. 건조한 스텝 또는 반사막에서 자란다(Müler and Borsch, 2005). 일부 즉, 시금치(*Spinacia oleracea*), 사탕무(*Betat vulgaris*) 등은 채소로 널리 이용되고 있다. 이 과의 일부 종의 씨앗은 식량으로 각광받고 있다. 그중 퀴노아와 카니와는 유명하다.

퀴노아는 명아주의 일종인 체노포디움 퀴노아(*Chenopodium quinoa*)를 말한다. 퀴노아(quinoa)라는 이름은 고대 잉카어로 곡식의 어머니라는 뜻에서 유래한다고 한다. 영양가가 풍부하고 조리가 쉬워 5,000년 전 잉카시대 때부터 재배했다.** 카니와는 체노포디움 팔리디카울레(*Chenopodium pallidicaule*)를 말한다. 역시 오래 전부터 남미에서 식량으로 이용해 온 작물이다. 이 씨앗은 쉽게 요리할 수 있고 볶거나 가루를 내어 식재료로 사용한다. 밤 맛 비슷하며, 물이나 우유에 타 먹어 아침식사로 알맞다. 빵, 국수, 파스타를 만들어 먹기도 한다. 글루텐이 들어 있지 않아 다이어트 식품으로 미국에서는 선풍적인 인기를 얻고 있다고 한다.*** 우리나라에서는 이 과에 속한 작물로서 시금치가 흔하다. 요즘은 경작지에서 흔히 잡초로 자라는 비름, 쇠비름 등도 식품으로 이용하고 있다.

** 퀴노아(Quinoa). 두산백과, http://www.doopedia.co.kr.
*** Chenopodium pallidicaule. Wikipedia, https://en.wikipedia.org/wiki/Chenopodium_pallidicaule.

사막에서 만난 아름다운 나무

　고비알타이 지역의 더위는 살인적이다. 이런 기후에서 사람이 살 수는 있는 것일까. 그리고 양, 염소, 낙타 등 모든 털 돋은 가축들의 외모를 보면 주로 추위에 적응한 듯 털이 촘촘하고 길게 나 있음을 보게 된다. 그럼 더운 날엔 어떻게 견디지? 모래는 햇빛을 받아 뜨거워질 대로 뜨거워져 있다. 반짝이는 표면으로 눈부시게 햇빛을 반사하고 있다. 위에서 내려쬐는 햇볕, 뜨거운 지면에서 내뿜는 열기와 반사광으로 모든 방향에서 빛과 열이 총 공격해 오는 형국이다. 그래도 기대해 볼만한 점이 전혀 없는 것은 아니다. 바람이다. 뜨거운 열기를 가득 담은 바람이지만 그래도 습기가 없으니 순간적으로나마 건불리기에는 한결 도움이 된다.

　이런 사막을 달리다가 누구랄 것도 없이 내지르는 "야~" 하는 탄성과 함께 아름답게 꽃이 핀 나무 군락을 만났다. 이제껏 탐사 도중에 이렇게 아름다운 꽃이 핀 본적이 없었다. 다북위성류(*Tamarix ramosissima*)라는 종이다. 이 종과 혈연적으로 가까운 종이 우리나라에도 있다. 비록 자생종은 아니지만 위성류(*T. chinensis*)라고 하는 중국 원산의 도입종이다(Lee, 2007). 그런 점에서 이 종도 우선 위성류라는 이름을 기본으로 할 수밖에 없을 것이다. 이 위성류속 식물은 위성류과(Tamaricaceae)에 속한다. 과와 속의 이름 '*Tamarix*'는 라틴어에서 기원했는데 아마도 스페인의 타마리스강(현 Tambrer강)에서 유래한 것이 아닌가 여겨지고 있다(Quattrocchi, 2000). 종소명 '*ramosissima*'는 '가지

∧ 다북위성류(*Tamarix ramosissima*) 자생지.
고비알타이 지역의 사막은 연중 건조하고 여름엔 덥고 겨울엔 몹시 추운 척박한 환경이다.

를 많이 내는'의 의미를 지닌다. 특히 이 종은 가지를 많이 낼뿐만 아
니라 가지들이 전체적으로 가늘고 부드러워 다북하다는 느낌을 주기
때문에 다북위성류로 이름 지었다.

위성류속에는 90종이 아시아, 아프리카, 유럽에 분포하고 있다. 위
성류과 전체적으로는 110종이 알려져 있다. 이들은 모두 유라시아와
아프리카의 사막 또는 사막스텝에서 자란다(Yang and Gaskin, 2007). 그중
다북위성류는 흔히 소금낙우송(salt cedar)이라는 이름으로 널리 알려
져 있다. 낙엽성이면서 가지가 밑으로 활처럼 드리워지는 형태를 갖
는다. 어린가지는 붉은색을 띠고, 깃털모양이면서 연녹색의 잎이 이채
롭다. 꽃은 아주 작고 핑크빛을 띤다. 이 종은 유럽과 아시아에 널리
자생한다. 생명력이 강하고 낙엽관목으로서 붉은 가지색, 현란하게 피
어오르는 꽃 기둥과 기이하게 생긴 깃 같은 잎으로 유럽과 북미에서
는 정원수로 인기가 높다. 잘 자라면 높이 8m, 폭 5m까지 자란다. 그
외에도 차폐용 생울타리, 방풍 등으로 다양하게 이용하고 있다.

한편 위성류속의 식물들은 다북위성류처럼 흔히 조경용, 방풍수,

∧ 사막에서 자란 다북위성류(*Tamarix ramosissima*). 키가 3m가 넘어 멀리서도 보인다.

∧ 현란하게 피어오른 꽃차례 빨간색의 가지가 돋보인다.

녹음수로 쓰고 있다. 목재는 가구나 장작으로 쓰인다. 중국에서는 사막화 방지 프로그램에서 중요한 역할을 담당하고 있다.[*] 또한 상록성이거나 낙엽성의 교목 또는 관목들인데, 가장 크게 자라는 종은 나무 높이가 18m에 달하기도 한다. 물론 1m 이내의 아주 작은 종들도 있다. 이들은 흔히 염분이 많은 토양에서 자라는데 염분 농도가 무려 15‰에서도 견딘다고 한다.[**] 바닷물의 염분 농도 약 33‰인 것을 비교해보면 상당히 높은 염분 농도에서도 견딘다는 것을 알 수 있다. 알칼리성 토양에서도 잘 자란다.

이 위성류속의 식물들은 하나같이 가늘고 유연한 가지를 가지고 있다. 그리고 잎은 회백색을 띤다. 어린가지의 껍질은 매끄러우며 적갈색을 띤다. 나이가 들어감에 따라 나무껍질이 청자색으로 바뀌고, 홈이 지지거나 산마루 같은 형태로 도드라진다. 잎은 비늘모양이고, 길이가 1~2mm인데 서로 겹치는 형태로 배열하고 있어서 거의 향나무의 잎 같은 모양을 한다. 체내에서 분비한 소금기가 몸의 외부를 감싸고 있을 정도로 보이는 경우가 흔하다. 다북위성류는 그 아름다운 외모와 다양한 쓰임새 때문에 세계 곳곳에서 재배한다. 문제는 이 종이 생활력이 강한 특성과 함께 널리 보급되었기 때문에 세계 여러 곳에서 야생화되었다. 강가나 오아시스에 번성할 경우 과도하게 지표수를 빨아먹어 피해를 유발하기도 한다.[***]

✱ 감시대상 위성류

위성류(渭城柳)가 무슨 뜻일까? 우리나라에는 이곳에서 만난 다북

---

[*] Cheng Z. 2010. Tree by Tree, China Rolls Back Deserts. Embassy of the People's Republic of China in the Republic of Mauritius, http://www.ambchine.mu/eng/xwdt/t369657.htm.

[**] Tamarix. Wikipedia, https://en.wikipedia.org/wiki/Tamarix.

[***] Eagan T.B. 1999. Afton Canyon Riparian Restoration Project Fourth Year Status Report_U.S Department of the interior_Bureau of Land Management. Proceedings of the California Weed Science Society 51: 130-144. https://www.blm.gov/ca/st/en/fo/barstow/sltcdr97pa1.html.

위성류가 자란다는 보고는 없지만 위성류는 여러 곳에서 볼 수 있다. 이이름의 유래는 명확하지 않다. 다만 이 나무들이 대체로 물가에 자라고 축축 늘어지는 나뭇가지의 모양이 마치 버드나무 같다 하여 이렇게 부르는 것으로 추정될 뿐이다. 위성류과의 식물들은 크게 세 가지 부류로 나눌 수 있다. 우선 비교적 크게 자라는 관목이거나 교목인 종들로 구성된 위성류속과 미리카리아속이다. 그리고 나머지 한 가지는 아관목으로서 붉은모래나무속이다. 위성류속과 미리카리아속은 크기나 외양이 비슷하다. 그러나 위성류속은 수술이 4~5개이고, 꽃잎과 길이가 같다. 그러나 미리카리아속은 수술이 10개이고 꽃잎 길이의 배 정도로 길다는 점에서 다르다. 알타이와 연결된 고비사막에서는 위성류속의 다북위성류와 붉은모래나무속의 붉은모래나무를 볼 수 있다(Yang and Gaskin, 2007).

위성류는 우리나라에 도입되었다는 기록이 있으나 그 정확한 경위는 잘 알려진 바 없다. 그런데 이 위성류 역시 같은 속의 여러 식물처럼 세계적으로는 그늘을 만들기 위해서, 또는 침식을 방지와 조경을 위해서 많이 심고 있다. 부수적으로는 꿀을 생산하는 데에도 유용하다고 한다. 문제는 이렇게 긍정적인 측면만 있는 게 아니라 부정적인 측면에서도 여러 가지가 보고되고 있다. 가장 심각한 것은 역시 지나치게 번성하여 자생식물의 공간을 잠식하는 것이다. 또한 사막화 방지를 위해 많이 심고 있으나 오아시스 같은 곳에서는 과도하게 수분을 많이 흡수함으로써 문제가 되고 있다. 우리나라에서는 어떤 이유로 도입되었다고는 하지만 최근 귀화식물로서 생태계에 과도하게 번성하고 있다는 보고도 있다. 시화호에서 2005년도에 조사한 결과를 보면 위성류가 자연적으로 군락을 형성하였으며, 남북 350m, 동서 270m 범위에 1,512개체가 관찰되었다. 그중 큰 나무는 2m를 넘고, 나이는 8년생이나 되었다(민 등, 2005). 이러한 보고는 국내에서 자연계에 대규모로 침입한 첫 사례로서 앞으로 감시가 필요하다는 점을 보여준다.

사막에서 스텝초원으로

투그락솜(Togrog Sum)에 도착했다. 솜(Sum)은 우리나라로 보면 면소재지쯤 된다. 그러니까 이곳은 우리나라의 도에 해당하는 아이막의 하나인 고비알타이아이막의 한 면이라는 얘기다. 고비알타이아이막에는 18개의 솜이 있다. 그중 이 솜은 알타이시에서 145km 정도 떨어진 곳이다. 야영지에서 아침 8시에 출발해서 지금이 12시쯤이니 네 시간 정도 걸렸다. 그동안 우리는 사람보다 키가 큰 나무는 거의 볼 수 없을 만큼 탁 트인 사막스텝을 달려왔다. 숨이 막힐 정도로 날씨는 더웠다. 40℃를 오르내리는 더위다. 그늘이라곤 눈을 씻고 살펴봐도 내리쬐는 햇빛뿐이었다. 모두 다 휴식을 원했다. 배도 고프고 무엇보다 그늘이 그리웠다. 이 솜은 학교도 있고, 게르로 된 집들과 함께 꽤 규모가 큰 건물들도 많다. 2009년도 통계로 인구는 1,914명이다. 면적이 5,342km²라고 하니 인구 밀도는 1km² 당 0.36명 정도다. 대략 3km²에 한 사람 정도 산다고 보면 된다. 우리나라의 인구 밀도는 515명이다. 그러보면 이곳은 정말 사람이 없는 곳이다. 몽골 전국 인구 밀도 1.7명에 비해서도 4분의 1이 안 된다. 그러니 그 긴 시간을 달리는 동안 사람은 물론이고 게르조차도 거의 볼 수 없었던 이유가 짐작이 된다. 여기까지 오는 동안 차창 밖을 바라보면서 만약에 도시생활을 동경해 가출을 한다 해도 도와줄 사람을 만나기도 전에 말라 죽겠구나하는 생각이 자연스레 들었다.

나중에 알았지만 우리는 그동안 샤르가자연보호구(Sharga Nature

∧ 영양

∧ 멸종위기에 처한 몽골사이가영양

∧ 알타이의 춥고 매서운 바람을 막기 위해 흙벽돌로 담장을 쌓았다.

Reserve)를 횡단하고 있었다. 주로 사이가영양이라고 하는 동물을 보호하기 위해 지정한 보호지역을 말한다. 어쩐지 간간이 멀리 동물들이 보였다. 그럴 때마다 몽골대원인 엥헤가 이 동물들을 설명하는데 열성적이다. 사람의 세계가 아닌 동물의 세계, 자연의 세계를 달려온 것이다. 이 보호지역은 2,860km²에 달하는 넓은 면적으로 몽골의 고비알타이아이막의 샤르가에 있다. 이 종의 보호를 위해 특별히 보호지역을 지정한 것으로 이 지역 외에도 호브드주의 하르우스누르국립공원도 함께 지정했다. 이 샤르가자연보호구는 사막식물들에서 점차 스텝식생의 특징을 보여 주기 시작했는데 주로 벼과의 나래새로 되어 있다. 지표면이 많이 노출되어 있지만 그래도 바람이 불면 살랑거리면서 누웠다가 일어서는 벼를 연상케 한다. 평지를 달려왔다고 느꼈지만 실은 아주 완만하게 꾸준히 고도를 높여왔음을 보여주는 장면이다. 어느새 솜에 도착했다. 흙벽돌로 쌓은 처음 만난 집 담벼락이 인상적이다.

✱ 멸종위기에 처한 몽골의 포유류

영국동물학회는 몽골과학원, 몽골국립울란바토르대학교, 세계은행 등의 협조를 받아 2006년도에 '몽골의 포유류 적색목록'을 발표한 바 있다(Clark *et al.*, 2006). 몽골의 포유류는 적어도 128종이나 된다. 대형 육식동물에서 박쥐나 토끼같이 작은 동물까지 다양하다. 그중에는 전 지구적으로 위협 상태에 처했거나 중앙아시아에 한정해서 분포하는 종들이 있다. 전통적으로 몽골인들은 이 지역에 살고 있는 동물의 45% 정도를 사냥이나 여타의 유목생활에 필요한 동물로 삼아 왔다.

문화의 일부로서 자연자원의 보전과 적절한 이용은 권장할 만하다. 몽골은 1206년에 이미 칭기즈칸의 이크자삭 쿨이라고 하는 세계 최초의 자연보전법이 제정되었고, 13세기 후반 보그드한산이 최초의 보호지역으로 지정되었으며, 이어 1778년 정부 역시 이를 공식적으로 받아들여 현재 세계에서 가장 오래된 자연보호지역이 되었다. 몽골은 현재 56개소의 보호지역을 지정했으며, 이는 몽골 국토의 13.5%에 해당하고 있다. 보고서에 따르면 128종의 몽골 포유류 중 16%가 위협에 처해 있다. IUCN(세계자연보전연맹) 기준으로 보면 2%는 극심 멸종위기, 11%는 멸종위기, 3%는 취약종, 6%는 위기근접종, 40%는 관심종, 나머지 37%는 정보부족종에 해당한다. 여러 가지 동물들 중 몽골 유제류(소와 말 같은 종들)는 14종인데 그중 11종이 지역 위기종의 범주에 들었다. 눈표범, 흑담비, 고비곰 등 몽골 육식동물의 12%가 역시 취약종이다. 또한 나머지 22%는 위기근접종, 36%는 관심종이었다. 설치류를 제외한 소형 포유류 중 취약종은 없으나 이들 중 43%는 정보부족종에 의해 평가하기 곤란한 종들이었다. 이 결과는 소형 포유류에 대한 연구가 부족하다는 것을 보여주고 있으며, 추가적인 연구가 진행된다면 취약종이 추가될 것으로 보인다.

멸종위기종 중에는 사이가영양이 포함되어 있다. 사이가영양은 몽골어로는 보혼(Bokhon) 또는 타타르 보혼(Tataar Bokhon)이라고 하며, 영어 이름은 사이가안텔로페(Saiga antelope), 학명은 '*Saiga tatarica*'이다. 우리나라에서는 왕코산양이라고도 한다. 몽골에 살았던 이 종의 또 다른 아종(*Saiga tatarica tatarica*)은 40여 년 전 몽골에서는 멸종했다. 지금 우리가 보는 종은 몽골사이가영양(*Saiga tatarica mongolica*)인데 지구 수준에서도 멸종위기종이다. 이 동물은 1998년도 2,950마리, 2000년도에 5,240마리로 증가했다가 2005년도엔 1,500마리 수준이었다. 그중의 90%가 지금 우리 탐사대가 통과하고 있는 샤르가자연보호구에 살고 있다. 러시아, 카자흐스탄, 투르크메니스탄, 우즈베케스탄 등에도 분포한다.

영양은 몽골어로는 하르 술티(Khar suultii), 영어명은 고이터드가젤(Goitered gazelle) 또는 블랙테일드가젤(Black-tailed Gazelle), 학명은 '*Gazella sugutturosa*'이다. 터키, 시리아, 사우디아라비아 등 중동지역과 투르크메니스탄, 우즈베키스탄, 파키스탄, 키르기스스탄 등 남서아시아와 중앙아시아, 중국 등에 분포한다. 몽골에는 취약종으로서 1940년대와 1960년대 사이에 30% 정도로 개체수가 줄었다. 대체로 사냥, 야생 들개의 공격, 서식지 감소, 과도한 개발 등 인간의 교란이 원인으로 꼽히고 있다.

협곡

　준비를 마치고 출발한 것이 아침 8시였다. 구름 한 점, 그늘 한 평 없는 초원 샤르가자연보호구를 관통하여 투그락솜에 도착한 것은 정오 무렵이었다. 이곳은 꽤 큰 마을이니 당연히 식당이 있을 것으로 기대했다. 그래서 오늘은 늘 준비하던 주먹밥조차 생략한 상태였다. 그러나 웬걸, 식당은 모두 문을 닫았거나 식재료가 없다며 받아주는 곳이 없었다. 다음 마을은 부갓솜이다. 이곳에서 약 두 시간 거리다. 준비한 비상식량은 늘 먹던 거라 손이 가지 않는다. 이때 줌베렐마 박사가 슬그머니 건넨다. 비스켓인데 아주 부드럽고 맛이 있다. 그녀는 오지를 조사했던 오랜 경험으로 어떤 위험에서도 자기를 지킬 준비를 하고 다닌다. 이곳에서 출발한지 불과 30분도 채 되지 않았는데 자동차가 잠시 멈추고 사방을 살피는가 싶더니 기우뚱거리며 출발한다. 이런 가파른 경사를 어떻게 내려가며 혹시 무슨 문제가 발생하면 나올 수는 있는 걸까? 우리는 완전히 협곡 속에 갇히고 말았다. 양쪽이 50m 내외 높이의 절벽이고, 가운데로 물이 흐르고 있었다. 그 사이를 비집고 구불구불 올라가는 것이다. 이 계곡을 흐르는 물은 우리가 목표로 하고 있는 알락 할르한산의 만년설이 녹아 흐르는 물이다.

　계곡의 양쪽 절벽에는 콩과의 골담초속, 뭿황기속, 그리고 한라산에도 분포하는 황기속의 식물들이 보였다가 사라지곤 하고 있다. 그 외에도 국화과, 십자화과로 생각되는 꽃들도 피어 있다. 모두가 우리가 관심을 가지고 있는 종들이지만 어쩔 수 없이 그냥 지나치고 있

∧ 알타이의 목축

다. 오늘 내로 우리는 부갓솜을 거쳐 알락 할르한산 정상까지 가야 하기 때문이다. 그래도 아슬아슬한 계곡을 한 시간 이상 가자니 자동차가 전복되지는 않을까 계곡에 빠지는 건 아닐까하는 생각에 온몸에 힘을 주게 된다. 긴장이 계속되기도 하지만 자동차 엔진에도 무리가 있을 것 같아서 잠시 쉴 겸 조사를 시작했다. 식물들의 높이가 약 30cm로 높은 편이다. 식물의 밀도도 높아지고 샤르가자연보호구에서 봤던 것과는 판이하게 싱싱하다.

가축에게 뜯기지도 않고 밟히지도 않은 온전한 식물들이 꽤 많았다. 그중에 눈길을 사로잡는 식물이 하나 있었다. 높이 25cm 내외로 잎은 복엽인데 한 포기에 약 40개가 나 있다. 소엽은 마치 아주 작은 침엽처럼 생겼는데 잎 1개 당 몇 개인지 아주 많았다. 꽃줄기는 한 포기에서 15개 정도로 많이 나 있다. 특이하게도 이 꽃줄기는 식물체의 높이보다 훨씬 긴데 모두 누워 있다. 꽃은 한창 피었지만 아직 꽃이 피기 전인 꽃줄기들도 있었다. 이것은 아마도 이 지역의 기후 조건과 관련이 있지 않을까 추정이 된다. 바람은 거세고, 모래와 같은 이물질들이 같이 몰아치기 때문에 공중으로 곧게 서봤자 넘어지거나 꺾일 게 뻔하기 때문이 아닐까. 그럴 바엔 차라리 이렇게 누워버

∧ 잎많은두메자운(*Oxytropis myriophylla*)

리는 게 수정을 하고 열매를 맺어 성숙할 때까지 견디기에 유리하기 때문일 것이다. 이 식물은 잎많은두메자운(*Oxytropis myriophylla*)이라는 종이다. 이 속의 식물 중에는 한반도에도 분포하는 게 있다. 두메자운(*O. anertii*)과 털두메자운(*O. racemosa*)이다(Choi, 2007). 이 2종은 함경남북도와 평안북도에 분포한다. 따라서 이 종도 두메자운속이므로 우리말 이름은 이를 기본으로 하는 것이 맞다. 종소명 '*myriophylla*'는 라틴어로 '셀 수 없을 정도로 잎이 많은'이라는 뜻이다. 이런 의미를 살려 잎많은두메자운으로 명명한다.

✱ 아름다운 알타이 아가씨

한 10분 정도의 조사를 마치고 출발한 지 얼마 되지 않아 어림잡아 1,000마리는 족히 됨 직한 염소와 양이 섞인 가축 떼를 만났다. 마

∧ 알타이의 목동

침 우리의 길을 가로지르려는 순간이었으므로 잠시 기다리게 되었
다. 멀리 목동이 말을 타고 이를 보고 있는 모습이 눈에 들어 왔다.저
기서 말을 타고 가축을 돌보고 있는 목동은 카메라로 찍고 보니 의
외로 젊은 여성이었다. 하얀색의 넓은 차양 모자를 쓰고 얼굴을 완전
히 가릴 정도의 마스크를 착용했지만 감출 수 없이 긴 머리는 밖으
로 나와 바람에 날린다. 아가씨임이 분명해 보인다. 청바지에 승마용
부츠를 신고 전통 외투 델에 노리개를 단 가죽배낭을 들쳐 멨다. 이
런 시골에서 보기 어려운 세련미가 느껴지는 차림새다. 등자(몽골어
로 더러우)에 발을 딛고 안장 위에 올라탄 자세가 반듯하고, 두 손으
로 고삐와 채찍을 움켜쥔 모습에서 넘쳐흐르는 자신감이 엿보인다.
몽골대원 엥헤는 주저하지 않고 울란바토르에서 대학 생활을 하다
방학을 맞아 집에 온 이곳의 딸이라고 설명한다. 말 역시 짙은 갈색

털에 윤택이 있고 체형이나 달리는 자세가 아직 한창 나이의 준마로 보인다. 얼굴엔 굴레를 씌웠고, 입에는 재갈을 물렸다. 안장은 앞뒤로 가리개(부렉)가 균형 있게 갖춰졌고, 안장장식(바와르)도 살짝 보인다. 언치(뎁스)는 외투에 가려 보이지 않으나 다래(걸럼)는 화려한 문양으로 수를 놓았다. 그리고 뒷부분에 짐끈(지렘)까지 거의 완벽하게 마구와 말 장식을 갖췄다. 멀리 울란바토르에서 한창 멋 부리고 해야 할 공부도 많은데 자기를 위해 고생하실 부모님 일손을 조금이라도 덜어드리려는 마음 하나로 이렇게 달려왔다니 가상하기도 하고 아름답기가 그지없다.

이 지역을 탐사하다 보면 의외로 학생인 듯한 젊은이, 심지어 어린이 목동들을 심심치 않게 만날 수 있다. 몽골대원들에 물어보니 방학을 맞아 부모님을 도우러 온 학생들이라는 것이다. 아마 이들의 대부분은 울란바토르에서 왔을 것이다. 여기까지 오려면 적어도 이틀은 걸렸을 것이고 차비도 적지 않게 지불했을 것이다. 오는 길은 우리가 왔던 길을 따라오게 되는데 경험한 바와 같이 열사의 사막과 모래폭풍의 언덕과 세차게 흐르는 강을 수차례 건넜을 터이니 그 고생이 오죽했을까? 몽골은 인구 10,000명 당 대학생 수가 470명을 넘는다. 이것은 세계적으로도 상위권에 속하는 비율이라고 한다. 우리나라가 과거 교육열이 높아 논밭, 소를 팔며 자녀 교육에 열성적이었듯 몽골도 이 척박하고 혹독한 환경에서 손이 부르트게 가축을 기르면서도 자녀들만큼은 수도로 유학을 보내고 있다.

바늘두메자운

　갑자기 좁아지면서 양쪽 절벽의 경사가 급해지더니 순간 주위가 환해졌다. 자동차 엔진소리가 잦아들었다. 협곡을 거의 빠져 나왔음을 직감했다. 시야가 확 트이면서 긴장이 풀린다. 이제는 협곡이라기보다 양쪽으로 멀리 그리 높지 않은 산맥이 둘러싸는 형세가 펼쳐진다. 좀 편하게 갈 수 있는 길이라고 생각하면서 여유를 가지고 차창 밖의 식물들을 좀 더 자세히 보려고 애쓰기 시작했다. 저게 뭐지? 마치 동그란 쿠션 같은 꽃 무더기가 듬성듬성 보이는 게 아닌가. 갈 길이 급하기야 하지만 이건 놓칠 수 없지. 항상 중요한 건 타이밍이다. 차를 언제 세울지는 시간을 얼마나 줄이면서 그 식물의 특성을 최대한 많이 관찰하는 것과 연관이 되기 때문이다. 조금만 더 기다려보기로 하고 신경을 곤두세웠다. 아차하고 시간을 놓치면 다시는 그 신기한 꽃을 보는 기회는 다시 오지 않을 수도 있기 때문이다. 돌아오는 길이 이 길이라고 누가 장담할 수 있겠는가.

　끝없는 꽃밭! 드디어 나는 차를 세웠다. 난 지금껏 이렇게 같은 종이 넓게 피어 있는 장관을 본적이 없다. 보이는 온 세상이 꽃으로 가득 찼다. 길 양쪽에는 높이 100~300m 쯤 되어 보이는 산들, 아니 언덕으로 되어 있다. 그 사이의 폭은 얼추 1~2km다. 이런 지형에 수 킬로미터 길이를 이 꽃이 덮고 있다. 이번 탐사에서 설령 목표 지점에 도달하지 못한다 하더라도 후회는 없을 것 같다. 이런 장관을 목격할 수 있는 것만으로도 행운이라고 생각했다. 이 꽃 쿠션은 직경이 20cm

∧ 바늘두메자운(*Oxytropis aciphylla*) 군락

에서 큰 것은 60cm 정도였다. 높이는 15cm 내외다. 이 일대에서 이보다 큰 식물체는 없다. 가릴 것이 전혀 없는 곳이다. 이보다 큰 물건이라곤 암석뿐이다. 이 식물체는 100m²에 10개체 내지 100개체 정도가 분포하고 있다. 꽃은 진한 빨강에서 분홍을 거쳐 흰색까지 다양했다. 이러한 꽃 사이로 멀리 몇 마리의 낙타가 풀을 뜯는 게 보였다.

이렇게 아름답게 피어난 장관을 누가 또 봤을까? 누가 이 꽃을 처음 봤으며, 우리나라에는 소개된 적이 있을까? 이 식물은 바늘두메자운(*Oxytropis aciphylla*)이라는 종이다. 계곡을 통과하면서 봤던 잎 많은두메자운과 가까운 친척으로 콩과에 속한다. 종소명 'aciphylla'가 '바늘모양의 잎을 내는'이라는 뜻이니 우리말 이름으로 바늘두메자운으로 했다. 꽃자루마다 1~2개의 꽃이 달렸는데 많은 것은 3개가 달린 것도 보인다. 콩 꼬투리는 길이가 12~15mm 정도 돼 보인다. 가시는 아주 많이 나 있는데 억세고 잘 부러지지도 않는다. 그럼 저 낙타들은 무얼 먹고 있단 말인가. 사실 낙타의 배설물을 보면 흡수할 수 있는 것은 깡그리 흡수해 버리고 앙상한 이 가시들만 동그랗게

∧ 꽃 색깔이 다양한 바늘두메자운(*Oxytropis aciphylla*)

뭉쳐 있는 상태다. 저 낙타들의 입안, 혀, 식도, 위, 이런 소화기관들은 도대체 얼마나 단단한 가죽으로 되어 있기에 이런 걸 먹고 소화한단 말인가. 이 식물은 앞서 소개한 칼 프리드리히 본 레데보우어가 1831년 자신이 저술한 『알타이식물지』 3권에 학명을 발표하면서 알려졌다. 그러면 이 식물을 처음 현장에서 관찰하고 채집한 사람은 누굴까? 누가 우리보다 앞서 이 길을 탐사했단 말인가? 이곳에서 바늘두메자운을 처음 채집한 사람은 분게와 로조프라는 학자들이다. 그들은 이미 1831년 이 일대를 탐사했는데 이때 다른 식물들과 함께 이 종도 채집한 것이다. 1841년 타타리노프, 1880년 프르제프, 1926년 리스, 1931년 포브 등이 그 뒤를 이어 채집했다. 이후에도 이 식물에 대한 채집 기록은 꽤 있다(Grubov, 2002). 그러나 우리나라 학자에 의한 채집 기록은 전무한 상태로 이번 탐사는 한국인에 의한 첫 채집 기록이 된다.

알타이산맥 일대에 이 종이 널리 퍼져 있기 때문에 어디를 가나 만날 확률은 매우 높다. 그가 어느 길을 따라 탐사를 했는지 알 수 없지만 이렇게 장관을 이룬 집단은 보지 못했을 것이다. 우리 탐사대는 그야말로 전인미답의 바늘두메자운 군락 내부에 들어 와 있다는 생각이 들었다. 식물을 채집한다는 건 탐사지역, 탐사루트, 탐사시기 이 세 가지를 어떻게 선택하는지가 승패를 가른다. 탐사지역과 탐사루트를 잘 선정했다 해도 시기가 적절하지 않으면 결코 완전한 식물체를 관찰할 수 없다.

✱ 아시아 오지 식물탐사의 선구자 분게

분게(알렉산더 게오르그 폰 분게, Alexander Georg von Bunge, 1803~ 1890)는 독일계 러시아 식물학자다.[*] 즉 독일 국적이면서 러시아 시

---

[*] Alexander Georg von Bunge. Wilipedia, https://en.wikipedia.org/wiki/Alexander_Georg_von_Bunge.

민권자다. 그는 아시아와 시베리아를 탐사한 최고의 과학자라는 찬사가 뒤따른다. 그는 제정 러시아의 소수계 독일인의 아들로 태어났다. 그의 부친 데오도르는 18세기에 동 프러시아에서 러시아로 이주한 약사였다. 그는 부친의 영향을 받았는지 도르파트대학에서 약학을 공부하고 나중에 카잔에서 식물학교수로 활동했다. 1835년에 도르파트대학으로 돌아와 1867년까지 식물학을 가르쳤다. 여기서 그는 식물학 학술지『린나에아(Linnaea)』에 논문을 발표하는 등 학술 활동을 통해 할레대학의 식물학자인 슐레히텐달(Diederich Franz Leonhard von Schlechtendal)과 교류하게 된다. 이런 학자들과 교류를 하면서 식물탐사의 중요성을 깨닫게 됐던 것으로 보인다. 그는 1881년까지 도르파트대학에 계속 남아 있었는데, 그 이후 에스토니아 식물상을 조사하면서 말년을 보낸다. 1826년에 레데보우어와 안톤 레이어와 함께 키르기스스텝과 알타이 탐사를 떠났는데, 이 탐사야말로 그 자신의 과학적 성취에는 물론이거니와 중앙아시아의 식물상에 대한 윤곽이 잡히는 계기가 되었다. 1830년부터 31년까지는 시베리아를 거쳐 베이징까지 탐사를 했는데 이때 몽골 식물상에 대한 광범위한 연구를 수행했다. 1932년에도 계속하여 중국 일대를 조사하고 알타이로 돌아오게 되는데 이 당시 알타이 동부지역에 대한 탐사에 집중한 것으로 나타나 지금 우리 탐사대가 지나고 있는 이 일대의 어느 길을 지난 것으로 보인다. 1957년부터 이듬해까지는 호라산과 아프가니스탄에 대한 식물탐사를 했다. 그는 식물탐사만을 한 게 아니라 수많은 논문과 저서를 남겼다. 열당과(Orobanchaceae)의 분게아속(*Bungea*)을 비롯하여 그의 업적을 기념하는 수많은 식물이 후배 학자들에 의해 만들어졌다. 그 자신이 직접 발견하여 새롭게 이름 붙인 식물도 800종이 넘는다. 한라산에 분포하고 있는 식물 중에서도 산달래(*Allium macrostemon*), 조뱅이(*Breea segeta*) 등 많은 종이 이에 속한다.

물, 물, 물! 생명의 원천 알타이

아, 건조하다. 메마르다. 이렇게 바싹 마를 수가 있단 말인가. 아름다운 바늘두메자운 군락에 취해 있는 동안 차는 어느 큰 마을에 도착해 있었다. 부갓솜이다. 알타이시에서 219km 정도 떨어진 곳이다. 제주도 면적의 5배가 넘는 9,921km²의 면적에 2,257명이 살고 있다. 인구밀도는 1km² 당 0.23명이다. 관공서도 있고 학교도 있는 곳이지만 마을이 크다고 느껴지진 않는다. 그래도 여기서 점심식사를 할 수 있었으니 고마운 마을이다. 이 마을에서 가장 인상 깊은 모습은 한 가운데로 물이 흐르는 것이다. 주변은 온통 푸석푸석한 먼지투성이라고 할 정도로 말라 있는데 마을 한 가운데에 이렇게 맑고 시원한 물이 흐른다는 게 믿어지지 않을 정도다.

점심을 기다리며 주변을 둘러 봤다. 이 개울을 방문하는 손님이 각양각색이다. 10대로 보이는 아가씨, 요리를 하다가 물이 모자라 길러왔을 법한 젊은 주부들과 그 손을 잡고 따라나선 꼬마들, 오토바이에 물통을 싣고 온 아저씨도 보이고 심지어 동네 개들까지도 끼리끼리 모여들었다. 솜 소재지인 부갓마을 뿐만 아니라 이 일대에서 두루두루 모이는 것 같다. 사막의 오아시스다. 이 물은 어디에서 오는 것일까? 이 마을이 살 수 있는 것은 바로 이 물 때문일 텐데 말이다. 어쩌면 우리도 이 물 때문에 온 건지도 모른다. 우리가 도달할 알락 할르한산은 앞서 언급했다시피 생물다양성이 높아 몽골정부가 알락 할르한산보호지구로 지정한 곳이다. 이 보호지구 내에서 알락 할르한

^ 부갓마을을 관통하는 개울. 알락 할르한산 정상의 만년설이 녹은 물이다.

산이 가장 높고 만년설을 볼 수 있는 곳이다. 그래서 알타이의 산들은 험하기로 유명하지만 그저 건조라는 말밖에 모르는 이 일대에 생명이 살 수 있도록 촉촉하게 적셔주기도 한다. 지금 이 마을을 관통하는 물도 이 산들 중 알락 할르한산에서 발원하는 것이다. 우리는 점심을 먹고도 1시간 반이나 더 오른 끝에 드디어 알락 할르한산에 도착했다. 오후 4시 30분이었다. 하늘은 맑고 바람은 없었다. 여기서 우리가 4시간이나 조사할 수 있었던 것은 알타이신의 도움이라고 생각할 수밖에 없다.

✱ 이끼인가 꽃피는 식물인가

만년설이 쌓여 있는 정상의 식물은 평지에 자라는 식물과는 판이하다. 우리나라에서 이런 식물들을 만날 수는 없다. 꽃들이 너무나 다양하고 화려하게 피어있는 세상을 향해 가고 있었다. 모든 대원은 말을 잃었다. 봐야할 꽃들이 지천으로 피었기 때문이다. 그중에 이런 식물도 있었다. 직경 10~30cm 정도의 방석모양을 형성하는 식물인데 높이가 불과 1cm 정도밖에 되지 않았다. 그저 바위나 지표면을 번져 나가는 이끼처럼 보였다. 다른 식물이 자랄 수 있는 또 다른 표면 정도로 보였기 때문에 아무도 그 존재를 의식하지 못했다. 그러나 나중에 알게 되었지만 엄연히 꽃피는 식물로서 별꽃의 일종이었다. 학명이 '*Stellaria pulvinata*'인데, 종소명 '*pulvinata*'가 쿠션 즉, '방석을 닮은'이라는 뜻이므로 방석별꽃으로 명명했다. 2012년 중국에서도 발견되었다지만 이 종은 알타이의 특산식물이다(Urgamal *et al.*, 2014). 세계적으로 이곳에서만 볼 수 있는 종이다. 이와 혈연적으로 가까운 종으로 우리나라에도 8종이 있다(Choi, 2007). 그중에는 별꽃(*Stellaria media*), 쇠별꽃(*S. aquatica*), 벼룩나물(*Stellaria alsine* var. *undulata*) 3종은 한라산에도 자라고 있다(Song *et al.*, 2014). 큰별꽃(*S. bungeana*), 긴잎별꽃(*S. longifolia*), 실별꽃(*S. filicaulis*) 3종은 함경남북도 등 북한지방에만 자란다. 이 일가가 알타이에서 백두대간을 거쳐 한라산에 이르기까지 나뉘어 살고 있다고 생각하니 세상은 나 혼자 사는 곳이 아닌 모양이다.

또 다른 이끼처럼 작은 식물체에 앙증맞도록 예쁜 꽃이 눈에 띈다. 학명이 '*Androsace incana*'라는 종이다. 종소명 '*incana*'가 털을 의미하므로 털봄맞이로 명명한다. 우리나라에는 5종이 있는데 그중 봄맞이꽃과 애기봄맞이는 한라산에서도 자라고 있다. 고산봄맞이, 명천봄맞이 등은 함경도의 고산에 자란다. 이 종들도 역시 알타이에서 한라산까지 종에 따라서 저마다 한 지방씩 차지하고 있다. 많은 꽃들이 저마다 예쁜 모습으로 저요! 저요! 하고 손을 들지만 아쉽게도 다 보듬어 줄 수가 없다. 그래도 여기서 이 한 가지는 다시 쳐다보자. 앵초

ʌ 지면에 바짝 붙어 자라는 방석별꽃(*Stellaria pulvinata*). 이 지역 고유종이다.

ʌ 털봄맞이(*Androsace incana*). 모든 식물들이 극도로 축소된 모습으로 만년설 지역의 식물의 특
   징이 잘 나타나 있다.

∧ 분앵초(*Primula farinosa*). 한라산에 자라는 설앵초(*Primula modesta*)와 닮았다.

의 일종이며, 학명은 '*Primula farinosa*'이다. 종소명 '*farinosa*'가 '하얀 비듬으로 덮인'의 뜻을 가지므로 가루를 뜻하는 분앵초로 명명했다. 앵초 종류는 고산에 자라는 종들이 많은 편이다. 우리나라에는 양강도에 자라는 종이 2종, 한라산을 포함해 남한에 자라는 것이 3종이다 (Park, 2007). 한라산 정상에는 설앵초가 자라는데(Choi, 2007), 역시 앵초 종류도 알타이에서 백두대간을 거쳐 한라산에 이르기까지 분포한다니 흥미로웠다.

15cm 이하로 아주 작지만 하나의 줄기가 강한 모습으로 곧추선다. 정단에 나팔모양으로 피는 꽃은 직경 10~15mm 정도로 크고 황금빛을 띠어 화려하다. 털범의귀(*Saxifraga setigera*)라는 종이다. 잎은 톱니가 없고 선단은 뾰족하며 양면에 선모가 밀생한다. 종소명 '*setigera*'는 '짧고 뻣뻣한 털이 나는'의 뜻으로 이러한 특징을 살려 지은 것이다.

길이는 15mm 이하, 폭은 2.5mm 내외이다. 줄기의 잎은 창날모양으로 잎자루가 없고, 뿌리잎은 로제트모양을 한다. 꽃줄기는 선모가 밀생하고 꽃은 보통 1~5개가 달린다. 꽃받침은 가운데 깊게 갈라져 있다. 이 종의 특징은 뭐니 뭐니 해도 식물체의 크기에 걸맞지 않을 정도로 두드러진 포복경 즉, 땅 위로 뻗어 가면서 뿌리를 내리는 번식줄기에 있다. 아주 높은 고산과 북극 주변 지역에 자란다. 자라는 장소는 주로 자갈이나 바위가 많은 이끼가 무성한 툰드라, 고산초원이고, 분포지는 아시아, 유럽, 북아메리카의 극지방으로 알려져 있다 (Lozina-Lozinskaya, 1971).

이렇게 추운 곳에 사는 식물들은 꽃을 피우고 곤충이 수분을 매개하는 유성생식의 기회가 그만큼 적다. 짧은 여름 동안 재빨리 성적 교환이 이루어지지 않으면 다음 세대를 이어갈 수 없기 때문에 이런 무성적인 번식기술(번식줄기)이 필요하게 된다. 추운 곳에 사는 식물들의 생존전략의 하나다. 꽃이 활짝 핀 이 종을 만난 것은 이번 탐사의 중요한 성과 중의 하나다.

정상이 가까운 이곳은 마지막 얕은 봉우리만을 남겨 놓은 지점이다. 뜨거운 여름인데도 곳곳에 잔설이 남아 있다. 뾰족한 봉우리라 해도 밟으면 부서질 듯하다. 가로세로로 금이 가 있거나 부서져 내리는 크고 작은 돌멩이 무더기가 보인다. 평탄하다고 해도 그 오랜 침식의 결과일까 흙이라고는 한 줌도 보이지 않는다. 가까이서 보면 모두가 직경 10㎝ 내외의 자갈로 되어 있다. 그렇다고 해서 꽃이 없는 곳은 아니다. 우리나라로 치면 아마 잔디밭이나 풀밭이라는 표현이 적당할 만큼 풀들이 촘촘히 지면을 덮고 있다. 꽃들은 대부분 화려하다. 파란색 또는 자주색을 띠는 꽃들이 참 많다는 느낌이다.

그중에 이 종을 빼놓을 순 없을 것이다. 하늘두메자운(*Oxytropis pauciflora*)이다. 속명 '*Oxytropis*'는 두메자운속이다. 종소명 '*pauciflora*'

∧ 털범의귀(*Saxifraga hirculus*)

∧ 하늘두메자운(*Oxytropis pauciflora*)

는 '꽃이 적게 달리는' 정도의 뜻이다. 우리나라엔 없는 종이어서 당연히 우리말 이름도 없다. 적당한 이름을 찾기가 쉽지 않다. 하늘이 맞닿는 고산에 자라고 식물체의 색깔이 많이 달리지 않는 꽃과 어우러져 하늘색에 가까운 느낌을 준다는 의미로 '하늘두메자운'이라 부르기로 했다. 이 종은 중국에서도 간수성(Gansu), 신장성(Xinjiang), 저장성(Xizang)의 해발 4,500~5,600m의 고산에 자란다고 한다. 중국 외에는 러시아와 카자흐스탄에 자란다고 한다(Zhu et al., 2010). 그러나 러시아의 자료에는 서시베리아, 알타이, 티베트에 분포하는 것으로 나와 있다(Bobrov et al., 1939). 몽골의 자료에도 분포를 확인할 수 있다(Urgamal et al., 2014). 그리고 보면 정말 높은 곳에 자란다. 우리나라에는 자라고 싶어도 이렇게 높은 곳이 없으니 당연히 자생지가 없는 것이다. 이 꽃을 보려거든 알타이로 가라.

그런데 이 식물은 줄기가 있는 것인지 없는 것인지 잘 모른다. 해부학적으로 본다면 아마도 있다고 하는 게 맞을 것이다. 이건 그냥 추측일 뿐이지만 콩과식물의 경우, 줄기가 없는 종은 없지 않을까 해서다. 어쨌거나 이 식물을 관찰해보면 줄기라고 할 만한 부위는 찾기 힘들다. 이곳의 환경이 얼마나 가혹했으면 이런 형태의 식물이 생겨났을까. 잎은 길이 3~8cm, 복엽인데 5~8쌍의 소엽으로 되어 있다. 소엽은 길이 5~6mm, 폭 1.5~3mm 정도로 잎 치고는 아주 작다. 잎자루엔 희거나 검은 털이 촘촘히 나 있다. 소엽도 양면이 하얀 털로 덮여 있다. 꽃은 대개 3개 이하로 적은 수가 총상꽃차례와 유사한 모양으로 달린다. 꽃 수가 얼마 안 되니 꽃 차례를 딱히 확정할 수가 없다. 꽃받침은 종 모양이며, 검정 털로 덮여 있고, 톱니는 창날 모양이다. 화관은 자주색이다. 콩꼬투리는 길이 20mm, 너비 3.5~4mm 정도이며 역시 하얀색의 미세한 털로 덮여 있다.

십자화과 식물임에 분명했다. 그런데 이 종은 특이하게도 다른 십자화과 식물과 달리 잎이 마치 깃처럼 생겼다. 즉, 우상복엽 같다는 것이다. 다년초라는 점도 특이하다. 지하 부분은 길게 옆으로 벋었고 오래된 개체는 그 부분이 매우 굵다. 더욱 특징적인 것은 표면을 덮고 있는 흰색의 털이 한 가닥으로 되어 있는 것이 아니라 가지를 친다는 점이다. 우리나라에선 이런 식물을 볼 수 없다.

이런 특징을 갖는 십자화과 식물은 스멜로프스키야속(*Smelowskya*)뿐이다. 미국에서는 일반명으로 위말냉이속이라 한다. 예컨대 스멜로프스키아 아메리카나(*Smelowskia americana*)를 미국위말냉이(American false candytuft), 고산스멜로프스키아(alpine smelowskia) 또는 시베리아스멜로프스키아(Siberian smelowkia)라 하고 있다(Giblin *et al.*, 2019). 스멜로프스키아(Smelowskia)가 무슨 말일까? 이 속명은 잘 알려져 있진 않지만 17세기 초 러시아 식물학자 스멜로프스키(T.A. Smelovskii)의 이름을 따 지은 것이다. 1831년『알타이식물지』에서 처음 사용했는데 당시에는 Smelovskia이었지만 지금은 Smelowskia로 쓰고 있다(Vasil'chenko, 1939). 러시아어와 영어권의 알파벳 사용상의 차이 때문으로 보인다.

지금 보고 있는 이 종은 그중에서 고산말냉이(*Smelowskia alba*)라는 종이다. 알타이의 알락 할르한산 정상에서 비교적 흔히 관찰되었다. 몸 전체에 갈색의 가지를 치는 털이 밀생한다. 간혹 털이 거의 없는 것도 발견된다. 지하부분은 길고 목질이며 직경이 6mm 정도로 굵다. 줄기는 10~45cm이다. 총상꽃차례에 많은 꽃이 달리는데 처음에는 밀생하지만 점차 길어진다. 꽃받침은 위로 향하며 주머니모양이 아니다. 드물게 떨어지지 않고 오래 달려 있다. 꽃잎은 흰색이지만 드물게 분홍색을 띠기도 한다. 주로 바위나 바위틈, 너덜지대에 자란다. 동서 시베리아, 몽골에 분포한다. 이 고산말냉이속 식물은 몽골에서는 이 종 외에도 4종이 더 있는데 모두 이곳에 분포한다고 한다 (Urgamal *et al.*,

2014). 아직까지 한반도에서 이 속의 분포에 관한 보고는 없다.

눈이 녹아 흐르는 실개천 주변은 다소 습하다. 이런 환경이란 언제나 이렇게 습하거나 얼어 있거나 눈에 덮여 있기 마련이다. 다양한 꽃들이 피어 있는데 그중 왜지치(*Myosotis sylvatica*)는 아주 화려하고 싱싱하다. 이곳에서는 지금이 제철인가 보다. 한반도에서는 함경북도와 평안북도에 자라는 것으로 알려져 있다. 백두산자락이나 압록강 어느 기슭에서 자리를 잡고 살아가고 있을 것이다. 지금 우리는 이런 꽃들은 보고 싶을 때면 언제라도 가 볼 수 있는 상황은 아니다. 그나마 이런 머나먼 한반도 종의 고향에라도 와서 이들을 만날 수 있어 다행이다.

왜지치와 아주 가까운 곳에서 각시통점나도나물(*Cerastium pauciflorum*)을 만났다. 이름도 좀 길고 생소하지만 한반도에서도 함경북도에 자란다는 보고가 있다. 사실 우리나라에서 보고된 각시통점나도나물은 학명이 이와 좀 다르긴 하다. *Cerastium pauciflorum*에 속하

∧ 고산말냉이(*Smelowskia alba*)

︿ 왜지치(*Myosotis sylvatica*)

︿ 각시통점나도나물(*Cerastium pauciflorum*)

긴 하지만 변종(*C. pauciflorum var. amurensis*)으로 되어 있는 것이다(Choi, 2007). 그래도 같은 종에 속하므로 여기서 만난 것도 같은 이름을 사용하기로 했다.

이 종은 함경북도에서도 왜지치와 같은 곳이거나 거의 유사한 환경에서 이웃하여 살고 있지 않을까. 이 알타이에서 퍼져나가 어쩌면 한라산까지 확산했다가 점차 영역을 축소하면서 한반도의 국경선까지 현재의 분포역을 가지게 되었을 것이다. 우리나라의 점나도나물속은 5종이 있다. 그중 귀화종인 양점나도나물(*C. glmeratum*), 전국 분포종인 점나도나물(*C. holosteoides*)을 제외하면 모두 북부지방 또는 한라산에 분포하는 북방기원의 종들이라 할 수 있다.

털봄맞이가 군데군데 군락을 이루며 지천으로 피어 있는데 비해서 다소 드물긴 하지만 바위틈에 그보다는 훨씬 큰 봄맞이꽃속 식물이 눈에 들어온다. 그런데 이 종은 그 정체를 알기 어렵다. 퍼진봄맞이(*Androsace laxa*, 학명의 의미를 살려 우리말 이름을 이렇게 붙인다)와 매우 흡사하지만 로제트모양을 이루는 잎, 잎의 모양과 색깔, 톱니의 형질, 무엇보다도 꽃자루가 매우 축약되어 있다는 점 등에서 현저히 달랐다. 알타이를 탐사하면서 이처럼 지금까지 보고된 종들과는 일치하지 않는 종들을 많이 만나게 된다. 이들에 대해서 추가적인 연구가 필요한 실정이다. 결국 우리는 탐사가 끝나고 검토 과정에서 이 종이 알타이봄맞이(*Androsace maxima*)임을 알게 됐다.

이 기회에 지금까지 만난 몇 종의 봄맞이를 살펴보자. 몽골에는 총 12종의 봄맞이꽃속 식물이 알려져 있다. 우리나라에는 5종이 알려져 있는데 그중 일부는 공통종이다. 그중에서도 명천봄맞이(*Androsace septentrfonalis*)는 단연 우리의 관심을 끄는 종이었다. 한반도에서는 함경북도 칠보산에서만 자라는 종이기 때문이다(Park, 2007). 세계적으로는 중앙에서 북부 아시아 및 북아메리카에 널리 퍼져 있

∧ 알타이봄맞이(*Androsace maxima*)

다(Chen *et al.*, 1990). 아시아로는 러시아, 몽골, 우즈베키스탄, 중국, 카자
흐스탄, 키르기즈스탄, 투르크메니스탄, 파키스탄, 그리고 한국에 분
포하는 것이다.

애기봄맞이(*A. filiformis*)는 우리나라 거의 전국에 분포하는 것으로
알려져 있다. 적응에 뛰어난 능력을 가지고 있는 종이 분명하다. 몽
골에도 널리 분포하고, 세계적으로도 러시아, 중국을 비롯한 유라시
아와 북아메리카에도 분포하고 있다.

꼬마봄맞이(*A. chamaejasme*)는 지면에 바싹 붙어 자라기 때문에 붙인
이름이다. 작지만 아름다운 종이다. 잎은 작고 로제트를 형성한다. 잎
가장자리에만 털이 있거나 간혹 표면에도 성기게 털이 있는 경우도 있
다. 이 종의 두드러진 특징은 3~8개의 꽃이 산형꽃차례를 형성한다는
점이다.

< 명천봄맞이(*Androsace septentrfonalis*)
> 애기봄맞이(*Androsace filiformis*)(위), 꼬마봄맞이(*Androsace chamaejasme*)(가운데),
　몽골봄맞이(*Androsace ovchinkovii*)(아래)

∧ 서역봄맞이(*Androsace fedtschenkoi*)

∧ 젖봄맞이(*Androsace lactiflora*)

몽골봄맞이(*A. ovchinkovii*)는 5cm 정도로 작은 식물이지만 다년생이다. 서시베리아, 알타이, 중앙아시아에 분포하는데 몽골에서는 이곳 알타이산맥을 기준으로 서쪽으로 분포한다. 이곳은 아마 이 종의 동한계선일 것이다. 따라서 이곳에서 동쪽으로는 분포하지 않는다는 의미다.

서역봄맞이(*A. fedtschenkoi*)는 서시베리아, 알타이, 그리고 중가리아, 텐샨, 파미르, 드물게 페르가나, 알라이, 트랜스 알라이 등 중앙아시아 일대에 분포한다. 몽골봄맞이보다 더 서쪽으로 치우친다. 이런 분포상의 특성을 고려하여 서역봄맞이로 하였다. 이 종은 지난 여러 차례 탐사 중에는 한 번도 모습을 드러내지 않다가 이곳에서 처음 만났다. 사실 종소명 '*fedtschenkoi*'는 러시아의 식물학자 보리스 페드첸코(Boris Fedtschenko, 1872~1947)를 기념하고자 지은 이름이다.

젖봄맞이(*A. lactiflora*)는 꽃은 물론이지만 식물체 전체가 젖 빛깔인 크림색을 띤다. 종소명 '*lactiflora*'는 '젖 빛깔을 띠는 꽃을 가지고 있는'의 뜻이다. 학명을 아주 그럴싸하게 지었다는 느낌이다. 이 종 역시 서시베리아, 알타이를 비롯한 중앙아시아에 주로 분포하므로 이곳에서 더 서쪽으로 치우쳐 분포되어 있지만 러시아의 극동까지 발견되므로 그 영역이 대륙의 동쪽 끝인 셈이다. 이 외에도 봄맞이꽃속의 식물은 몇 종 더 만났다.

알타이봄맞이(*A. maxima*)는 잎이 삼각상 장타원형으로 크다. 종소명 '*maxima*'가 '최고 수준의'라는 뜻이므로 최고의 경칭인 알타이봄맞이로 하였다. 중앙아시아와 유럽 그리고 북, 서아프리카에도 분포한다. 이곳은 우리나라 입장에서는 이 종을 볼 수 있는 가장 가까운 곳일 것이다.

고산식물이 사는 방식

　한여름이지만 해발 2,300m부터는 잔설이 보인다. 이 눈은 녹아서 어느 곳에서는 꽃밭을 적시고, 또 어느 곳에서는 땅속으로 스며들었다가 샘으로 솟아난다. 그리곤 다시 하나둘 모여 점차 큰 시내를 흐르다가 거대한 강을 이룬다. 7, 8월 두 달 동안은 이 높은 혹한의 산꼭대기도 이처럼 꽃으로 뒤덮인다. 고산식물은 어떻게든 얼어 죽지 않고 살아남아 자손을 남기는 방향으로 진화하지 않으면 안 된다. 가장 쉬운 방식은 종자 상태로 혹한의 계절을 넘기는 것이다. 열대지방보다 온대지방, 온대지방보다는 한대지방 식물들이 씨앗을 많이 남기고 형태도 단단하게 되는 것은 이 때문이다. 이런 식물들은 눈이 녹고 대지가 따뜻해지면 일시에 발아하여 꽃을 피운다. 그 다음으로는 땅속에서 겨울을 난다. 이 종들도 눈이 녹고 따뜻한 햇살이 비치면 서서히 꿈틀거리다가 일시에 꽃을 피우고 곤충을 받아들여 자손을 남길 준비를 하게 된다. 또 하나의 공통점은 몸에 털이 많다는 것이다. 아무래도 피부에 털이 많으면 체온을 유지할 수 있고, 바람이 세차게 불더라도 수분을 유지하는데 도움이 되기 때문이다. 다음 방식은 다육화하여 수분을 유지하고 독특한 성분을 생성하여 빙점을 낮추어 생명을 유지하는 전략이다. 7월 하순, 알락 할르한산 정상은 꽃들로 넘쳐난다. 이 꽃들은 너나할 것 없이 재빨리 수정하여 씨앗을 키우고 온전하게 성숙시켜 내보내야만 한다. 그러니 모든 꽃이 이렇게 한꺼번에 피는 것이다.

∧ 알타이산맥 알락 할르한산의 고산초원. 여름이 짧은 이곳은 7월 하순 일제히 꽃을 피운다.

정상의 바위틈에 핀 비단망초(*Erigeron eriocalyx*)는 개망초속으로 우리나라에는 망초, 개망초 같은 식물들이 지천에 자란다. 농부들에게는 아주 성가신 존재일 뿐 아니라 너무나 흔해서 그런지 그 꽃을 아름답다고 느끼는 사람은 많지 않은 것 같다. 자생하는 식물로는 백두산에 자라는 민망초와 구름국화가 있다(Chung, 2007). 종소명 '*eriocalyx*'는 그리스어로 '꽃받침이 비단으로 싸여 있는'의 뜻을 갖는다. 이런 명칭을 고려하여 비단망초로 이름을 붙였다. 이 꽃은 아직 꽃받침이 막 벌어지기 시작했다. 우리나라에서 잡초로 자라는 같은

∧ 비단망초(*Erigeron eriocalyx*)

∧ 얼음양지꽃(*Potentilla algidus*)

∧ 잿빛양귀비(*Papaver canescens*)

∧ 넉줄돌꽃(*Rhodiola quadrifida*)

속의 망초에 비하면 앙증맞을 정도로 예쁜 꽃이다. 이곳 알타이를 비롯해서 러시아(시베리아), 중국(내몽골, 시장의 해발 2,400~3,600m), 카자흐스탄, 유럽에도 분포한다. 수목한계선보다 높은 고산에 자라는 식물이다(Chen et al., 2011).

얼음양지꽃(*Potentilla algidus*), 얼마나 추운 데에서 자라기에 이름을 이렇게 지었을까? 종소명 '*algidus*'는 '얼음같이 차가운' 또는 '얼어붙은'의 의미를 갖는다. 속명 '*Potentilla*'는 양지꽃을 나타내므로 우리말 이름을 이렇게 붙였다. 이 식물은 북아시아에서 히말라야, 유럽에 자란다. 중국의 경우 신장의 해발 2,200~4,800m에 자란다. 줄기, 잎, 꽃받침 모든 곳에 하얀 솜털 같은 털이 덮여 있다(Li et al., 2003). 이러한 특징은 한라산 정상에 자라는 제주양지꽃과 돌양지꽃 등에서도 공통으로 나타난다. 잿빛양귀비(*Papaver canescens*)는 양귀비속 식물로 종소명 '*canescens*'가 '잿빛을 띠는' 또는 '회색으로 변하는'의 뜻을 가지므로 이렇게 우리말 이름을 붙인다. 중국에서는 알타이에 인접한 신장의 해발 1,500~3,500m의 고산에 자라며 러시아에도 자란다(Zhang et al., 2008). 사진에 나타난 식물체를 보면 온몸을 털로 감쌌을 뿐 아니라 그 털의 색깔이 잿빛을 띠고 있는 것을 볼 수 있다. 넉줄돌꽃(*Rhodiola quadrifida*)은 백두산에 자라는 좁은잎돌꽃과 북한 여러 산악에 자라는 돌꽃과 같은 속이다. 종소명 '*quadrifida*'가 '잎이 네 줄로 돌려나는'의 뜻이므로 넉줄돌꽃으로 이름 지었다. 선인장처럼 다육식물로 가뭄과 추위에 견딜 수 있는 구조를 가지고 있다. 마치 인삼처럼 굵은 뿌리에서 해마다 줄기가 나온다. 줄기에 달린 잎은 단면이 삼각형이다. 중국 신장의 1,300~2,700m의 고산에 자라고 러시아와 카자흐스탄에도 자란다(Fu et al., 2001).

소동을 일으킨 가시뿔회전초

　알타이로 오는 길은 끝없이 뻗어 있는 아스콘 포장길이다. 직선으로 건설된 도로는 마치 초등학생 시절 원근법을 배울 때 선생님이 칠판에 그려 보여주듯이 2개의 평행선이 저 멀리서는 하나의 점으로 합쳐지는 바로 그런 길이다. 이 길도 만들어진 지는 얼마 되지 않았다. 지표면이 평평한 사막이긴 하나 그래도 요철은 있기 마련이어서 군데군데 깎고 메운 흔적을 볼 수 있다. 공사가 끝난 지 얼마 되지 않은 길가엔 어떤 식물이 자랄까? 우리나라였다면 아마도 망초, 질경이, 민들레, 쇠무릎, 개비름 같은 종들이 흔히 보였을 것이다. 이런 궁금증이 발동하여 잠시 차를 세웠다. 황량하기 이를 데 없었다. 이 나라에선 표토가 벗겨지고 새롭게 성토가 되었더라도 식생으로 피복하려는 노력은 하지 않는가 보다. 하기는 이 넓은 면적을 어떻게 다 그렇게 할 수 있을 것인가. 도로부지를 평탄하게 고른 다음 아스콘을 포장하면 그만이다. 다만 간간이 물흐름을 자연스럽게 하기 위한 토관을 매설하고, 비포장 지선으로 출입하는 곳에 표지판을 새우는 정도가 추가되는 것 같았다.

　공법도 그러려니와 강수량도 적어서 식생 피복의 속도는 늦을 수밖에 없다. 역시 결과는 예상대로였다. 그냥 모래밭이라는 표현이 적당했다. 그래도 서너 종류의 국화과와 십자화과 등을 촬영하고 차에 올라타면서 조금 생소해 보이는 작은 풀 한 포기를 채집했다. 나는 이 순간까지도 석죽과의 한 종이 아닐까 하고 생각하고 있었다. 그런데

∧ 알타이 시내의 게르

다시 보는 순간, 야! 이건 내 짐작과는 완전히 다른 종이 아닌가. 뿐만 아니다. 도저히 어느 과에 속하는지 가늠하기조차 불가능이었다. 어쩔 수 없이 줌베렐마 박사에게 도움을 청했다. 그런데 그 대답이 더욱 우리를 놀라게 했다. 자신도 처음 보는 식물이라는 것이다. 순간 자동차 내는 작은 소동이 일었다. 새로움에 대한 기대가 가득했다. 자동차는 전속력으로 달리고 있었다. "송 박사! 아무래도 다시 내려서 이 표본을 확보해야지 않겠나?" "다시 내린다고 그 식물을 볼 수 있을까요?" 그는 부정적이다. 그래도 처음 채집한 내가 느낌이 빨랐다. 이 도로변엔 분명 있을 것이란 예감이다. 일단 내리고 보자. 모든 대원이 하차했다. 표본이란 꽃이나 열매 또는 그 둘 다를 가지고 있으면 좋다. 그러면 그 식물의 형질을 많이 볼 수 있으니까. 우리는 그런 표본을 찾지 않으면 안 된다. 예상보다 쉽게 표본을 찾을 수 있었다.

식물체는 전체적으로 직경 10~20cm의 공모양이다. 가지는 밑에서부터 차상분지를 하고 있다. 줄기 끝에서 똑같은 2개의 가지가 생기

∧ 알타이시 도로변에 자라는 가시풀회전초(*Ceratocarpus arenarius*)

∧ 가시풀회전초(*Ceratocarpus arenarius*) 열매

고, 이 가지 끝에서 같은 두 개의 가지가 생기는 식으로 반복하여 가지치기한다. 잎은 납작한데 선형인 것과 창날모양인 것이 섞여 있다. 그 끝부분은 아주 예리한 바늘처럼 생겼다. 꽃은 아주 작아서 육안으로 보기 어려울 정도인데 잎겨드랑이에 하나씩 핀다. 열매는 거꾸로 된 쐐기모양인데 끝부분의 양쪽 모서리에 아주 예리한 가시가 마치 뿔처럼 난다. 처음 채집한 표본에는 이 열매가 가득 달렸는데 이걸 우리는 잎이라고 판단했기 때문에 문제가 시작되었던 것이다. 여러 자료를 검토한 끝에 이 식물은 비름과의 가시뿔회전초(*Ceratocarpus arenarius*)임을 알게 되었다(Zhu et al., 2003). 북아메리카의 사막에도 이와 비슷하게 생긴 종이 있는데 겨울에 밑에서 잘려 공처럼 구른다고 해서 회전초라고 한다. 여기에서 채집한 종은 특히 열매의 가시 뿔이 특징적이고 역시 공모양의 풀이라는 뜻에서 이렇게 이름 붙인다. 이 종은 몽골 서북에 자라는데 주로 유목민들의 캠프 주변, 움직이는 모래 사막, 길가나 사용하다가 버려진 곳에서 자란다. 드문 종이지만 최근 도로 공사가 활발해지면서 이 종이 살기에 적합한 환경이 확대되어 개체수가 증가하고 있는 것으로 보인다. 아프가니스탄, 파키스탄, 러시아의 남동부 등 중앙 및 서남아시아, 중국(신장)에도 분포한다. 전체적으로 보면 몽골의 서북지방과 중앙아시아 요소로 볼 수 있다.

✱ 알타이 풍경

알타이시는 고비알타이아이막에 있으며, 몽골 서부 지역 최대도시다. 해발 2,213m에 위치한다. 알타이시라고는 하지만 이 소재지 자체의 공식명칭은 예송불락솜(Yesönbulag Sum)이다. 고비-알타이주 만이 아니라 몽골 서부의 최대 도시로서 이 일대의 정치, 문화, 경제의 중심지라 할 수 있다. 중앙아시아와 인접한 러시아 사람들에게까지 경제활동에 영향을 미치고 있다. 기후는 아북극의 영향을 받아 춥고 건조하

∧ 알타이시

∧ 결혼축하연

며 국지적으로 영구동토가 형성되어 있다. 연평균 기온 -1.6℃, 연평균 최고 기온 30℃, 1월 평균 -24.8℃, 지금까지 기록한 최저 기온은 -42.1℃이다. 강수량은 연평균 175.9mm에 불과하다. 그나마 6~8월에 집중한다.* 나머지 기간에는 거의 비가 내리지 않는다고 보면 된다.

도시의 풍경은 그야말로 시간의 혼합이다. 시청, 법원 등 각종 관공서들이 늘어선 중심은 현대식이다. 자동차가 교통의 일반적 수단이고, 주거지역에는 아파트와 현대식 단독주택들이 늘어서 있다. 시장이라고 할 수 있는 대형 마트가 있어서 식료품과 여타의 생필품을 언제나 구입할 수 있다. 그 인근의 전통 재래시장에는 나무나 가축의 분변으로 된 땔감을 거래하는 모습을 흔히 볼 수 있다. 조금만 외곽으로 옮기면 전통 가옥인 게르촌이 형성되어 있다. 이러한 풍경은 몽골의 도시 어느 곳에서나 볼 수 있다. 유목에서 정착 단계로 이행하고 있음을 알 수 있다. 제주도의 경우도 이제 시골의 전통적인 가옥들이 점차 빈집으로 바뀌거나 별장으로 개축되고 주거 형태가 아파트로 바뀌고 있는 것과 유사한 현상이다.

우리가 저녁식사를 주문한 호텔 식당에선 마침 결혼축하연이 열리고 있었다. 신부의 드레스는 서양식에서 몽골식이 가미된 스타일이었다. 신랑은 턱시도에 나비넥타이 차림으로 우리나라와 비슷했다. 어르신들은 대부분 몽골식 델 복장이었다. 이러한 풍경들 역시 우리나라에서 한복을 입는 것과 같은 모습이라고 할 수 있을 것이다. 새로운 가정을 꾸리는 이들에게 부조는 어떻게 할까? 우리는 대부분 현금으로 하는 게 보통이다. 그런데 이곳에서는 말, 양, 염소 등 가축을 5~10여 마리 정도 준다고 한다. 유목민다운 부조 형태다. 이들은 이를 데리고 다시 초원으로 나갈 것이다.

---

*   NOAA(1961-1990). 2013. Altai Climate Normals 1973-1990. National Oceanic and Atmospheric Administration. Retrieved January 13, 2013.

소금 위의 레이디 붉은모래나무

알타이시에서 저녁식사를 마치니 한국 시간으로 19시 50분이다. 해는 아직도 꽤 높이 떠 있다. 여행을 떠날 만 했다. 우리는 경비도 절약해야 하고 조금이라도 일정을 줄여야 한다는 강박관념 같은 걸 항상 가지고 있었다. 날씨는 화창하고 바람도 세지 않은 쾌청한 날씨다. 뜨거운 햇살을 맞는 것보다는 지금이 오히려 나을 수도 있다. 갈 데까지 가보자. 시원하게 뻗은 아스콘 포장길을 내달렸다. 가자, 저 지평선 너머로! 이런 평지에서는 사람 키 정도밖에 되지 않는 작은 것이라 해도 멀리서 볼 수 있다. 그러니 오보는 꽤 높아 보인다. 몽골 대원들은 이런 오보를 이정표 삼아 거리를 가늠하거나, 어떨 때는 오보를 수호신으로 생각하는지 그 주변에서 야영하기도 한다. 이것은

∧ 붉은모래나무(*Reaumuria soongarica*)

∧ 멀리 알타이산맥이 바라보이는 사막. 짧은잎뿌리나무와 붉은모래나무가 주로 자라고 있다.

아마도 외부와 통신이라도 해야 하는 상황이라면 랜드마크로서 아주 유용할 것이기 때문이다. 한 시간을 달려 오후 8시 50분, 어느 정성스레 쌓아 올린 오보 근처에서 야영을 하기로 마음먹었다. 출발지에서 50km 북쪽으로 떨어진 곳이다. 사방은 탁 트였으나 어림잡아 약 10km 남쪽으로 나지막한 산줄기가 보이고 서쪽으로는 약 20km 정도 멀리에 매우 웅장하고 굴곡이 심해 보이는 산맥이 남북으로 길게 놓여 있었다. 저녁 햇빛에 황색으로 찬란하게 반사되고 있었다. 알타이 산맥의 일부다. 자동차, 텐트, 사람, 카메라 삼각대의 그림자가 길게 드리워진다. 주위에 듬성듬성 자란 반관목들의 키는 불과 10cm 남짓, 이 식물들조차 기다란 그림자를 만들어 내고 있다. 각자 자기의 맡은 바 임무를 하느라 분주하다. 주변 식물들을 조사하고, 촬영하는 건 기본이다. 물론 일정을 점검하고 야참을 준비하는 것도 필수다.

이 일대의 식물은 지금까지 사막을 지나오면서 봤던 종들과 크게 다르지 않다. 가장 많은 종은 앞에서 자세히 다뤘던 짧은잎뿌리나무(*Anabasis brevifolia*)다. 이 종 만큼이나 많은 식물이 붉은모래나무(*Reaumuria soongarica*)다. 이 종의 우리말 이름을 짓기가 참 난감하다. 속명 '*Reaumuria*'는 프랑스 수학자이자 박물학자 레오뮈르에서 따온 이름이다. 종소명 '*soongarica*'는 준가르 또는 준가리아(Dzungaria)가 어원이다. 그러니 학명이 의미하는 바를 직역한다면 준가리아의 레오뮈르 정도 되겠지만 이건 우리나라 사고방식으로는 통하기 어려운 말이 된다. 이 종은 위성류과에 속한다. 우리나라에는 같은 과에 속하는 식물로 위성류(*Tamarix chinensis*) 한 종이 있을 뿐이다. 그렇다고 해도 속이 다르고 크게 자라는 나무인데다 식물체가 주는 느낌이 확연히 다르므로 이 이름과 연관시키기도 애매하다. 그래서 중국에서 부르는 이름을 참고하여 붉은모래나무로 했다. 이 종은 사진에서 보듯이 작고 단아하며 항상 깔끔한 느낌을 주어 숙녀를 연상하게 하는데, 그 자라는 곳이 소금기가 너무 많아 다른 식물이 살기 어려운 곳이다. 1797년 러시아 과학원 연보에 최초로 등장하지만 오늘날의 학명은 1889년 『탕구트식물지』에서 명명한 것이다. 이 종을 처음 채집한 곳은 준가리아였는데 그 곳은 여기서 보이는 저 알타이산맥을 넘으면 시작되는 곳이다.

∧ 붉은모래나무(*Reaumuria soongarica*)잎 표면엔 소금결정이 맺혔다(꽃(위), 열매(아래)).

✱ 80℃에서 끓는 물

붉은모래나무는 몽골에서는 최서단인 이곳 알타이에서 최동단인 동몽골까지 분포한다. 다만 자라는 곳은 모래나 자갈로 되어 있으면서 극단적으로 건조한 곳이다. 식물체의 표면에 달라붙은 하얀 결정체들은 소금이다. 이것은 염분 농도가 높은 물에 젖은 후 증발하고 난 후에 생긴 것이 아니다. 소금기가 많은 토양에서 물을 빨아들이면서 체내로 들어 온 염분을 체외로 배출하여 생긴 것이다. 몽골 외에 중국(중앙아시아에 연한 지역), 러시아(서시베리아), 중앙아시아의 발하쉬호 주변, 준가리아에 널리 분포한다. 발하쉬호는 카자흐스탄에서 카스피해 다음으로 큰 호수면서 전 세계적으로 14번째 큰 호수다. 동서로 좁고 길게 형성되어 있는데 신기하게도 호수의 서쪽 부분은 민물인데 동쪽 부분은 염분이 높은 염호라고 한다. 이 식물을 처음 채집한 곳은 준가리아의 자이산호 주변인데 이 호수는 알타이산맥과 타르마가이산맥 사이에 있다. 준가리아란 정수일의 『실크로드 사전』에 따르면 톈산산맥과 알타이산맥으로 에워싸인 여러 오아시스들과 드넓은 사막지대로서 예로부터 유목민들의 활동지였다. 15세기 이후에는 4개 부족으로 구성된 오이라트 몽골족의 근거지가 되었다. 준가리아는 톈산의 북쪽 기슭 비슈발리크에서 준가리아를 거쳐 이리와 수이아브에 이르는 톈산북로 초원의 요지이다. 그러므로 역사적으로는 항상 중앙아시아 쟁탈전의 주 무대였으며, 근대사를 보더라도 1, 2차 대전을 거치는 동안 러시아, 중국, 미국, 유럽 등의 경쟁 무대로 등장하는 곳이다. 한편 탕구트는 티베트와 중국 서북부 칭하이 지방 사이에 펼쳐지는 초원으로, 역시 중앙아시아 요충지의 하나다(정, 2014). 강대국들이 식물조사를 한다는 건 머지않아 전쟁이 일어날 조짐이다. 이 식물의 속명 레아무리아(Reamuria)는 1759년 린네가 처음 썼다. 그는 이 단어를 프랑스 과학자 레오뮈르(René Antoine

Ferchault de Réaumur, 1683~1757)를 기념하기 위해 사용했다. 레오뮈르는 수학자면서 박물학자였는데 특히 곤충학에 관한 논문을 많이 남겼다(Egerton, 2006). 그의 성과로 널리 알려진 것은 온도계를 만들었다는 것이다. 레오뮈르 온도계는 물이 어는점을 0, 끓는점을 80으로 하여 80등분한 눈금을 1℃로 한다. 지금 우리가 흔히 쓰고 있는 섭씨온도는 1기압에서 물이 어는점을 0, 끓는점을 100으로 하여 100등분한 것이다. 화씨온도는 물이 어는점을 32, 끓는점을 212로 정하고 그 사이를 180등분한 온도 눈금이다(Simons, 2007; Herbert, 1952). 현재 우리나라에선 섭씨온도를 쓰기 때문에 물은 100℃에서 끓는다고 한다. 그러나 미국에선 화씨온도를 쓰므로 물은 212℉에서 끓는다고 한다. 그러므로 당연히 레오뮈르 온도계를 쓸 당시에는 물이 80℃에서 끓는다고 표현했던 것이다.

∧ 사막의 나래새군락

초원의 주인공 나래새

　저 푸른 초원, 몽골을 연상할 때면 늘 떠오르는 말이다. 실제 몽골에 도착하면 공항에서부터 초원을 마주하게 되고 다른 어디를 가든 초원이 아닌 곳이 없다. 한여름 이곳을 방문해 보면 말을 타거나 자동차를 타거나 심지어 비행기를 타도 푸르디푸른 초원을 보게 된다. 그러니 몽골은 초원의 나라라고 생각하는 건 당연하다. 사실 몽골만이 아니라 중앙아시아 대부분이 이런 초원으로 되어 있다. 그러니 자연스럽게 유목을 하게 되었는지도 모른다. 그렇다면 이 초원에서 가장 많은 식물은 어떤 종일까? 푸른색 아닌 식물이 어디 있을까마는 그래도 그중에 어떤 종이 이토록 몽골의 초원을 푸르게 만드는 것일까? 필자가 몽골 초원에 처음 발을 내디뎠을 때 가장 궁금했던 것은 바로 이 물음이었다. 실제로 몽골 학자에게 한 첫 질문도 바로 이것이었다. 당시의 답변 역시 그러했지만 그 후 10여 년의 탐사를 통해서 몽골 초원에 가장 흔한 것은 바로 나래새속(*Stipa*)의 식물들임을 알게 되었다. 이른 봄에 지하경에서 싹이 나와 1m 가까이 긴 잎을 낸다. 바람이 불면 부는 대로 누워있다가 일어난다. 마치 한라산 중산간에서 흔히 볼 수 있으면서 제주 초가지붕을 이는 띠(*Imperata cylindrica*)와 같은 느낌을 준다. 몽골 초원에서 쌍자엽식물 중에서는 쑥 종류가 가장 많이 분포하고 있다면 단자엽식물 중에서는, 아니 전체적으로도 단연 이 나래새 종류가 가장 많을 것이다. 그러므로 나래새는 초원의 주인공이라 할 수 있다. 다만 이 종은 거의 모든 가축이

즐겨 먹기 때문에 성할 날이 없다. 그러니 자신이 원래 모습을 보여 줄 만큼 자랄 시간도 없다. 방문객이 볼 수 있는 나래새의 모습이란 거의 대부분의 경우에 새싹이 돋아나는 봄이거나 이른 여름인데 이 시기엔 가축의 먹이 활동도 왕성할 때다. 뜯기고 뜯겨 겨우 몇 센티미터 정도 밖에 남아 있지 않다. 마치 골프장의 소위 양잔디라고 하는 버뮤다그라스나 캔터키그라스 같은 종들이 잔디 깎는 기계로 바짝 깎여 정상적으로 자라면 40cm도 넘게 자랄 것을 불과 5cm도 채 남아 있지 않은 상태와 같다. 오늘 우리가 탐사하는 루트에서도 작게는 수천 m²에서 커봐야 수만 m² 정도의 나래새 군락을 볼 수 있을 것이었다. 이와 같이 광활한 나래새 군락을 볼 수 없는 이유는 이 일대가 주로 자갈이나 모래로 되어 있는 사막으로서 극심한 건조지대기 때문이다. 그래도 잘 형성된 나래새 벌판은 수 km²에 이르는 것이 보통이다.

　우리가 알타이시에 도착하기 직전 자동차 타이어에 펑크가 났다. 사실 몽골 초원에서 자동차 고장으로 도움을 청하는 장면은 아주 흔하다. 고비사막을 탐사할 때는 어떤 고장으로 3일간이나 부속이 도착하기를 기다리는 대형트럭을 만난 적도 있었다. 자동차가 멈춘 곳은

∧ 자갈나래새(*Stipa glareosa*)

∧ 초원국화(*Ajania fruticulosa*)

마침 나래새 군락이었다. 덕택에 짧은 시간이나마 탐사하게 되었다. 여기는 가축이 비교적 적은지 나래새의 상태가 아주 좋았다. 그래도 나래새 종류들은 몽골에서 17종이나 될 뿐만 아니라 이삭이나 까락 같은 꽃과 열매의 형질이 없이는 종을 구별하기가 쉽지 않다. 다만 전체적인 특징을 볼 때 자갈나래새(*Stipa glareosa*)로 동정되었다(Grubov, 1982). 종소명 '*glareosa*'가 '자갈이 많은 곳에 자라는'의 뜻을 가지므로 우리말 이름을 이렇게 지었다. 그 외에도 몇 종의 식물들을 볼 수 있었다. 지금 꽃이 피어 있는 종으로 초원국화(*Ajania fruticulosa*)가 눈에 띈다. 이 식물의 속명 '*Ajania*'는 러시아 하바롭스크 아얀(Ayan)의 이름을 따서 지은 것이다(Tsvelev, 1995). 우리나라에 이와 같은 속 식물은 아직까지 알려진 바 없다. 국화과 식물이면서 외모가 전체적으로 소형이라는 점을 제외하면 재배하는 국화와 아주 닮았다. 또한 몽골 외에도 러시아, 중국, 카자흐스탄, 투르크메니스탄의 초원과 사막에 널리 분포하므로 우리말 이름을 이렇게 지었다. 제주도에 분포하는 종으로는 엄밀한 의미에서 같은 속 식물은 아니지만 가을에 산야를 노랗게 물들이는 산국과 감국을 비롯해 남구절초, 한라구절초 등이 혈연적으로 가까운 종들이다.

✱ 한라산 식물의 한 북방 요소 나래새

나래새속 식물은 전 세계에 대략 100종이 있는 것으로 파악되고 있다. 이들은 대부분 아시아와 유럽의 온대와 난대, 특히 건조한 지역에 자란다. 몽골에 17종, 중국에 23종이 분포한다. 우리나라에는 네 종이 분포하고 있다(Lee, 2007). 자료에 따르면 참나래새(*Stipa coreana*)는 경기도, 충청북도, 전라남도(내장산)에 자라는데 중국과 일본에도 분포한다고 한다. 수염풀(*Stipa mongholica*)은 우리나라에서는 백두산에 분포하는 것으로 알려져 있는데 이곳 몽골에서 중국을 거쳐 러시아의 시베리아까지 널리 퍼져 있다. 가는잎나래새(*Stipa sibirica*)는 백두산을 포함한 북한지방의 고지대에 널리 분포하고 있는 종인데 이곳 몽골 초원에도 널리 분포하며, 중국과 러시아는 물론 코카서스와 히말라야에 걸친 아주 넓은 지역에 자라고 있다. 나래새(*Stipa pekinensis*)는 제주도를 포함한 한반도 전역에 분포하는 종이다. 우리나라와 이웃하고 있는 중국과 일본은 물론이고 러시아의 아무르, 쿠릴, 사할린, 시베리아 일대에 공통으로 자라는 종이다.

국립산림과학원 난대아열대산림연구소 표본실에는 제주나래새(*Stipa coreana* var. *japonca*)와 나래새의 표본이 있다(Kim, 2013). 참나래새의 한 변종인 제주나래새는 서귀포시 색달동에서 채집한 것으로 우리나라에서는 제주도에만 자란다. 여러 문헌에서 참나래새는 제주지역에 없는 것으로 기록되어 있는 점을 고려할 때 이는 다른 사실로서 주목된다. 외국으로는 일본에 자라는 것으로 알려져 이 속의 다른 식물들과 비교해 보면 비교적 좁은 지역에 분포하는 종이다. 나래새 역시 주목되는 종이다. 이 종은 한반도, 중국, 일본은 물론이려니와 시베리아, 아무르, 쿠릴, 사할린 등 주변국과 북방의 광활한 지역에 분포하는 종이다. 한라산에 분포하는 식물 중 북방 요소 중의 하나다.

∧ 제주도에 자라는 제주나래새(*Stipa coreana* var. *japonca*) 표본

사막의 신선채소 부추

탐사대는 알타이산맥의 남쪽 끝에서 최북단을 향해서 종단하고 있다. 막연하게나마 알타이라고 하면 고비사막과는 달리 어느 정도 숲이 있고 푸른 초원도 광대하게 펼쳐져 있는 곳으로 생각하기 쉽다. 그러나 지금 우리 앞에 펼쳐진 광경은 그와는 거리가 멀다. 여기도 고비사막과 크게 다르지 않다. 물론 간간이 나래새를 비롯한 풀들과 짧은잎뿌리나무와 붉은모래나무 같은 반관목들로 되어 있는 벌판이 없는 건 아니다. 그러나 고비사막에서도 이 정도 식생은 볼 수 있다. 지금 눈앞에 펼쳐진 식생들은 한여름에도 불구하고 마치 추수를 앞 둔 가을의 들녘처럼 온통 황갈색이거나 회록색이다. 싱싱하지가 않 다. 계절적으로 가을이 빨리 온 것일 수도 있고 뜨거운 햇빛을 반사 하기에 유리한 색깔을 한 종들이 많은 탓일 수도 있다.

직경 10cm 내외의 자갈에서 아주 작아서 가는 모래 정도까지 땅은 그렇게 되어 있다. 흙이라고는 거의 보이지 않는다. 하늘에서 내리쬐 는 햇살과 이를 받아 뜨거워진 땅에서 반사하는 열기로 사막은 달구 어져 있다. 온통 그럴 것 같은 사막에서도 간간이 이른 봄 새싹이 파 릇파릇 돋아난 것 같은 푸른 들판을 만나게 된다. '야, 이건 또 어떤 종일까?' 이렇게 넓은 들판을 푸르게 장식한 식물, 이렇게 메마른 사 막에서 싱싱함을 잃지 않는 식물, 바로 부추의 일종이다. 파, 마늘, 부 추, 모두 같은 과 같은 속이다. 수선과 부추속에 속하는 종들이다. 한 국사람 입장에서 보면 재배하는 채소라는 인식이 너무 강하여 부추

∧ 광활한 야생 부추 군락

종류가 설마 이렇게 넓은 면적에 군락을 이루어 살고 있는 야생식
물일 것이라고는 상상도 못할 것이다. 오로지 평평한 사막일 뿐. 대
부분 풀 한포기 자라지 않는다. 그런 평원을 달리다가 어느 부추 밭
에 내렸다. 잎의 길이는 20cm 남짓, 한포기가 한 줌 정도 된다. 1m²에
2~3포기 정도 자라고 있다. 전체 면적은 약 2km² 쯤 돼 보인다. 몇 종
이 섞여 있기도 하지만 거의 80% 이상이 이 부추였다. 표본을 채취하
고 보니 뭉치뿌리부추(*Allium polyrrhizum*)다. '*Allium*'은 '마늘'이란 뜻
이니 '부추'를 나타내고 '*polyrrhizum*'이 '뿌리가 많은'의 뜻이므로 이
렇게 이름 지었다. 실제로 이 식물을 캐보면 지하부에 많은 뿌리가
뭉쳐져 있다. 뿐만 아니라 해묵은 잎들이 마른 채로 떨어지지 않아
마치 솜털처럼 덮여 있다. 이는 찬바람과 건조를 막아 추위와 가뭄
에 견딜 수 있게 한다. 몽골 외에 러시아, 중국, 카자흐스탄에도 분포
하는데 역시 건조지에 분포한다. 부추, 마늘, 파 같은 채소들이 우리
나라에서도 흔히 재배하고 거의 매일 밥상 위에 오르지만 사실은 이
처럼 선인장 못지않게 건조한 환경에 적응한 다육식물이라는 사실은
잊고 산다. 사막과 초원으로 대표되는 몽골에는 넓은 지역이 연 강수
량이 불과 200mm도 안 된다. 그럼에도 부추 종류가 많은 것은 이때

∧ 뭉치뿌리부추(*Allium polyrrhizum*)의 꽃(왼쪽)과 묵은 잎(오른쪽)

∧ 몽골부추(*Allium mongolicum*)

∧ 실부추(*Allium anisopodium*)

문이다. 물 한 방울 없는 메마른 사막에서 몸 안 가득 물을 머금고 있
다가 가축의 목을 축여 주고 결국에는 사람에게도 수분을 제공해 주
는 사막의 신선채소인 셈이다.

　이번 탐사에선 뭉치뿌리부추 외에 2종류의 부추를 더 만났다. 몽
골부추(*A. mongolicum*)도 그중 하나다. 학명은 몽골에 자라는 부추라
는 뜻이다. 몽골 내에서 이 종은 동몽골에서 서몽골까지 분포하지만
주로 남쪽과 지금 우리가 탐사하고 있는 서쪽 지역에 치우친다. 흔
한 편은 아니다. 지리적으로 보면 뭉치뿌리부추와 거의 같은 지역
에 분포한다. 또 한 종은 실부추(*A. anisopodium*)라는 종이다. 종소명
의 '*anisopodium*'은 '발의 길이가 서로 다른'의 뜻이다. 아마도 같은 화
서 내에서도 작은 꽃자루들이 서로 길이가 다른 데서 착안한 것으로
보인다. 이 식물은 카자흐스탄, 러시아, 중국을 거쳐 우리나라에까지

분포한다(Xu et al., 2000). 분포가 광범한 바와 달리 실제 분포지에서 이 종을 보는 건 행운이랄 수 있다. 『한국 속 식물지』에는 강화도에 분포하는 것으로 되어 있다(Oh, 2007). 그러나 평양에서 발간한 『조선식물지』에는 북부와 중부에 자란다고 되어 있다. 다만 이 종의 국명을 쥐달래라고 하여 다르게 부르고 있다(임, 1976).

✱ 부추, 마늘, 파

이들은 모두 알리움속(*Allium*) 식물이다. 알리움이라는 속명은 라틴어로 마늘(Garlic)을 의미한다. 이 속명은 1753년 린네가 처음 썼는데 마늘이 가지고 있는 냄새 때문에 그리스어 '피하다'를 뜻하는 'Aleo'에서 유래했다는 기록이 있다(Block, 2010). 이 속명의 우리말 명칭은 부추속이다. 그러나 북한에서는 파속이라고 하고 있다. 서양에서는 마늘을 가장 먼저 기재했거나 또는 가장 대표적인 식물로 보고 있는 반면 우리나라에서는 부추를, 북한에서는 파를 그렇게 보고 있다. 부추속 식물은 전 세계에 660종이 알려져 있다. 주로 아시아에 분포하고, 일부 종이 아프리카, 중앙 및 남아메리카에 자라고 있다(Grubov, 1982). 몽골엔 52종이 분포한다. 우리나라엔 14종이 알려져 있는데 그중 5종이 재배종이고 나머지 9종이 자생종이다(Oh, 2007). 이웃하는 중국에 138종(Xu et al., 2000), 일본에 12종이 자란다(Makino, 2000). 중앙아시아도 80여 종이 분포하는 것으로 알려져 있다(Grubov, 2002). 분포 경향을 보면 대체로 아시아의 건조한 지역이 분포 중심이라고 할 수 있다.

우리나라에서 부추속은 북한에만 분포하는 종이 산파(*Allium maximowiczii*), 노랑부추(*A. condensatum*), 털실부추(*A. anisopodium* var. *zimmermannianum*) 3종, 그 외로는 대체로 한반도와 제주도에 공통으로 분포하고 있다. 제주도까지 분포하는 종으로는 달래(*A.*

∧ 한라부추(*Allium taquetii*)

monanthum), 산달래(*A. macrostemon*), 한라부추(*A. taquetii*), 산부추(*A. thunbergii*) 4종이다. 그중 한라부추는 한라산 특산식물이다. 결국 부추속 식물은 중앙아시아를 중심으로 분화해 중국, 시베리아를 거쳐 한반도로 영역을 확장하여 일본 열도까지 퍼졌다. 그중 한라산에는 몽골을 포함한 중앙아시아, 중국, 시베리아와 공통종도 분포하지만 별개의 종으로 진화한 한라부추가 있다. 이와 같이 한라산에 분포하는 식물들은 확산하여 들어온 종과 적응을 통해 진화한 종들이 함께 있다.

건조에 살아남은 자,
곰팡이밑동나무

끝없는 사막이다. 어젯밤 야영했던 곳은 알타이에서 50km 북쪽, 우리는 지금 그곳에서도 약 150km를 더 진행하고 하고 있다. 우리가 가는 이 고속도로같이 잘 포장된 도로는 알타이에서 몽골 서북부의 중심이라 할 만한 도시, 호브드로 가는 길이다. 아침에 출발한 지 얼마 되지 않아 보였다가 사라지고, 사라졌다가 다시 보이는 설산이 있었다. 이 산은 알타이시에서 좀 지나면 보이기 시작하는데 150km쯤 왔을 때부터는 그 모습이 뚜렷해졌다. 알타이산맥 중에서 웅장하게 솟은 봉우리, 꼭대기 부분은 완전히 만년설로 덮여 있다. 이 뜨거운 7월의 사막 한가운데 이런 만년설을 보게 되다니 놀라울 따름이다. 이 산은 세츠세그산(Tsetseg Uul)이다. 지난해 알락 할르한산 탐사 당시 정상에서 바라봤던 웅장하게 솟은 눈 덮인 산, 바로 그 산이다. 이 산의 정상은 해발 4,090m이다. 우리는 당시 저 산을 다시는 볼 수 없는 머나먼 세상 밖의 그 어느 곳으로만 생각했었다. 그런데 이곳에서 다시 보게 되다니 정말 감격스러운 장면이다.

불간솜(Bulgan Sum)을 지나고 있다. 작지만 아름다운 마을이다. 이곳까지 오면서 몽골 서부의 사막, 알타이산맥, 그리고 이곳에 살고 있는 사람들을 볼 수 있었다. 사막은 텔레비전 다큐멘터리에서 보듯이 움직이는 모래로 된 곳은 아니다. 자갈과 모래, 간간이 흙과 같은 토양도 보이는 사막스텝에 가까웠다. 나래새 군락, 짧은잎뿌리나무와 붉은모래나무 군락, 부추 군락을 볼 수 있었다. 칼륨나무 군락

∧ 만년설로 덮여 있는 알타이산맥의 세츠세그산

도 여러 곳에서 매우 넓게 형성되어 있었다. 그 외에도 여러 종류의 식물들이 군락을 이루고 있다. 멀리 세츠세그산이 보인다. 우리는 그곳까지 가 볼 수 없는 아쉬움이 진한 만큼이나 가능한 조금이라도 더 가까이 가는 것이 중요했다. 산 정상은 만년설로 덮였으니 물은 충분하나 너무 추워 식물이 살 수 없다. 그러나 이곳, 우리가 서 있는 곳은 물론 여름 한철이긴 해도 따뜻하다 못해 너무 뜨거울 정도다. 물은 한 방울도 없다. 그러니 건조에 견딜 수 있는 자들만이 살아남았다. 여기까지 오는 동안에도 여러 번 봤지만 이곳은 비름과에 속하는 곰팡이밑동나무(*Eurotia ceratoides*) 군락이다. 속명 '*Eurotia*'는 곰팡이를 뜻하는 그리스어 '*Euros*'에서 나온 말이다. 잎의 모양을 빗대어 이렇게 붙였다고 한다. 종소명 '*ceratoides*'는 '뿔모양의' 또는 '뿔모양의 돌기를 갖는'의 뜻이다. 그러므로 학명의 뜻은 '뿔모양 돌기를

∧ 곰팡이밀동나무(*Eurotia ceratoides*) 군락(위)과 잎(아래), 현재 개화한 상태이나 꽃은 육안으로 보이지 않을 만큼 작다.

갖는 곰팡이모양 잎 밑동나무' 정도 될 것이다. 밑동나무는 반관목을 뜻하는 단어로서 이전에 뿌리나무라 했으나 좀 더 의미를 선명하게 하기 위하여 이렇게 했다. 사실 뿌리 부분이 나무라기보다 밑동 부분이 나무이기 때문이다. 이 일대 곰팡이밑동나무들은 높이 50~60cm, 직경 역시 이 정도의 크기다. 100m² 당 10개체 정도가 자라고 있다.

✱ 오보 혹은 어워

몽골의 풍물 중에서 단연 눈길을 끄는 것이 있다. 몽골을 여행하다 보면 자주 만나게 되는데 특히 탐사를 위해 오지를 다니다 보면 그 모양, 크기, 위치 등이 아주 다양하다. 바로 오보라고 알려진 신앙의 한 요소다. 몽골 사람들은 이 오보에 경배를 하기도 하고 오보제라고 하여 제사를 지내기도 한다. 우리 탐사대의 몽골대원 엥헤는 이 오보를 지날 때면 차에서 내려 특별히 준비한 술을 뿌리면서 이 오보를 왼쪽에서 오른쪽으로 한 바퀴 돈다. 그런데 가끔 그가 하는 행동을 보면 모든 오보에 그렇게 경배하는 게 아니라 특정한 오보에서만 그런 것 같았다. 이들에게 이 구조물의 이름을 물어보면 우리글로 정확하게 표기할 순 없지만 '어워'라고 발음하는 것으로 들린다. '오보'라고 하는 것 같지는 않다. 그러므로 우리나라의 여러 자료나 인터넷을 찾아봐도 오보 또는 어워를 혼용해서 쓰고 있음을 알게 된다. 간혹 오부라고 하는 경우까지 있다. 영문 표기는 'ovoo' 또는 'oboo'다. 이것은 아마도 러시아 알파벳에 대응하는 영어 알파벳으로 옮기면서 이런 혼란이 생기는 것 같다. 러시아 알파벳을 영어 알파벳의 대응 문자로 옮긴다고 해서 발음까지 똑같이 대응하는 건 아니기 때문이다. 이 문제는 아주 주의해야 한다. 제주어에는 몽골어 요소가 많다고 한다. 이런 부분을 간과하고 논쟁을 벌이는 경우를 간혹 볼 수 있기 때문이다.

이 오보라는 것은 언제부터 몽골에 있었을까? 박원길의 논문 「몽골의 오보 및 오보제」를 보자(박, 1996). 몽골 제국 시대에 여행자들의 여행기나 사신단의 일원으로 다녀오면서 기록한 보고서들이 있다. 마르코 폴로의『동방견문록』, 카르피니의『몽골 제국 기행』, 팽대아와 서정의『흑달사략』등을 들 수 있을 것이다. 그런데 여기엔 오보에 대한 기록이 없다. 그러므로 이 당시에는 오보가 없거나 그렇게 활성화되지 않았다는 뜻이다. 기록들은 주로 청나라 시대에 와서 다수 나타난다. 몽골에서 오보가 본격적으로 확산한 시기는 불교가 쇠퇴하고 샤먼 신앙이 부활한 북원 시대 초·중기일 가능성이 높은 것으로 보고 있다. 이러한 정황은 1578년 라마교가 전래되고 라마승들이 종래의 샤먼 습속을 탄압하면서도 오보에 관해서만은 관대했다는 것에서 찾을 수 있다고 한다. 오보는 대개 고개나 산꼭대기, 샘, 강, 기묘한 모양을 한 언덕, 바위, 중요한 상징을 지니는 나무의 주변에 세워져 있다. 그러나 오보가 가장 많이 세워진 곳은 사방을 관망할 수 있는 산꼭대기다. 이런 오보의 위치와 모양, 몽골인의 습속 등을 볼 때 오보의 기능은 크게 2가지로 나누어진다. 하나는 단순히 이정표나 경계표의 구실을 수행하는 오보이고 하나는 신앙 대상으로서의 위치를 갖는 오보다.

∧ 설 명절에 오보에 경배하는 젊은 부부. 남편이 술을 뿌리는 동안 부인은 기원을 하고 있다.

∧ 명절 옷을 입은 어린이들. 몽골대원 엥헤의 조카들과 필자(2015년 2월 18일)

　강을 하나 건넜다고 이렇게 식생이 달라지다니! 아무리 넓은 강이라 해도 기후가 크게 달라지지는 않을 것이다. 이 바이드락강은 양안이 그저 평평할 따름이다. 저 멀리 높은 산에서 녹아내리는 만년설에서는 나오는 물과 함께 어쩌다가 비가 내리기라도 하면 급격하게 강물이 불어 드넓은 강폭과 수면을 만드는 것일 뿐이다. 그런데도 강을 건너면 바로 식물의 종류와 식생의 높이가 달라지고 있음을 알 수 있다. 이 강 양쪽이 다른 점이라고는 단 한가지다. 인구 밀도가 현저히 떨어진다는 것이다. 아무래도 강을 건너면 울란바토르도 멀어지고, 민족 구성도 달라지면 그에 따라 문화도 다소 달라진다. 이게 식생에 영향을 미칠까? 우선 가축의 수가 달라지고, 가축의 종류도 달라진다. 이것이 식생에 영향을 미치는 것이다.

　그런데 이런 영향이라고만은 해석하기 어려운 게 생물의 분포다. 그 어떤 아주 미세한 차이가 장기간 지속되다 보면 생물에게 큰 영향이 되는 경우가 있게 마련이다. 여기에서 가장 쉽게 눈에 들어오는 것은 우선 은골담초가 관찰이 안 되다가 강을 건너니 나타나기 시작한다는 점이다. 이건 이 한 종에 국한하는 게 아니라 여타의 많은 종들이 새롭게 나타나기 시작했다. 땅도 지금까지와는 달리 모래보다는 자갈에 가까운 비교적 굵은 입자들을 볼 수 있다. 서쪽으로 갈수록 사막은 점점 뚜렷해진다. 알타이시로 근접하면 식생은 완전히 바뀐다. 비도 많이 오지 않는데 토양마저도 습기를 유지하기에는 너무 성긴 상태다. 식물의 형태는 완전히 사막에 적응하여 극도로 축약하거나 뿌리는 깊게 박히고 지상부는 다육화되어 있다. 이런 식물들은 우리나라 교과서에 나오는 교목이니 관목이니 또는 초본이니 하는 개념으로는 적용이 곤란한 몸의 구조를 가지고 있다.

　사막이란 건조하다는 것이 일반적 인식이다. 그러나 그건 사막이 모래땅이란 생각에서 출발하는 것이다. 문제는 실제로 사막에서는 훨씬 열악한 조건들이 많다는 점이다. 여름이 너무나 덥고 겨울엔 너무나 춥다. 사람이나 가축이

나 이에 적응하지 못하면 죽음만이 있을 뿐이다. 그러니 이곳에서 진화하여 살아남은 종은 얼마나 힘들었을 것인가. 인간이 사는 게 다 비슷하지 뭐! 상당 부분 맞는 말이지만 사막을 탐사하는 과정에서 그렇지 않은 세상도 많다는 것을 보게 되었다. 알타이시에서 본 결혼식은 한국과 몽골이 떨어져 있는 거리만큼이나 이국적이었다. 신랑의 모습은 우리와 비슷했으나 신부는 훨씬 화려했다. 친척인 듯한 나이 많은 하객들은 대부분 그들 고유의 의복차림이었다. 특히 눈길을 끈 것은 부조였다. 그들은 돈 대신 가축을 몇 마리씩 주는 풍습이 있었다. 새롭게 출발하는 가정에 큰 보탬이 될 것이다. 이런 문화적 다양성을 보면 생태와 문화는 하나라는 점을 깨닫게 된다.

탐사는 지금 알타이시에서 북쪽으로 계속 진행하여 50km쯤 되는 곳이다. 지난해에는 비포장도로였는데 지금은 말끔히 아스콘으로 포장되어 있다. 특히 밤이면 마을도 거의 없는 지역이라 동서남북을 분간하기조차 힘들고 비바람으로 유실되거나 토사가 쌓이면 우회하는 임시길이 너무나 많이 나 있어 정말 항해하는 기분이 드는 곳이었다. 그러나 지금은 누가 잣대를 갖다 놓았나하는 정도로 직선도로가 뚫렸다. 이 글을 쓰는 동안에도 계속 포장도로는 길어지고 있을 것이다. 알타이시에서 150km가량 달려왔는데 한결같이 왼쪽은 다소간 높았다 낮았다 반복할 뿐 나무 한 그루 자라지 않는 삭막한 알타이 산맥이 우리와 같이 달리고 있다. 어느 순간 우리는 저 산 위로 오르게 될 것이다.

4부

**만년설로 덮인
한라산을 찾아서**

한라산을 찾아서

우리는 2016년과 2017년에 알타이를 두 차례 탐사했다. 1차 탐사에서 알타이산맥 남서단에 위치한 알락 할르한산을 중심으로 탐사하면서 수많은 종의 자생지를 봤지만, 아직도 궁금증을 해소하기엔 너무나 모자라다는 생각이 들었기 때문이다. 2차 탐사는 알타이시에서 부갓 솜을 거쳐 알락 할르한산으로 갔던 1차 탐사와 달리 알타이시에서 알타이산맥을 따라 북쪽 즉, 호브드아이막으로 향하는 루트다. 알타이시에서 최북단까지 무려 1,000km, 울란바토르에서 이곳까지 오는 거리가 약 1,023km이니 목적지까지는 여기까지 온 거리만큼이나 더 가야 하는 먼 거리다. 이곳에서 울란바토르로 복귀하는 것은 다시 몽골의 북쪽 국경을 따라 1,000km를 가야 하므로 이번 탐사는 10일간에 걸쳐 총 여정은 약 3,000km에 달할 것이다. 이 루트를 탐사한 과학자로는 서양인의 경우는 더러 있었지만 동양인으로는 처음일 것이다. 이 길은 그 옛날 흉노와 돌궐의 주 활동 무대였다. 역사적으로 이 지역은 우리나라와 지속적으로 관계를 맺어 왔던 곳이므로 의외의 역사 유적을 만날지도 모른다.

한라산의 식물은 어디서 왔나? 한라산에는 아열대성 식물들과 온대성 식물들, 그리고 한대성 식물들이 있다. 아열대성 식물들은 당연히 열대지방에서 분화해서 제주도로 확산해 들어 온 종들이다. 그러나 온대성과 한대성의 종들은 다르다. 그들은 아마도 한반도를 통하여 제주도까지 확산했거나 빙하기 이전부터 남아 있는 종들일 가능성이 높

∧ 알타이시 회전교차로의 청동조각상

∧ 위 청동조각상 부조의 일부

다. 특히 한라산에 분포하는 고산식물과 염생식물은 그 가능성이 매우 높다는 점을 알게 되었다. 알타이에 자라는 식물들은 한라산에 자라는 식물들과 같은 종이거나, 같은 속 또는 같은 과에 속하여 같은 조상에서 진화한 종이 많음을 알게 되었다. 그런데도 진한 아쉬움이 남는 건 한라산과 같은 모양을 한 산, 건조한 바위로만 되어 있는 것이 아니라 식생이 잘 보존되어 있으면서 한라산처럼 큰키나무들로 된 숲에서 만년설까지 수직분포가 잘 형성된 산을 봐야 한다는 것이다. 그러면 좀 더 분명하게 가늠할 수 있기 때문이다. 이런 점들을 감안해서 선택한 목표지점이 하르히라산(Kharkhiraa Uul)이다. 최고봉은 해발 4,040m이다.

출발점으로 잡은 알타이시는 2016년에 왔을 때와는 또 달라져 있었다. 우선 초입의 회전 교차로에 서 있는 조각상이 인상적이다. 자세히 보니 이것은 이 일대에 발견되는 암각화에서 떠온 말의 형상이다. 그 기간의 사면에도 많은 암각화를 재현해 놓았다. 사실 이곳은 유네스코 지정 세계문화유산으로 등재된 곳이다. 유산의 명칭은 몽골 알타이 암각화군이다.[*] 몽골 알타이의 암각화군은 바얀올기아이막 울란쿠스솜의 차간 살라바가 오이고르, 쳉갈솜의 차간골(시비트 할르한산)과 아랄 톨고이 세 곳을 합쳐서 지정했다. 이 세 곳 모두 높은 산의 계곡에 있는데 플라이스토세 빙하기에 새긴 것들이다. 이 문화유산들은 지난 1만 2,000년 동안의 인류문화의 발달 과정을 반영하는 매장 문화 및 제의 문화재가 집중되어 있고 대규모의 암각화들이 집중되어 있는 곳이다(UNESCO World Heritage Centre - IUCN, 2012). 암각화들 중 가장 이른 시기의 것들은 후기 플라이스토세에서 초기 홀로세(지금부터 1만 1,000~6,000년 전)까지를 반영하고 있다. 이 그림들을 보면 건조기에서 숲스텝기후까지의 변동기임을 알 수 있고, 계곡들은 집단적 사

---

[*]   Petroglyphic Complexes of the Mongolian National Commission for UNESCO. Mongolian Altai, World Heritage Site Nomination Document. Institute of Archaeology, Mongolian Academy of Sciences

냥활동이 가능한 지형적인 환경이 갖추어졌음을 보여 주고 있다고 한다. 후기의 암각화들은 홀로세 중기(지금부터 6,000~4,000년 전)를 반영하는데 이 지역 알타이의 스텝 식생을 잘 보여주고 있다. 이 일대에 짐승 떼가 출현하고 있으며 이들이 사회경제의 기반으로 떠올랐음을 나타내고 있다. 그 이후부터 후기 홀로세까지는 초기 유목 및 스키타이의 시기로서 말에 의존하는 유목기(기원전 첫 1,000년간), 그 이후 돌궐(7~9세기)의 초원제국시기를 나타내고 있다. 알타이 사람들은 몽골 알타이 암각화군은 중앙아시아와 북아시아에 걸친 지역의 선사시대와 초기 역사시대의 기록으로서 가장 완전무결하게 보존된 것이라고 주장하면서 나름대로의 자존심을 가지고 있음을 느낄 수 있었다.

∧ 탐사 중 만난 선사시대 무덤

말라버린 하얀 호수

저게 뭐지? 호수일까? 아니지, 호수의 물 색깔이 저럴 수는 없지. 그렇다면 하얀 모래? 우리가 뜨거운 태양 아래 눈 덮인 설산을 기록하기 위해 시간을 지체하고 서둘러 떠나는데 저 멀리 우리의 오른쪽 동편 높은 산에서 연결된 광활한 평원의 한가운데가 반짝이는 지평선을 보게 됐다. 호수도 아니고 모래도 아닌 듯 했다. 소금인가? 북아메리카 서부 사막을 탐사했을 때 본 소금 사막이 떠오른다. 결단을 해야 했다. 저기를 간다면 아무리 서둘러도 세 시간은 족히 걸릴 것이다. 이번 탐사에서 어떤 계획에도 포함되지 않은 장소다. 이런 예기치 않은 상황에 부닥쳤을 때 결정에서 고려해야 할 점은 탐사에 도움이 되는 가이다. 비록 우리의 계획에 차질이 온다 해도 저런 곳을 탐사하지 않는다면 우리의 탐사가 다음 이곳을 조사할 학자들에게 무슨 도움이 되겠는가? 더군다나 이건 우리가 전혀 예상하지도 못했던 처음 보는 지형지질이다. 저런 곳에 사는 식물은 어떤 종들인지 모른다. 우리는 주저함이 없이 도전했다. "엥헤, 저곳으로 갑시다." 자동차는 길도 없고 누군가 다녀간 바퀴자국조차 없는 모래 위를 미끄러지듯 달린다. 그러더니 목표로 정한 지점에서 1km도 더 남긴 곳에 멈춰버린다. '아니, 그러잖아도 시간이 없어 초조한데 왜 여기서 멈추지?' "더 이상 갈 수 없습니다. 잘못 갔다간 자동차가 빠져 옴짝달싹 못할 수도 있다"는 대답이다. 이렇게 된다면 예상보다 자꾸 지체되는 상황만 이어지는 셈이다. 자동차에서 내리면서 줌베렐마 박사가 탐사노트를 내민다. 내가

∧ 말라버린 호수. 플라야 평원이다.

궁금해 하는 것이 뭔지 알았다는 뜻이다. 거기엔 탄산나트륨을 나타 내는 분자식(Na_2CO_3)이 쓰여 있었다. 아, 난 아직까지 부끄럽게도 이런 물질로 된 사막이 있다는 사실은 한 번도 본적도 들어 본적도 없었던 터였다. 지체 없이 어느 대원에게 저 토양을 채집할 것을 지시했다.

식물을 채집하고 촬영도 하면서 한편으로 관찰 내용을 기록하며 진 행하다가 어느 순간 눈앞에 펼쳐진 광경을 보고 우리는 깜짝 놀라고 말았다. 직경은 수 킬로미터쯤 돼 보이지만 전체적인 규모는 알 수가 없다. 밀가루 같은 결정체로 완전히 덮였는데 햇빛에 눈이 부실정도로 하얗다. 이 결정체들은 만질 수 있을 정도의 두께이긴 하나 바닥의 흙 을 빼고 순수한 결정체만 집을 수 있을 만큼 쌓여 있는 상태는 아니다. 바닥은 넓고 굴곡이 없이 평평했다. 대원들이 지나간 발자국들이 선명 하게 찍힌다. 식물체라곤 한 포기도 자라고 있지 않다. 호수 바닥임이

∧ 플라야 평원에 핀 황금갯길경(*Limonium aureum*)

분명했다. 소다호수가 증발해버린 플라야(playa)라는 지형이다. 제주도 에는 없는 지형이다. 우리나라 남북한을 통틀어도 없다.

주변을 둘러보니 꽤 다양한 식물들을 볼 수 있다. 화려하기 그지없 는 황금갯길경(*Limonium aureum*)은 단연 우리의 눈길을 사로잡는다. 리모니움속은 갯길경속이다. 제주도의 해안, 만조 때는 바닷물에 잠기 는 곳에 갯길경(*L. tetragonum*)이 비교적 흔히 자라고 있다. 코그노칸 산 근처 반사막의 모래언덕에서 둥근갯길경(*L. flexuosum*)과 함께 자세 히 다뤘다. 종소명 '*aureum*'은 '황금색을 띠는'의 뜻을 가지는 라틴어 '*aureus*'에서 온 말이다. 그러니 우리말 이름은 자연스레 황금갯길경으 로 짓게 되었다. 그런데 이 식물체의 몸에는 온통 소금결정이 다닥다 닥 달라붙어 있다. 어디 고통 없이 아름다운 꽃을 피울 수 있었던가?

✱ 플라야, 천연소다가 쌓여 있는 말라버린 호수 바닥

한국 사람들은 평소 소다음료, 소다수 등 '소다'라는 말을 많이 사 용한다. 소다는 영어 'soda'인데 어쩐 일인지 정확한 뜻과 무관하게 그 냥 우리말처럼 사용하는 듯하다. 이 소다는 엄밀한 의미에서 탄산나트 륨(Na_2CO_3)을 말한다. 넓은 뜻으로는 탄산나트륨 또는 그 수화물(탄산 소다), 가성소다라고도 하는 수산화나트륨(NaOH), 중탄산소다라고도 하는 탄산수소나트륨($NaHCO_3$)을 총칭한다. 좁은 뜻으로는 결정소다 ($Na_2CO_3 \cdot 10H_2O$)를 가리키는데 이것은 세탁소다라고도 한다. 또 나트 륨을 함유한 것을 나타내는 것으로서 황화소다, 아세트산소다, 소다철 백반같이 화합물의 이름으로 나트륨을 소다로 바꾸어 사용하는 경우 도 있다. 그러니까 이 물질들은 바꾸어 말하면 황화나트륨, 아세트산 나트륨, 나트륨철백반 같은 화합물이다. 최근 이산화탄소를 높은 압력 으로 혼입한 청량 탄산음료수를 소다수나 소다라고 부르는 것은 이를 근거로 잘못 사용하는 것이다.

몽골에는 이 소다가 천연적으로 쌓여 있는 곳들이 있다(Kolpakova, 2013; Ulambadrakh, 2015). 특히 서부 몽골에 많다. 호수의 물 1리터에 녹아 있는 염분이 500mg(0.5g)을 초과하는 호수를 염호라고 한다.[*] 염분이라고 하면 소금기라고 생각하기 쉽지만 여기서 말하는 염은 광물질이라고 보면 된다. 건조한 지방에 있는 호수는 강수량보다 증발량이 많기 때문에 물이 들어오기는 하나 나가지는 않는다. 그러니 물속의 여러 성분이 서서히 농축되면서 염분이 높은 염호가 된다. 성분은 Na, K, Ca, Mg, SO_4, Cl, HCO_3 등이고 알칼리성을 나타내는 것이 많다. 증발량이 심하면 염분을 침전시키면서 염사막으로 변한다. 이처럼 사막에서는 강수량, 증발량, 유역면적, 투수층의 투수성에 따라 일시적인 염호나 영구적인 염호가 발달한다(자연지리학사전편찬위원회, 2002). 이들을 넓은 의미에서 소다 호수라고도 한다. 사해나 그레이트솔트호는 영구적인 염호이며 일시적인 염호는 플라야(Playa)호라고 한다. 사해는 함도가 리터 당 226g에 달해 인체가 물 위에 뜰 정도다. 그레이트솔트호는 1869년 이래 기후변동에 의해 차이가 있지만 리터당 137.9~277.2g의 고형물을 함유하고 있다. 염호가 완전히 건조하여 고결되면 말라버린 호수 바닥에 염 결정이 형성되어 플라야라 부르는 평원이 형성되고 여기에 물이 고이면 일시적으로 플라야호가 생긴다. 우리는 바로 이 플라야 평원의 가운데로 들어와 있는 것이다.

---

[*]   염호. 두산백과, http://www.doopedia.co.kr.

소금 사막에서 제주도로

 푸른 덤불이 무성한 가장자리로 접근했다. 멀리서 보기에 칼륨나무라고 생각했던 식물들이 사실은 비름과의 같은 속이긴 하나 칼륨나무는 아니었다. 역시 지형과 지질이 달라지면 그 곳에 사는 식물도 달라지기 마련인가 보다. 이 종은 잎칼륨나무(*Kalidium foliatum*)라는 종이다. 종소명 '*foliatum*'은 '잎을 갖는'의 뜻이다. 그러므로 칼륨나무(*K. gracile*)가 마치 비늘처럼 거의 흔적만 남아 있는 것과 달리 이 종은 잎이 뚜렷하게 발달한다는 의미에서 이렇게 붙여졌다. 몽골 거의 전역에 널리 분포하지만 실제 만나기는 그리 쉽지 않다. 이 종을 보려면 축축하고 부풀어 오른 지형이면서 배수가 불량한 염류 토양, 알칼리 금속 또는 마그네슘 염류로 이루어진 호숫가, 모래언덕 사이사이에 형성된 염도가 높은 우묵한 곳, 계곡, 분지를 찾아봐야 할 것이다. 가축들은 대부분 이 식물이 푸른색일 때는 먹지 않는다. 다만 낙타는 가을, 겨울 시든 상태에선 꽤 잘 먹는다. 탐사기간 중에도 이 칼륨나무 군락에서 낙타를 흔히 볼 수 있었다. 이 속의 식물들은 남동유럽에서 남서아시아와 중앙아시아를 거쳐 중국에 걸쳐 분포하고 있다(Zhu *et al.*, 2003). 전 세계에 5종이 알려져 있으며(Zhu *et al.*, 2013), 몽골에는 4종이 분포한다(Grubov, 1982).

 잎칼륨나무와 거의 같은 장소에 아주 비슷하게 생긴 식물이 관찰된다. 쑥수송나물(*Salsola abrotanoides*)이다. 이 종은 역시 비름과에 속하는데 수송나물속이다. 잎이 쑥, 그중에서도 사철쑥 잎을 닮았다고 해

∧ 몽골 서부의 플라야라고 하는 말라버린 호수 흔적

서 이렇게 이름 지었다. 자라는 곳은 주로 염분을 많이 함유한 점토질의 진흙이나 무더기, 자갈이 많이 섞인 경사면이나 염류 토양, 메마른 강이나 염도가 높은 호숫가다(Kadereit et al., 2006). 전체적으로 잎칼륨나무와 좋아하는 장소가 유사하다. 몽골의 북서부에서 남동으로 뻗어 내린 알타이산맥을 따라 분포한다(Grubov, 1982). 가축들은 거의 이 식물을 먹지 않지만 낙타, 염소, 양은 가을과 겨울에 시든 상태의 잎을 먹는다. 같은 속의 식물로서 제주도에는 수송나물(*S. komarovii*)이 분포하는데 (Song *et al.*, 2014) 이 종은 우리나라 거의 모든 해안에 자란다. 중국, 일본, 러시아에도 분포하지만 몽골에는 분포하지 않는다(Grubov, 1982; Zhu, 2013). 그러나 솔장다리(*S. collina*)는 제주도에는 분포하지 않고 함경도, 강원도, 경기도, 충청남도 등 한반도 중 북부에 분포하며 중국, 일본, 러시아, 몽골에도 분포한다. 또 한 가지 나래수송나물(*S. ruthenica*)이 있는

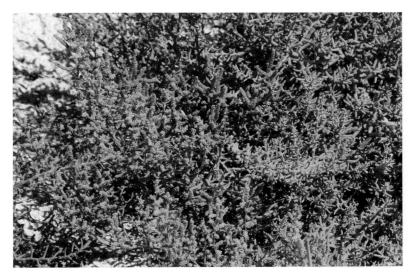

∧ 잎칼륨나무(*Kalidium foliatum*)

∧ 쑥수송나물(*Salsola abrotanoides*)

데 역시 제주도에는 분포하지 않지만 전라남도 해안에 자라고 있으며 (Chung, 2007), 몽골, 러시아, 중국에도 분포한다. 우리나라에 자라고 있는 수송나물속 식물은 결국 분포 유형으로 보면 세 가지로 나눌 수 있다. 한반도를 포함한 중국, 러시아, 일본 등 동 아시아를 중심으로 분포하는 유형, 몽골, 중국, 러시아, 한반도의 중북부, 일본 등 중앙아시아에서 동아시아의 북부에 걸쳐 분포하는 유형, 몽골, 러시아, 중국에 분포하면서 한반도에서는 전라남도 해안에 격리 분포하는 유형이다. 중앙아시아 소금 사막에서 발생하여 동아시아 바닷가를 거쳐 제주도까지 번져나갔다는 점을 보여주고 있다.

✱ 왜 칼륨나무라고 할까?

칼륨은 원소기호 K다. 예나 지금이나 농작물을 증산하기 위해 농토에 재를 뿌려 주는 것은 흔히 있는 일이다. 과거에는 빨래하는 데도 오늘날의 비누 대신 잿물을 내려 사용하였다. 이것은 식물 재에 들어있는 포타슘(Potassium) 또는 칼륨(Kalium)이라 부르는 원소를 이용한 것이다. 원래 칼륨이란 단어는 식물의 재를 뜻하는 아랍어 알칼리(Alkali)에서 나왔고, 포타슘은 항아리(Pot)와 재(Ash)의 합성어인 포타쉬(Potash)에서 나왔다.[*] 칼륨은 이 2가지 이름 외에 공업적으로는 '칼리', '카리' 또는 '가리'가 가끔 사용되는데, 비료로서 황산칼리, 황산카리 또는 황산가리라 부르는 것은 K_2SO_4를 가리키는 것이고, 맹독성 물질인 청산카리 또는 청산가리라 부르는 것은 KCN을 말한다. 그런데 칼륨은 칼슘(Calcium, Ca)과 혼돈하기 쉽다는 이유로 오늘날에는 포타슘(Potassium)이 두루 사용되고 있다.

천연 상태에서 포타슘은 화합물로만 존재한다. 지각 무게의 2.6%, 바닷물에는 K+ 이온 상태로 존재하는데 1리터에 0.35g이 들어있다. 이

---

[*]   Potassium. Wikipedia, https://en.wikipedia.org/wiki/Potassium#cite_note-10.

는 Na+의 농도 리터 당 10.8g보다는 낮은 수치다. 19세기 후반까지는 포타슘 화합물을 식물 재에서 얻어 사용하였다. 대부분의 포타슘 화합물은 이온성 화합물이고, 비교적 물에 잘 녹는다. 지방산의 포타슘 염(포타슘 비누)은 연비누(Soft Soap)로 사용되며, 탄산포타슘(K_2CO_3)은 경질 유리와 광학 유리를 만드는데 사용된다. 포타슘 이온(K+)은 모든 생명체에 꼭 필요하다. 동물에서는 신경 전달에 관여하며, 부족하면 여러 심장 기능 장애를 초래한다. 식물 세포에도 높은 농도로 들어있으며, 식물 성장과 결실 과정에 관여하고, 농작물의 수확량을 높이고 품질을 향상시킨다. 농작물들이 농토에서 많은 양의 포타슘을 흡수하므로, 이를 비료로 보충해 주어야 한다.

사람들은 오래 전부터 식물 재(ash)를 우려 낸 잿물을 빨래에 사용하고, 잿물을 항아리(Pot)에서 증발시켜 얻은 포타쉬(식물 재 무게의 약 10%로 얻어지는 흰색 물질로, 화학적으로는 주로 K_2CO_3)를 천의 표백, 유리와 비누 제조 등에 사용하였다. 아랍어로 식물 재를 Al-qaliy라 불렀는데, 이것이 알칼리(Alkali)의 어원이 되었다. 옛 사람들은 염분이 많은 땅이나 바다에서 자라는 식물의 재 또는 광물에서 얻은 소다회(Soda Ash: Na_2CO_3)를 포타쉬와 거의 같은 용도로 사용하였는데, 이 둘이 성질이 거의 같아 구별이 되지 않았다. 칼륨나무는 체내에 이 칼륨이 많이 들어 있다고 해서 이런 이름을 붙였다. 지금과 같이 칼륨 제조 방법을 몰랐던 옛날에는 이런 식물들을 태워서 칼륨을 얻었다고 한다.

예상치 못한 복병의 기습

"으아악!" 하는 비명소리가 들려왔다. "왜? 무슨 일이야?" 사방을 둘러보니 모든 대원들이 두 손을 휘저으며 전속력으로 뛰고 있는 게 아닌가. 순간 내 손이며 얼굴 모든 신체부위에 까맣게 달라붙은 것들이 보였다. 모기떼. 수천인지 수만인지 이루 헤아릴 수 없을 정도다. 우리는 아무런 방비 없이 탐사를 하는 중 풀숲에 매복해 있던 복병의 기습을 받아 혼비백산 달아나는 꼴을 당했다. 모기는 열대지방에 많을 거라고 생각하기 쉽다. 천만의 말씀이다. 열대지방에는 연중 언제나 모기를 볼 수는 있을 것이다. 모기는 변온동물이고 물에서 유충 시기를 보내기 때문에 적정한 온도의 액체 상태인 물이 필요하다. 보통 극지방으로 갈수록 모기가 극성이다. 추운 지방 특히 고위도로 갈수록 여름은 짧다. 그러니 모기도 아주 빨리 다음 세대를 남겨야 한다. 모기들은 이 여름을 놓치면 또 내년을 기다려야 짝짓기를 하고 알을 낳고 애벌레 시기를 지내 다시 날개를 달아 성충이 될 수 있다. 한 번에 낳는 알의 개수는 일정하기 때문에 이 지역 모기들의 번식 사이클은 빨리 돌아간다. 세대를 단축하여 빠르게 성충이 되고 이들이 다시 알을 낳는 방식이다. 그러니 한여름에 수차례의 세대를 이어갈 수 있다. 그러므로 여름의 툰드라는 모기 천지가 된다. 순록이며 사슴 같은 온갖 야생동물이 그들의 공격 대상이 된다. 그 뿐이겠는가. 양, 염소, 낙타, 말, 소 같은 가축이며 그를 돌보는 목동들도 당연히 이 모기들의 밥이 될 수밖에 없다. 이 뜨겁고 메마른 소금사막에

∧ 플라야호에서 모기떼를 만나 철수하는 탐사대

모기떼가 이렇게 극성일 줄 누가 알았겠는가. 우리는 단지 이런 악조건인 환경에 어떤 식물들이 살고 있는지에만 정신이 팔려 있었던 것이다. 그 결과 우리는 이곳의 토양샘플도, 고농도의 염분과 높은 pH 하에서 자라는 식물들의 표본도 거의 채집하지 못한 상태에서 철수하고 말았다.

이곳은 멀리 정면에 보이는 붐백 할르한산(Bumbag Hayrhan Uul, 해발 3,460m)과 뒤편의 바아타르 할르한산(Baatar Hayrhan Uul, 해발 3,982m)에서 흘러드는 물이 모이는 곳이다. 해발고는 1,160m이다. 기온의 일교차는 30℃, 연교차는 90℃에 달하고 강수량은 대체로 100~200mm이니 강수량이 아주 많은 해라고 해도 제주도 해안 강수량 2,000mm의 10분의 1 또는 한라산 정상 강수량 6,000mm의 30분의 1에 불과하다. 더 악조건인 것인 것은 증발량이다. 제주도의 연평균

∧ 소금분취(*Saussurea salsa*)

∧ 타타르고들빼기(*Lactuca tatarica*)

증발량이 800mm 정도인데 비해 이 지역에서는 1,000~1,500mm에 이른다(Shvartseva et al., 2014). 이것은 우리나라 사람들로서는 상상을 초월하는 것이다. 증발량이 강수량의 10배에 달하는 곳! 이 플라야호는 이렇게 만들어졌다. 수천만 년 동안 얼었다가 풀리고 풀렸다가 얼기를 반복하면서 부서진 바위 조각들이 쏟아져 내리고, 빗물과 얼음이 녹은 물이 흘러들기를 반복하면서 호수가 되었나 싶다가도 그 10배 이상 증발해 버리는 곳! 그러면서 광물질이 농축될 대로 농축된 곳이다. 이제 완전히 말라버린 사막 어딘가에 숨어 있던 한 잔의 물에서 부화한 모기들이 맛있는 사냥감이 나타나기를 기다리고 있었던 것이다. 모기떼의 습격을 받으면서도 몇 종의 귀한 표본을 건질 수 있었다. 마치 이번 전투에서 노획한 빈약하지만 다음 전투에 요긴하게 쓰일 전리품 같은 것들이다.

소금분취(*Saussurea salsa*)가 화려하게 꽃을 피웠다. '*Saussurea*'는 분취속이다. 종소명 '*salsa*'는 '소금기가 많은 곳에 자라는'의 뜻이므로 이렇게 이름 지었다. 잎은 다육식물처럼 두껍고 어린잎엔 가시가 돋아 있다. 타타르고들빼기(*Lactuca tatarica*)도 역경을 이기고 앙증맞게 피었다. '*Lactuca*'는 원래 상치속이라고 하고 있지만 실제 우리나라 자생식물 중 락투카속 식물은 자주방가지똥(*L. sibirica*)이 함경도, 두메고들빼기(*L. triangulata*)가 전국의 높은 산에 자라고, 왕고들빼기(*L. indica*)와 산씀바귀(*L. raddenana*) 등 저지대 자라는 4종이 분포한다(Pak, 2007). 타타르고들빼기를 만나니 타타르족 주 무대의 동쪽 변경에 와 있음을 실감할 수 있었다.

✱ 타타르가 어디?

유럽의 중세 작품들에는 '타르타르'(Tartar) 혹은 '타타르'(Tatar)라는 이름으로 몽골 혹은 몽골인이 묘사되어 있다. 중세 영국의 유명한 연대기 작가인 매튜 패리스(Matthew Paris, 1200년경~1259)는 1240년에 쓴『히스토리아 마조르』에서 그해에 지옥의 악귀처럼 유럽에 내습한 무리가 바로 '타르타르인'이라고 쓰고 있다. 그는 타르타르인들을 기독교의 공적(公敵)으로 간주하고 일치단결해 축출해야 한다고 역설한다.『실크로드 사전』의 타타르 항목의 내용이다. 이 외에도 1300년경 경에 쓰인 마르코 폴로의『동방견문록』에는 타타르인들은 어린애를 잡아먹는 식인 풍속이 있는 등 야만인으로 묘사되어 있기도 하다.『민족의 모자이크 유라시아』에 따르면 타타르라는 명칭은 6~9세기 중앙아시아와 시베리아 남쪽에서 유목하던 몽골계와 튀르크계 종족 사이에서 등장하여 점차 확산됐다. 13세기 칭기즈칸이 영토를 정복해 나가면서 여러 민족들이 킵차크 한국(금장 한국(汗國))에 복속됐고, 이들은 타타르라는 이름으로 통칭됐다.

13~14세기 종족 간 교류를 통해 킵차크 한국의 튀르크계 종족과 몽골계 종족이 통합되면서 타타르라는 명칭은 점차 확대되어 제정 러시아 시기만 하더라도, 아제르바이잔인이나 하카스인 등 거의 모든 튀르크계 민족들을 뚜렷한 구분 없이 타타르라고 불렀다고 한다.[*] 타타르족은 투르크어계 종족의 하나로 현재 우랄산맥 서쪽, 볼가강과 그 지류인 카마강 유역에 주로 살고 있다. 러시아 연방 타타르스탄 공화국의 기간주민이다. 최근 조사에 따르면 러시아에 531만 9,877명이 살고 있어 러시아족 다음으로 많다. 다음은 우즈베키스탄 47만 7,875명, 우크라이나 31만 9,377명, 카자흐스탄 24만명, 터키 17만 5,500명, 투르크메니스탄 3만 6,355명, 키르기스스탄 2만 8,334명 등이며, 전체적으로 약 680만여 명이 유라시아에 널리 퍼져 살고 있다.[**]

---

[*] 김혜진 외 15인. 민족의 모자이크 유라시아. 한울아카데미, 한국외국어대학교 러시아연구소. http://www.rus.or.kr/.
[**] Tatars. Wikipedia, https://en.wikipedia.org/wiki/Tatars.

사막에 핀 아름다운 꽃

아득한 지평선으로 그 넓이를 가늠할 수 없는 평원의 한 가운데서 만난 플라야지형은 우리에겐 신선한 감동을 주었다. 눈이 내린 듯 하얗다못해 반짝이기까지 했다. 지금까지 한 번도 본 적이 없는 독특한 광경이었다. 밖으로 빠져 나오자 금세 뜨겁게 달궈진 모래와 돌멩이로 된 사막과 연결된다. 왼쪽으로는 알타이산맥의 바아타르 할르한산, 도로의 오른편은 붐백 할르한산이 웅장한 모습으로 기다란 줄기를 만들면서 버티고 서 있다. 이 산줄기는 끊어져 분리된 것처럼 보이지만 알타이지역 전체로 보면 역시 산맥의 일부다. 정상부는 물론 거의 바닥에 이르는 사면은 그냥 사막이라고 밖에 달리 표현할 말이 없다. 마르다, 메마르다, 건조하다 등 모든 표현을 다 생각해 내도 이럴 수는 없을 것이다. 나무 한 그루 풀 한 포기 찾아볼 수 없다. 그래도 바닥이라고 할 수 있는 도로 주변의 평원은 비름과, 국화과 등의 식물들로 꽤 북적거린다. 신기하게도 이처럼 건조한 사막임에도 간간이 습지를 볼 수 있었다.

20분 정도 달렸을 때 알탄틸(Altanteel)솜을 알리는 간판이 나타났다. 여기서부터는 습지들이 꽤 넓어지고 자주 만나게 되었다. 나중에 알게 되었지만 이 습지들은 거의 다 하나로 합쳐져 있었다. 그러니 이 습지의 면적은 직경이 수십 킬로미터에 달할 것이다. 이건 습지라는 표현보다 호수라고 하는 편이 맞을 것 같기도 하다. 가장자리에는 정확히 어느 종인지는 모르지만 자작나무과와 버드나무과의 큰키나무들이 보이고, 마을 주변에는 포플러나무들을 심은 게 보인다. 집, 특히 대형 건물들은 서양식 모양을 한 경우가 많았다. 특이한 건 몽골풍의 게르보다도 흙벽돌집이 눈에 많이 띈다는 점이다. 창고나 복합주택으로 보이는 비교적 대형 건물들 중에도 이런 흙벽돌로 지은 집들이 보인다. 역시 인간의 의식주란 환경과 밀접하다는 생각이 든다.

접근이 쉬워 보이는 어느 습지에 내렸다. 콩과, 미나리아재비과, 사초과 등 습지식물들로 꽉 차 있다. 몽골 전국에 공통으로 분포하는 종들도 많이 보이지만 처음 만나는 종들도 꽤 보인다. 주머니콩(*Sphaerophysa salsula*)은 습지로 접근하는 길에 만났다. 속명의 '*Sphaerophysa*'는 그리스어로 구체를 뜻하는 '*Sphere*'와 방광을 뜻하는 '*Physa*'가 합쳐진 말이다. 이것은 콩꼬투리가 방광모양을 한 식물이라는 의미다. 이 말에는 주머니라는 뜻도 있으므로 우리말 이름을 주머니콩으로 했다. 열매가 다소 납작하게 눌린 공모양이며, 긴 열매 자루에 달려 있는데 속에는 씨가 많이 들어 있다. 아주 건조한 곳은 아니지만 그렇다고 습지의 영향을 직접 받는 곳도 아니다. 진홍색의 꽃이 정말 아름답다. 사막에서 이렇게 진한 붉은색의 꽃은 그다지 본적이 없어 의외라는 생각이 들었다. 이 종은 몽골 외에는 러시아의 시베리아, 중국, 중앙아시아에 분포한다(Sun *et al.*, 2010).

좀 더 가까이 접근하다가 시리아운향풀(*Peganum harmala*)을 만났다. 꽃은 이미 지고 열매가 거의 성숙 단계였다. 속명 '*Peganum*'은 그리스어 페가논에서 나온 말로서 1세기의 그리스 의사이며 본초학자인 디오스코리데스(Pedanios Dioscorides)가 그의 저서 『의약재료(De Materia Medica)』에 쓴 이름에서 따온 것인데 야생 운향과 유사한 식물을 의미하는 것으로 보인다. 그는 500종 이상의 식물에 대한 정명, 이명, 산지를 기재한 책을 썼는데 중세에 그리스어, 라틴어, 아라비아어로 번역, 널리 사용되었다고 한다. 종소명 '*harmala*'는 아라비아

ᐱ 건조한 알타이산맥 평야지대에 형성된 습지

어로 이 식물을 나타내는 말인데 아마도 레바논의 헤르멜(Hermel)이
라고 하는 도시명에서 온 것으로 추정된다. 우리말 이름 시리아운향
풀은 영어 이름 '시리안 루(Syrian Rue)'를 살려 지은 것이다. 다년초로
키는 보통 30cm 정도지만 뿌리는 6.1m까지 도달했다는 보고가 있다.

✱ 시리아운향풀 이야기

시리아운향풀은 영어 이름이 운향을 의미하는 루(Rue) 또는 '시리
안 루'라고 하여 운향과 관련이 있을 것으로 생각하기 쉽지만 거의
관계가 없다(GRIN, 2008). 다만 꽃 모양이 운향과의 식물과 유사하다. 감
귤 꽃과 비슷하다고 생각하면 된다. 이 식물이 많은 문화권에서 민간
요법과 영적 관행 모두에서 수천 년 동안 계속 사용되어 왔다.[*] 여러

---

[*] Esphand Against the Evil Eye in Zoroastrian Magic: a zoroastrian rite surviving in muslim nations. Lucky Mojo
Curio Co. Retrieved 7 May 2019.

∧ 흙벽돌로 만든 건물

나라에 시리아운향풀에 관한 다양한 민속이 있다. 터키에서는 이 식물의 마른 열매를 집이나 차량에 매다는데 이것은 '악마의 눈'으로부터 보호한다고 믿기 때문이다. 이란과 아프가니스탄, 그리고 아제르바이잔, 시리아, 이라크, 요르단을 포함한 중동지역의 일부 국가들에선 마치 향을 피우듯 마른 캡슐을 숯불에 놓아 향기로운 연기가 피어오르게 한다. 이 전통은 아직도 기독교인, 무슬림 및 일부 유대인을 비롯한 많은 종교에서 이어지고 있다. 페르시아풍 결혼식에서도 이와 유사한 민속이 있다. 예멘에서는 옛 유대인 풍습으로 깨끗하고 하얀 이스트를 넣지 않은 빵을 만들기 위해 유월절에 밀가루를 표백하는데 이 식물을 사용한다(Sala, 1979).

이 식물은 또 통증을 치료하고 피부암을 포함한 피부 염증 치료, 기생충 퇴치에도 사용되어 왔다. 고대 그리스인들은 촌충을 제거하

∧ 주머니콩(*Sphaerophysa salsula*)

∧ 시리아운향풀(*Peganum harmala*)

고 반복적인 발열 아마도 말라리아를 치료하기 위해 이 식물의 씨앗을 가루 내어 사용했다(Farouk *et al.*, 2008; Panda, 2000). 서부 아시아에서 카펫을 빨간색으로 염색하기 위해 종종 사용했고, 양모를 염색하는 데도 사용했다.** 씨앗을 물로 추출하면 황색 형광 염료가 얻어지고, 알코올로 추출하면 붉은 염료가 된다. 줄기, 뿌리 및 씨는 잉크를 만들거나 문신을 할 때 사용하는 염료를 만들기도 했다(Mahmoudian *et al.*, 2002). 최근에도 이 식물에 대한 연구가 많이 이루어지고 있는데 특히 항생제와 항원제 활성을 나타내는 것으로 나타났으며, 약물 내성 박테리아에 대한 항균 활성을 포함하고 있다. 항암 활성이 뛰어난 것으로도 보고되어 앞으로 연구는 더욱 활발할 것으로 보인다.

∧ 검은시리아운향풀(*Peganum nigellastrum*) 시리아운향풀보다 더 건조한 사막에 자란다.

** Mordants. www.fortlewis.edu. Archived from the original on 7 February 2012. Retrieved 28 October 2019.

제주도 갯고들빼기를 닮은
알타이갯고들빼기

　오늘 우리는 알타이시에서 호브드까지 갈 예정이다. 이동 거리는 대략 440km에 달할 것이다. 지금까지 우리가 탐사한 여정은 그중 240여 km에 불과하다. 그러나 지형지질은 아주 다양했다. 모래사막, 자갈사막, 모래와 자갈이 혼합된 사막, 플라야지형, 습지 등을 봤다. 지형과 지질이 다르면 당연히 그곳에 사는 식물들도 달라지기 마련이다. 그저 평평해서 똑같은 사막처럼 보인다 해도 이처럼 토양을 구성하는 지질이 달라지면 식생도 뚜렷하게 차이를 보인다. 지금 우리가 들어선 곳은 알타이산맥을 이루는 거대한 산들 사이에 형성된 평야지형이다. 이곳은 아주 낮은 곳이라고 해도 해발 1,000m는 충분히 넘는 곳이다. 산들은 높은 경우엔 3,000m를 넘고 보통 2,000m 이상이다. 규모가 워낙 크다 보니 우리가 통과하고 있는 지형이 어떤 모습인지 짐작이 되지 않는다. 심지어 어떤 경우는 강의 한가운데 들어와 있는데도 이게 강인지 아닌지 짐작조차 할 수 없을 정도로 강폭이 넓은 경우도 있다. 그러나 축소해서 생각해 보면 우리는 산과 산 사이에 형성된 협곡을 통과하는 중이다. 이 도로는 그런 곳을 따라 만들었고 이 도로 옆엔 산에서 흘러내린 여러 가지 자갈, 모래, 흙 그리고 물로 만들어진 지형들이 있다.

　급경사를 이루는 산비탈에서는 끊임없이 자갈과 모래가 흘러내리고 있다. 미세한 알갱이들은 물과 바람으로 더 멀리 흐르고 굵은 자갈은 그 모습을 드러내고 있다. 흘러내린 파편들은 직경이 수 미터에

∧ 알타이산맥에서 흘러내리는 돌덩이들

∧ 돌로 지은 집의 흔적, 지금도 계절에 따라 사용하고 있는지도 모른다.

달하는 큰 바위들도 있다. 이곳의 집은 돌로 쌓았다. 마치 제주도의 전통 초가처럼 적당한 크기의 돌들을 모아다 돌담을 쌓아 집의 형태를 잡고 벽을 쌓은 것이다. 이 돌담집은 주위에 무진장으로 구할 수 있는 돌을 이용하여 찬바람을 막아주고 맹수를 막아주는 아늑한 보금자리로 아주 적당했을 것이다. 초원에 게르, 습지에 흙벽돌집이 있다면 알타이 산비탈엔 이 돌담집이 있다. 갈 곳이 멀다한들 이곳을 그냥 지나쳐 버릴 수는 없는 일! 어느 지점을 선택했다. 진행 방향으로 보면 오른쪽은 아주 넓은 강이다. 강폭은 수 킬로미터에 달할 듯 넓었다. 이 건조하고 강한 햇살 아래 시원한 물이 콸콸 흐르고 있다. 어느 높은 산 만년설이 녹아 흐르는 물이다.

강가에는 주로 높이 2m 정도의 은골담초(*Caragana bungei*)들이 줄을 지어 자라고 있다. 왼쪽은 나지막한 산이다. 이상하리만치 이곳 몽골에선 바라볼 땐 가까워 보이는데 막상 가려고 하면 멀다. 사면은 자갈이 흘러내리고 있다. 지금까지 보았던 산에서와는 달리 길이 30cm 내외의 판상으로 쪼개진 돌멩이들이 대부분이다. 암석의 표면은 마치 녹슨 쇠와 같다. 밟으면 부서진 바위 조각끼리 부딪는 소리가 마치 쇳조각끼리 부딪칠 때 나는 소리와 같다. 철분이 많은 바위임이 분명하다.

몇 가지 식물들이 보인다. 주로 국화과와 비름과, 그리고 콩과식물들이다. 알타이갯고들빼기(*Crepidiastrum akagii*)는 그중에서도 흥미를 끄는 종이다. 같은 속 식물 중에 우리나라에 분포하는 종들이 있는 데다가 제주도에도 독특한 종이 있어서다. 바로 갯고들빼기(*C. lanceolatum*)라는 종이다. 알타이갯고들빼기는 우리나라에 자라는 같은 속의 국명이 갯고들빼기이고 중앙아시아에서도 특히 알타이를 중심으로 분포하므로 우리말 이름을 이렇게 지었다. 이 식물은 나무인지 풀인지 분간이 되지 않는다. 높이는 25cm를 넘지 않는 작은 풀과 같지만

∧ 알타이갯고들빼기(*Crepidiastrum akagii*)

∧ 갯고들빼기(*Crepidiastrum lanceolatum*)

밑동을 포함한 지하부는 마치 나무처럼 굵고 목질화되어 있다.

✱ 함덕해수욕장에 자라는 신기한 야생화

제주시 함덕해수욕장엔 신기한 꽃이 자라고 있다. 언뜻 보면 흔해 보이는 꽃이지만 알고 보면 아주 신기한 식물이다. 갯고들빼기라는 들국화의 일종이다(Song *et al.*, 2014). 제주도엔 아마 이곳 외엔 없을 것이다. 전국적으로도 찾아보기 보기 힘든 꽃으로서 필자는 이곳 외로는 부산의 태종대에서만 봤을 뿐이다.

이 식물은 유독 바닷가 바위틈에만 자란다. 그런 점에서 알타이 갯고들빼기와 닮았다. 알타이갯고들빼기 역시 염분이 많은 바위틈에 주로 자란다. 닮은 점은 또 있다. 바위틈에 박혀 있는 밑동과 지하 부분은 마치 나무줄기처럼 단단한 목질로 되어 있다. 지상부는 부드러운 나물 같은데 밑동에서 나온 잎은 민들레처럼 가장자리가 심하게 갈라지고 로제트모양으로 배열한다. 그 틈에서 가지가 나와 10~20cm 정도까지 자라는데 이 줄기가 땅에 닿으며 상부가 위로 서서 높이 10~30cm까지 자란다. 그러면서 밑부분에서 뿌리가 나와 새로운 개체가 된다.

그 외에 우리나라에 자라는 갯고들빼기속 식물로 몽골, 중국, 일본에 공통으로 분포하는 고들빼기(*Crepidiastrum sonchifolium*)가 있다. 까치고들빼기(*C. chelidoniifolium*)와 이고들빼기(*C. denticulatum*) 2종은 중국과 일본에 공통으로 분포하고 있다. 우리나라에만 자라는 종도 지리고들빼기(*C. koidzumianum*) 1종이 있다(Pak, 2007). 몽골에는 3종이 분포하는데 그중 알타이갯고들빼기는 고비사막, 중앙할하, 대호수저지대, 호수들의 계곡, 동고비, 고비알타이, 준가르고비의 산비탈 자갈밭이나 초지대, 바위틈에 자란다(Grubov, 1982). 중국, 동·서시베리아, 중앙아시아에도 분포하고 있다(Zhu *et al.*, 2011). 갯고들빼기는 중국, 일본,

타이완의 바닷가에도 자란다. 생태학적 특성으로 볼 때 중앙아시아에서 발생하여 동아시아로 퍼져 나가면서 분화한 것으로 보인다. 제주도는 지리적으로 그 중간쯤에 해당한다. 과연 이곳은 분화의 중심인가 징검다리인가.

∧ 카르우스(Khar Us)호

중앙아시아 식물탐사의
베이스캠프 호브드

　뜨거운 사막의 여름, 오후 4시경, 문을 활짝 열고 달리는데도 자동차 안은 참을 수 없을 만큼 덥다. 사람만 더운 게 아니다. 자동차도 열기를 이기지 못해 기진맥진이다. 엔진을 식혀야 할 때다. 내리자마자 누가 얘길 하지 않아도 서로 충분히 떨어져 앉는다. 뜨거운 바람이라 해도 신선한 맛은 있다. 깊이 들이마신 공기가 몸 안을 가득 채운다. 아직 작거나 어린 도로변 식물들은 건설공사를 한 지 얼마 되지 않았음을 보여 주고 있다. 자동차를 그늘 삼아 앉아 있는데 멀리 호수가 보인다. 카르우스(Khar Us)호다. 이 호수는 매우 넓은데 수량이 변함에 따라 3~4개로 나뉘었다 붙었다 한다. 역시 주변의 산들은 나무 한 그루 보이질 않는데 호수는 파란 물결로 넘실댄다. 호숫가는 습지식물로 푸른빛이다. 저 호수에서도 물고기를 잡아 살아가는 사람들이 있다고 한다. 여기에서 잡은 물고기는 주로 울란바토르로 팔려나간다는 것이다. 이런 저런 얘기를 듣자니 호숫가로 당장 가보고 싶은 생각이 든다. 저곳까지는 자동차로 간다고 해도 얼마나 걸릴지 모를 거리다. 일정을 소화할 엄두가 나지 않기도 하려니와 대원들이 이미 녹초가 된 상태라 말을 꺼내기조차 민망하다.

　'자, 출발합시다.' 30여 분을 달렸을 때 우리는 어느 고개의 가장 높은 곳에 다다랐음을 알았다. 호브드라고 쓴 커다란 안내 간판, 아니 무슨 출입문 같은 간판이 우리를 반기고 있다. 2m 정도 높이의 사각 돌기둥 위에 커다란 바윗덩이 같은 돌비석을 올려놓은 것도 보인다. 특히 인상적인 것은 윗부분에는 호브드시, 아랫부분에는 '안녕히 가세요.'라고 쓴 비석 간판이다. 높이가 3m는 족히 돼 보일 만큼 웅장하다. 예의 오보도 있는데 규모가 매우 크다. 이 오보는 직경이 5m 정도인데 일반적으로 돌멩이를 마치 던져서 쌓인 형태로 원추형이면서 가운데 큰 기둥 같은 나무를 세운 것과는 달리 둘레를 석축처럼 쌓았는데 군데군데 커다란 돌을 버팀돌처럼 세웠다. 그 돌에는 산스크리트어로 보이는 문자가 새겨져 있다. 이런 원형의 석축 안을 돌멩이들로 채우고 가운데는 큰 나무기둥을 세웠다. 그리고 바깥 원주 부분에 가운데의 기둥보다 좀 작은 4개의 나무기둥을 세우고 기둥마다 파란색을 위주로 한 헝겊을 둘렀다. 이 고개는 호브드시를 드나들 때 반드시 거치게 되어 있는 출입문 같은 곳인데 들어가는 사람들이나 나가는 사람들 누구나 자동차나 말에서 내려 오보에 경배를 한다. 우리가 이곳에 도착했을 때도 대형 버스 두 대가 정차해 있었다.

고개를 들어 멀리 호브드시를 바라보는 순간, '야~' 눈앞에 펼쳐진 광경을 보고 아연 놀라지 않을 수 없었다. 시라고는 해도 그저 지금까지 봐 왔던 마을 중에서 좀 더 큰 정도의 읍내 정도려니 했었는데 이건 완전히 대도시 수준이다. 주위는 높은 산들로 둘러싸여 있는 모습이 마치 천혜의 요새 같기도 했다. 멀리서 보더라도 대형 건물들, 널찍한 도로, 잘 가꾸어진 가로수들로 도시의 기능이 확실히 갖추어진 듯 보인다. 아무리 바빠도 저 도시는 둘러보고 가야겠다는 욕심이 생겼다. 호브드시는 사실 몽골의 서북부 최대 도시다. 몽골 21개 아이막의 하나인 호브드아이막의 중심 도시인데, 이 호브드는 이 일대 전체를 가리키는 지명이고 지금 보이는 인구 집중 지역은 그중에서도 자르갈란트솜(Sum)이다. 우리나라로 보자면 호브드도 호브드시 자르갈란트동으로 도청소재지라고 보면 된다.

이 도시는 전체적으로 몽골 알타이산맥의 산악지대에 있는데 가

∧ 몽골 서북부 최대도시 호브드시 전경

까이에 부얀트강이 카르호로 흐르고 있다. 이 호수는 여기에서 동쪽
으로 약 25km 떨어진 곳에 있으며, 몽골 정부가 만칸자연보호구역으
로 지정하여 보호하고 있다. 호브드시는 지리적 위치, 기후와 지형의
다양성 등으로 오래전부터 식물탐사의 중심지였던 도시다. 중앙아시
아 식물탐사의 베이스캠프 같은 곳이다. 호브드는 춥고 건조한 긴 겨
울과 짧고 따뜻한 여름을 가진 추운 사막 기후(쾨펜의 기후 구분으
로는 BWk)이며, 강수량은 매우 적은데 그나마 여름에 집중한다. 연
평균 기온은 −0.1℃, 가장 추운 달은 1월로 −24.3℃, 가장 따뜻한 달
은 7월로 18.6℃이다. 지금까지 기록한 최저 기온은 −46.6℃이며, 최
고 기온은 35.6℃이다. 연평균 강수량은 122.8mm인데 대부분 7~8월
에 집중한다.*

---

*   Khovd Climate Normals 1973-1990. National Oceanic and Atmospheric Administration. Retrieved 13
    January 2019.

∧ 호브드시임을 알리는 비석 형태의 안내 간판

∧ 호브드시는 이 지역 경제 활동의 중심이다.

✱ 호브드, 중앙아시아 민족의 집합체

호브드아이막은 면적 76,000km²로 남한 면적의 4분의 3 정도이며, 인구는 2006년도 9만 2,395명을 정점으로 점차 감소하여 2015년도엔 8만 1,479명이다. 인구 밀도는 km²당 1.1명 정도다. 시청소재지인 자르갈란트솜은 인구가 가장 밀집한 지역으로 2만 8,601명이다.[**] 이곳에는 17개 이상의 국적과 민족이 살고 있다. 참고로 몽골은 다민족국가라고 할 수 있다. 전국적으로 할하족 81.5%, 카자흐족 4.3%, 도르보드족 2.8%, 바야드 2.1%, 부리야드 1.7% 다리강가족 1.4%, 자흐친족 1.3%, 우리앙하이족 1.1% 정도로 구성되어 있다. 그런데 이곳 호브드의 민족 구성은 이와 딴판이다. 몽골 전국적으로 대부분을 차지하고 있는 할하족은 이곳에서는 27.4%에 그치고 있다. 대신 전국적으로는 소수민족이라고 할 수 있는 자흐친족은 24.9%에 달한다. 카자흐족도 여기에서는 11.5%로 많이 살고 있다. 토르구드족도 8.0%로 비교적 많은 수가 살고, 전국적으로는 미미한 올로츠족도 이곳에는 7.5%나 된다. 전국적으로는 1.1%에 불과한 우리앙하이족도 7.5%에 달하며, 도르보드족 역시 6.0%나 된다. 그 외로도 전국적으로는 역시 소수만족인 미양가드족이 4.9%, 투반족 0.8%, 바야드 0.3% 순이다.[***]

이들은 각각 고유한 전통 주택과 정착 형식, 의복과 다른 문화적 차이, 문학, 예술, 음악적 전통을 가지고 살아가고 있다. 당연히 언어와 종교도 각양각색이어서 중앙아시아 민족의 집합체 같은 느낌을 주는 곳이다. 이처럼 다양한 민족구성을 보이고 있는 것은 이 일대가 중앙아시아에 치우쳐 있을 뿐 아니라 역사적으로도 많은 사건이 일어났음을 반영한다. 이들은 경제 활동을 위해 스스로 모여든 경우도 있지만 전쟁포로로 끌려와 본의 아니게 이곳에서 살게 된 사례도 많다.

[**] Khovd Aimag Statistical Office. 2007 Annual Report. Retrieved 7 May 2019.
[***] Khovd Aimak Statistical Office. 1983-2008. Dynamics Data Sheet Archived 2011-07-22 at the Wayback Machine. Retrieved 7 May 2019.

사막의 도시 호브드의 포플러나무

거리에서 만난 호브드시 사람들은 활기가 넘쳤다. 거리는 깨끗했다. 덥고 수시로 모래폭풍이 눈앞을 분간하기 힘들 정도로 먼지를 일으키는 사막의 도시라고는 생각이 들지 않을 정도다. 시 외곽에는 여러 건축 자재를 생산하는 공장들이 있고, 시내로 들어가면서 다소 몽골 전통의 게르, 흙벽돌집들이 보였다. 시가지의 중심부로 들어서자 점점 고층아파트들이 보였다. 군데군데 어느 정도 공간이 넓은 곳은 소공원을 조성했는데, 예술적으로 디자인한 가로등, 몽골 전통의 다양한 풍물을 조각품으로 만들어 세워 놓은 것들이 보인다. 그중에는 전통악기인 마두금, 우유를 끓이고 보관하는 주전자, 전통의상의 하나인 신발 같은 것들을 마치 큰 건축물처럼 세워 놓았다. 시내 중심부에는 시청, 학교, 은행, 극장 등이 밀집해 있다. 우리가 도착한 때가 오후 5시가 넘어 다소 한가한 시간인데도 사람들로 붐볐다. 시장은 각종 의류를 비롯한 공산품과 인근에서 생산했음 직한 농산물들을 사고파느라 와자지껄하다. 어느 농산물가게에는 수박이 산더미처럼 쌓였다. 이 수박은 줄무늬가 뚜렷하지 않았는데 우리나라에서 보는 것보다는 다소 검은 색이 강했다. 호브드는 이 일대에서 수박 맛이 유명하다. 중앙아시아, 특히 실크로드로 통칭되고 있는 도시들에서는 이 수박이 인기 있는 농산물의 하나로 생산과 유통이 활발하다.

극장 맞은편에 있는 식당엘 들어갔다. 작지만 아주 아름다운 유럽식 건물이다. 창은 넓고, 극장에서나 볼 수 있을 듯한 커튼이 우아하

∧ 호브드시의 가로수

게 드리워져 있다. 4인용 식탁이 20개 정도가 있다. 군데군데 젊은이들이 차를 마시고 있었다. 더위에 지친 여행객에게는 어쩐지 어울리지 않지만 극장에 왔다가 들르기엔 좋은 분위기다. 양고기찜, 계란밥 등 각자가 취향대로 주문했는데 시간이 꽤 걸린다. 신선한 바람을 쐴 요량으로 밖으로 나왔다. 교통신호등이 있는 왕복 4차선의 교차로, 식당의 맞은편은 극장이다. 그 맞은편은 시청이 자리잡고 있다. 시청 건물은 좌우 일자형으로 긴 4층 건물인데 웅장한 느낌을 준다. 광장은 사각형으로 한 변이 200m는 됨직하다. 그 둘레엔 포플러나무를 심었다. 이 도시는 사막의 한 가운데 있다. 알타이에서 여기까지오는 동안 거의 모든 곳이 사막이었다. 큰 나무는 단 한 그루도 볼 수 없었다. 이 호브드를 둘러싸고 있는 산에도 나무는 볼 수 없다. 그런 사막의 도시답지 않게 이 나무들이 싱싱하게 자랄 수 있는 건 왜일까? 자세히 살펴보면 이곳 사람들은 나무에 쏟는 정성이 이만저만이

∧ 월계수잎사시나무(*Populus laurifolia*)

아니다. 도시 전체 심은 나무들을 보면 이미 늙어서 쇠약한 나무, 한창 왕성하게 자라는 나무, 이제 심은 지 얼마 되지 않은 어린나무, 골고루 볼 수 있다. 모두 부얀트강에서 물을 끌어다가 주고 있다.

몽골에 자라고 있는 포플러나무는 5종이다. 갈래사시나무(*Populus diversifolia*)*, 구주사시나무(*P. tremula*), 월계수잎사시나무(*P. laurifolia*), 잔털사시나무(*P. pilosa*), 향기사시나무(*P. suaveolens*) 등이다(Grubov, 1982). 그런데 여기에 심어져 있는 나무는 그중 어느 종일까?

포플러나무는 사시나무속(*Populus*)이다. 원래 '*Populus*'는 그리스어에서 유래하는데 '사람이 많이 모이는 곳에 자라는', '광장에 자라는'의 뜻이다. 빠르게 자라고 크게 자라 그늘을 만들기에 제격인데다 목

---

* *Populus euphratica* Oliv.를 정명으로 인용하는 경우도 있다(The Plant List: A Working List of All Plant Species, retrieved 26 September 2016)

재의 쓰임새도 많아서 널리 퍼졌다. 그러면서 많은 품종이 만들어지기도 했다. 이곳에 심은 나무들도 어느 종인지 분간이 잘 안 된다. 다만 잎자루에 나 있는 털로 보아 잔털사시나무가 아닌가 생각할수도 있다. 어쩌면 그냥 포플러나무로 부르는 편이 나을 것 같다.

✱ 신이 간청한다고 해도…

광장에서 가장 눈에 띄는 것은 청사 앞 중앙에 자리한 거대한 인물 동상이다. 갈단 보숙투(Galdan Boshugtu, 1644~1697)이다. 왜 그가 이 자리를 차지한 것일까? 갈단은 준가르 칸국의 준가르-오이라트 칸이었다. 준가르 칸국의 창시자인 에르데니 바투르의 넷째 아들이면서 15세기 서몽골을 통일한 북원의 강력한 오이라트 칸인 에센 타이시 칸의 자손이기도 하다. 7세 때 티베트의 라싸에 유학하여 불교 교리, 철학, 점성술, 천문, 의학, 약학 등을 배웠다. 갈단은 20년간의 유학을 끝내고 귀국하여 칸에 오르는데 몽골 사상 최고의 지식을 가진 칸으로 손꼽힌다. 호브드시는 바로 이 갈단 칸이 건설했다.

이곳은 지금은 이렇게 평화로워 보이지만 역사상 거의 대부분 피비린내 나는 전쟁터였다. 17세기 몽골은 바로 이 알타이산을 경계로 서부의 오이라트, 동부의 할하몽골, 고비 남쪽의 내몽골로 분리되었다. 이들은 초원의 패권을 놓고 경쟁하고 있었을 뿐 아니라 한편으로 후금과도 치열한 전쟁을 벌였다. 북원 시대에는 오이라트가 몽골고원에서 막강한 영향력을 행사했으나 에센 타이시가 사망하면서 오이라트는 와해되고 17세기 이후 청의 지배를 받게 된다. 북원이란 1368년 원의 순제 토곤 테무르가 북경에서 내몽골로 옮긴 이후를 가리킨다. 이 북원이란 국호를 처음 사용하여 불러준 나라는 고려라고 한다.[**]

[**] 외교부. 2011. 몽골 개황: 북원과 명의 대결시대, 청 복속 시대(1368년~1911년). http://www.mofa.go.kr. Retrieved 8 February 2019.

북원은 1636년 후금에 복속되었다가 1640년 러시아와 청의 위협에 대비하기 위해 몽골 각부와 오이라트 연합을 결성하였다. 1688년 바로 이 동상의 주인공 갈단 칸이 몽골 할하부를 공격하여 많은 영토를 회복하면서 민족적 자긍심을 높이게 된다. 갈단이 죽고 1717년 이후 1912년 몽골이 회복할 때까지 거의 200년간을 이 지역은 청의 지배하에 있었다. 중앙아시아를 아라비안나이트의 무대, 머나먼 동화의 나라 정도로 생각한다면 오산이다. 우리는 100년이나 이들에게 유린당한 적이 있다. 동상의 기단에 새겨진 갈단의 이야기, '신이 간청한다 해도 한 평의 땅도 내주지 마라'.

∧ 호브드시는 사막으로 둘러싸여 있다.

∧ 호브드시 광장의 갈단 보슉투 칸의 동상

∧ 고탈(gutal)이라고 하는 몽골 장화를 거리의 장식물로 형상화했다.

낯익은 도꼬마리

　호브드아이막의 도청소재지 호브드시, 그중에서도 중심이라고 하는 자르갈란트솜을 출발했다. 목적지를 향해 동쪽으로 방향을 잡았다. 이 길은 부얀트솜을 향해 간다. 이제부터는 완전한 비포장도로다. 출발한지 조금 지나 돌산을 통과하게 되었는데 그야말로 건조한 상태다. 가물었을 때 나타나는 바위 표면 모습이 아니다. 오랜 세월 그렇게 노출돼온 상태라 할 수 있다. 아마 달이나 화성의 표면이 이럴 것이다. 도로는 이제 한창 포장 공사 중이다. 바람이 불 때마다 뽀얀 먼지가 앞을 가린다. 사실 몽골은 도로를 비롯한 사회 간접 자본에 대한 투자가 활발하다. 가는 곳마다 도로포장 공사가 한창이고 공항을 새로 만들거나 확장하는 공사도 볼 수 있다. 해가 바뀔 때마다 환경이 달라지고 있음을 느낄 수 있다. 이런 공사판을 뚫고 덜커덩거리면서 달리다 어느 순간 "아!" 하는 탄성이 나온다. 콸콸 넘치듯 흐르는 강물이다. 이런 사막을 달리다보면 물도 신기하다. 숲은 더 신기하다.

　노르진할르한(Norjinkhairkhan)이라는 곳이다. 수량이 풍부하고 숲이 우거졌으며 풍광이 아름다워 휴양지로 각광을 받고 있다. 싱싱한 나무로 넘쳐나고 꽃들이 피어났으며 새들은 노래하고 있다. 이 생명의 숲! 얼마만인가! 나무들은 높이가 5m 정도다. 가지가 서로 맞닿을 만큼 빽빽하다. 그 사이를 뚫고 물길이 나 있다. 간간이 웅덩이가 생겨 물이 고이고, 깊이에 따라 알맞은 식물들이 자라고 있다. 물과 생

∧ 노르진할르한의 부얀트강

명, 얼마나 소중하고 경이로우면 몽골 사람들도 성스러운 곳으로 여기겠는가. 많은 여행자들이 쉬어가고, 몽골 각지에서 몰려온 사람들이 머물기 마련이지만 사람이나 가축이나 목마른 자는 언제든 먹을 수 있을 만큼 물은 깨끗하다.

나무 대부분은 버드나무다. 몇 가지 습지식물들을 관찰하다가 이상한 느낌이 드는 식물을 발견했다. 아주 눈에 익은 듯하면서도 한편 그렇지 않은 것 같기도 하다. 도꼬마리(*Xanthium strumarium*)다. 이식물은 우리나라 어디에서나 지천으로 자란다. 특히 다소 습한 길가에 흔하다. 제주도에서도 길가, 마을 공터, 택지 개발 중인 곳에서 쉽게 볼 수 있다. 그런데 왜 이상하게 보이는 걸까? 생활 주변에서 아주 쉽게 보이면 사실 자세히 들여다보지 않게 마련이다. 좀 귀한 물건이라야 신기하기도 하고 궁금하기도 해서 자세히 들여다보게도 되

∧ 몽골 알타이에 자라고 있는 도꼬마리(*Xanthium strumarium*)

고 요모조모 따져보기도 한다. 도꼬마리도 마찬가지다. 더욱 이상했던 것은 한국에서, 제주도에서 그렇게 흔한 식물인데도 스무 차례에 가까운 몽골식물탐사 중엔 한 번도 본적이 없다는 점이다. 그런 식물을 몽골에서도 알타이까지 와서 처음으로 보게 되다니… 의아스러운 일이 아닐 수 없다.

도꼬마리는 국화과의 도꼬마리속 식물이다. 이 종 외에도 우리나라엔 가시도꼬마리(*X. italicum*)와 큰도꼬마리(*X. canadense*) 3종이 자란다(Kim, 2007). 이들 모두 길가나 경작지에 흔히 자란다. 도꼬마리는 유라시아, 가시도꼬마리는 유럽, 큰도꼬마리는 북아메리카가 원산이라고 한다. 그렇다면 과연 이 식물들은 우리나라 자생종인가 귀화종인가. 모두 귀화식물로 보는 자료도 있다. 여기서 보고 있는 이 도꼬마리는 유럽과 서아시아를 잇는 광역 분포 기원을 가진 유라시아 대

∧ 습지 주위의 높은 지대는 심한 건조 상태다.

륙 온대식물로 종자에 달린 갈고리로 산포하는 특성 때문에 한반도에 인류가 도래하면서 자연스럽게 유입되었을 것이라고 설명하는 자료도 있다.[*] 이 식물의 열매에는 다른 물건 또는 동물의 털에 잘 달라붙을 수 있도록 갈고리모양의 돌기가 발달해 있다. 이게 얼마나 잘 붙으면 1948년 스위스의 발명가 게오르게 데 메스트랄은 이것을 응용해 단추나 끈보다 더 쉽게 붙였다 떼었다 할 수 있는 '벨크로'를 발명했겠는가. 그렇다면 제주도의 도꼬마리 역시 사람의 이동과 함께 했을까? 제주도가 육지였을 빙하기 때 대형의 포유류의 몸에 붙어 이동하지는 않았을까? 매머드, 야생 말, 호랑이, 곰, 사슴, 노루, 유라시아에는 수많은 포유류가 살고 있었을 테니까.

[*] 김종원. 2013. 큰도꼬마리. 한국식물생태보감. http://www.econature.co.kr. Retrieved 8 May 2019.

∧ 신성한 곳으로 철저히 보존하고 있다.

✳ 부얀트강과 호브드강

부얀트강은 호브드강의 오른쪽 지류를 말한다. 발원지는 몽골 알타이산맥 중부의 동쪽 사면이다. 상류에서는 강이 넓은 계곡에서 호수를 이루면서 북동쪽으로 흐르는데 이를 별도로 치기르타인강이라고 부른다. 하류에서 델룬강과 합류하여 부얀트강을 이룬다. 이 부얀트강은 쿠크 세르킨산맥을 가로지르는 깊은 골짜기를 지나 북쪽으로 흘러 넓은 평원인 호브드시에 이른다. 이 강은 이 일대 반사막지역을 적시며 하류에서 호브드강으로 흘러든다. 강의 길이는 237km, 유역면적 8,367km²이다. 강물의 대부분은 빗물이고 빙하가 녹아 물은 거의 없다. 최고 수위는 6월과 7월이며, 가을에는 얼고, 겨울에는 얼어붙는다.

탐사대는 지금 이 부얀트강을 북쪽 약 5~10km에 평행하게 두고 동북쪽으로 달리는 중이다. 이 강은 호브드시를 벗어나서 얼마 안 돼 건조한 사막을 좁고 빠르게 흐른다. 우리는 이 지점을 가로지르고 있는 것이다. 여기는 드넓은 평원으로 이 강물이 수많은 작은 지류로 갈라지면서 델타를 이루고 있다. 가까이서 보면 평평한 습지로 보인다. 호브드강이란 알타이산맥의 타반 보그드산에서 발원하여 카르우스호로 흘러드는 강이다. 몽골에서 여섯번째로 긴 강으로서 길이는 516km이다. 부얀트강을 비롯해서 길고 짧은 수많은 지류를 거느리고 있다. 타반 보그드산은 몽골, 중국, 러시아의 국경이 갈라지는 산으로서 해발 4,374m이다. 이 산의 대부분은 몽골의 바얀올기아이막에 있으나 북사면은 러시아의 알타이공화국, 서사면은 중국의 부르킨현이다. 정상은 만년설로 덮여 있다. 타반 보그드산의 타반은 '다섯'을, 보그드는 '성(聖)'을 뜻하여 높은 봉우리 다섯을 나타내고 있다. 가장 높은 봉우리는 쿠이텐봉, 다음으로 나이람달봉, 말친봉, 비르게드봉, 올기봉이다. 호브드강은 이와 같은 높은 봉우리들에서 발원하는 강으로서 만년설이 녹아 흐르며 수량이 풍부하다. 몽골의 호브드아이막은 이 강 이름에서 유래한다.

호브드강가의 식생

바얀호슈(Bayankhoshuu)솜을 지나가고 있다. 이 길은 이 마을의 북
쪽으로 나 있다. 길이 100여 m의 다리를 빠르게 달리고 있다. 소용돌
이치면서 흐르는 강물의 양이 엄청나다. 호브드강이다. 해발 4,000m
가 넘는 고산준령의 만년설이 녹은 물이다. 이 물의 종착지는 카르
우스(Khar Us)호다. 몽골어로 검은 물 호수라는 뜻이다. 제주도에서
검은 말을 부를 때 쓰는 '가라말'의 '가라'와 같은 뜻이다. 우리는 호
브드에서 부얀트강을 따라 달리다 마치 드넓은 오아시스 같은 노르
진할르한에서 잠시 식물을 탐사한 후 이곳을 통과하게 된 것이다. 이
다리에 접근하기 전, 우리는 해가 서산에 기우는 것을 안타까워하면
서 짧은 시간이나마 기름진 평야 같은 지역을 탐사했다.

호브드강가, 큰 나무들이 보인다. 물가에 자라는 나무들은 역시
대부분 버드나무들이다. 그래도 조금 땅이 드러나 있는 가장자리엔
가시골담초(*Caragana spinosa*)들이 보인다. 몽골에는 골담초에 속하는
무리가 13종이 자라고 있다. 대부분은 건조에 적응한 종들이다. 건조
지역 중에서도 모래, 자갈, 암벽같이 극심한 건조 상태에서 산다. 그
런데 이 가시골담초만은 강변이나 습지 주변에 자란다. 중앙아시아
의 고립된 환경이야말로 이처럼 식물들이 다양하게 진화하는 곳이
라는 점을 알 수 있다. 종소명 '*spinosa*'는 라틴어에서 기원하는데 '가
시처럼 되는'의 뜻이다. 발생학적으로 보면 가지임에 틀림없다. 잎
이 네 쌍 내외가 달린 작은 가지가 나오면서 점차 잎은 탈락하고 끝

∧ 카르우스호로 흘러가는 호브드강

은 뾰족해져서 전체적으로 가시모양을 하게 된다. 이런 구조를 경침
이라고 하는데 잎이 진 상태에서 무심코 보면 그냥 줄기의 표면에서
생긴 가시로 오인하기 십상이다.

화려한 풀들도 자라고 있다. 그중에서도 낫개자리(*Medicago falcata*)
는 활짝 핀 꽃이 사막의 햇빛을 받아 샛노랗게 반짝이고 있다. 아주
큰 군락이다. 이 종은 이미 다루었듯이 개자리속 식물이다. 우리나라
엔 자주개자리, 잔개자리, 개자리, 노랑개자리 등이 자라고 있다. 노
랑개자리는 국내에서 제주도와 중부 이북에만 자라는데 나머지는 모
두 전국에 귀화하여 널리 자라고 있다.* 그런데 이 낫개자리는 몽골
을 비롯하여 아시아와 유럽에 널리 분포하고 있지만 아직 국내에 보
고된 바 없다. 유럽에서 중앙아시아, 몽골, 내몽골을 거쳐 중국 동북

---

* 국가생물종지식정보시스템. 국립수목원. www.nature.go.kr.

∧ 물가에 자라는 가시골담초(*Caragana spinosa*)(위)와 줄기가 변한 가시(아래)

∧ 낫개자리(*Medicago falcata*)

∧ 큰키다닥냉이(*Lepidium latifolium*)

∧ 이슬람 사원

지방의 옌지까지도 분포하고 있지만 한반도에는 분포한다는 기록이 없는 것이다. 과거 어느 시기 우리나라에 분포한 적이 있으나 어떤 이유로 지금은 사라진 것인지 아직 한 번도 분포한 적이 없었던 것인지는 알 수 없다. 그러나 초원, 고산의 사면, 계곡, 건조한 모래벌판 같은 곳에 자라는 이 종의 생태적 특성으로 볼 때 백두산, 개마고원, 기타 백두대간의 어느 곳에 자라고 있을 가능성이 있다. 우리말 이름은 종소명 '*falcata*'가 라틴어로 '낫'을 의미하므로 낫개자리로 하였다. 콩꼬투리가 낫모양으로 휘어져 있다.

물가 풀밭에 큰키다닥냉이(*Lepidium latifolium*)가 고개를 내밀고 있다. 십자화과 다닥냉이속 식물이다. 종소명 '*latifolium*'이 '잎이 넓은'의 의미를 가진다. 간혹 1m 이상 크게 자라기도 하는 식물이지만 여기서는 50cm 정도다. 전체적으로 곧추서서 자라며 가지를 많이 친다.

잎은 가죽질이다. 표면이 반짝이고 질기다. 다소 회색이 돈다. 우리나라에 인접한 중국에도 분포하고, 아프가니스탄, 인도, 카슈미르, 카자흐스탄, 키르기스스탄, 파키스탄, 러시아, 타지키스탄, 투르크메니스탄, 우즈베키스탄 등 아시아에 널리 분포한다(Zhou et al., 2001). 『한국속 식물지』에서는 우리나라에서 자라는 십자화과 다닥냉이속 식물이 8종이라고 되어 있다(Oh, 2007). 몽골에는 7종이 분포한다. 그중 좀다닥냉이와 앉은잎다닥냉이 2종이 공통이다. 좀다닥냉이는 인천에 분포하는 종인데 세계적으로는 큰키다닥냉이와 분포지역이 유사하다. 앉은잎다닥냉이는 평안남도에 자란다. 러시아, 중국, 타지키스탄, 카자흐스탄 등에도 분포한다. 국가생물종지식정보시스템을 보면 '한국에서 자라는 다닥냉이속 6종은 전부 북아메리카 또는 유럽에서 귀화한 식물이다'라고 되어 있다.** 이해할 수 없는 내용이다. 오히려 아시아 원산으로 유럽, 아메리카로 귀화한 종들이다. 기원이 다양한 식물들이 어우러지듯 이 근처 마을에서는 이슬람 사원도 간혹 눈에 띤다. 몽골에서도 서쪽으로 치우친 곳이라 인종과 종교도 판이하게 다르다는 점을 보여주는 것 같다.

✱ 카르우스호와 카르호

호브드아이막에는 크고 작은 호수들이 많다. 모두 알타이산맥의 높은 산에서 흘러내리는 물이 고여 만들어졌다.*** 그중 카르우스(Khar Us)호는 48°02′N 92°17′E에 있다. 이 호수로 유입하는 물은 거의 모두 호브드강이 담당하고 있다. 강의 유역면적이 74,500km²라고 하니 엄청난 면적이다. 러시아 영토에서 흘러드는 물도 포함하고 있다.**** 호수의 장경은 72.2km, 단경은 36.5km다. 제주도와 크기와 모

** 국가생물종지식정보시스템, 국립수목원, http://www.nature.go.kr.
*** Khovd Province. Wikipedia, https://en.wikipedia.org/wiki/Khovd_Province.
**** Khar-Us Lake. Wikipedia, https://en.wikipedia.org/wiki/Khar-Us_Lake.

양이 아주 비슷하다. 호수 면적은 1,578km², 평균 수심 2.2m, 최대 수심 4.5m, 수량 3.432km³에 달한다. 11월부터 4월까지는 얼어 있다. 호수 가운데 악바쉬섬이 있다. 몽골 호수 중 두번째로 넓다. 이 호수보다 동쪽 가까운 곳에 카르(Khar)호가 있다. 검은 호수라는 뜻이다. 초노하라이흐강이 흘러든다. 유역 면적은 76,800km로 카르우스호보다 조금 더 넓다. 역시 러시아에서 흘러드는 물도 포함하고 있다. 호수의 장경은 37km, 단경은 24km, 수면 면적은 575km²로 카르우스호의 3분의 1을 상회하는 넓이다. 평균 수심 4.2m, 최대 수심 7m, 수량은 2.422km³다. 수면은 해발 1,132.3m이다. 12월부터 4월까지는 얼어 있다. 이곳의 호수들은 면적에 비해 수심이 얕다. 이것은 중앙아시아 호수들의 공통점이다. 어떤 이유로든 유입량이 감소하거나 증발 또는 소비량이 증가하면 호수면적이 급격히 축소되는 특성이 있다. 간혹 호수가 사라진다거나 사라진 호수가 다시 생겨나기도 하고, 심지어 호수가 이동하기도 하는 것은 이 때문이다.

∧ 옵신 카르우스호

한국특산 단양쑥부쟁이의
원종 알타이쑥부쟁이

　어느 야트막한 봉우리를 병풍삼아 야영지를 택했다. 오늘 우리는 아침 6시부터 탐사를 시작했다. 어제는 알타이시에서 50km 정도 떨어진 곳에서 야영을 했었다. 야영지에서 출발하면 누구랄 것도 없이 대원들은 분주하게 움직인다. 대원마다 맡은 임무를 충실히 수행해 주어야 한다. 식사를 준비하고, 텐트를 걷어야 하며, 자동차에 짐을 싣고, 주변의 식물을 조사한다. 식사를 마치면 그때서야 출발한다. 야영을 준비하는 것은 이보다 더 바쁘기 마련이다. 우선 야영지를 선정한다. 이때 고려해야 할 사항은 우선 돌풍, 비바람과 같은 기상이변에서 안전한가, 모기 또는 여타의 야생동물의 공격은 없을 것인가, 비상상황이 발생했을 때 구조요청이 가능한 장소인가, 사진 촬영이나 원거리 관측에 용이한 지형이 있는가 등이다. 장소가 정해지면 모두가 힘을 합쳐 부지런히 짐을 부리고 텐트를 친다. 텐트는 모두가 함께 식사할 수 있어야 하고 짐을 보관해야 하는 단체 천막 1동과 개인 천막 5개를 별도로 쳐야 한다. 동영상은 물론 원거리와 야간 촬영을 대비해 망원렌즈를 준비하고 삼각대를 설치한다. 그런 다음에는 가축의 똥을 모아 모깃불을 피운다. 모기만이 아니라 여러 가지 해충과 야생동물을 쫓는데 유용하다. 이상하게 불을 피우면 마치 사람이 거주하는 분위기가 만들어져 안온해지는 것 같다. 식사를 준비하는 대원은 더욱 바쁘다. 7명분의 식사를 마련한다는 것은 만만찮은 일이다. 이것이 다가 아니다. 오늘 채집한 표본들을 동정하고 포장할

∧ 식물표본을 정리하고 있는 모습

준비를 해야 한다. 이런 과정을 마쳐야 잠을 잘 수 있는데, 이외에도 마지막으로 오늘의 탐사에 대해 토론하고 내일 일정을 점검한 후에야 비로소 자게 된다. 기록을 보니 오전 6시부터 탐사를 시작하여 여기 도착한 지금 시각이 오후 9시 55분이 넘었다. 대략 16시간을 이동한 셈이다. 거리로는 440km다. 대부분 자동차로 이동했지만 만보기 기록을 보니 30,942보를 걸었다. 한라산 성판악에서 백록담을 거쳐 관음사까지 간 거리와 맞먹는다.

까마득히 멀리 눈 덮인 산이 보인다. 거리는 100km는 족할 것이다. 참바가라브산이다. 호브드아이막과 바얀올기아이막의 경계에 있다. 서몽골 알타이산맥의 주봉의 하나다. 이 산은 높은 봉우리 두 개가 있는데 그중 높은 것이 차스트(Tsast Uul)봉인데 몽골어로 '눈 덮인 산' 즉 설산이라는 뜻이다. 높이는 해발 4,193m에 달한다. 다른 하

나는 이 산의 이름과 같은 참바가라브봉으로서 해발 4,165m이다.[*]
이 산의 정상은 만년설로 덮여 있으며, 이 지역 사람들은 신성한 산
으로 부른다. 차스트봉이 몽골 최고 봉인 타반 보그드산의 후이텐봉
(4,374m), 몽헤 할르한의 수흐바타르봉(4,204m) 다음으로 세번째 높
은 봉우리에 해당하고 있으며, 이어서 네번째인 타반 보그드산의 나
이람달봉(4,180m)에 이어 참바가라브봉은 다섯번째 높은 봉우리가
된다. 참바가라브산은 몽골의 국립공원이다. 지정 면적이 1,110km²에
달하는데 눈표범을 비롯한 수많은 희귀동식물의 서식처로 알려져 있
으며, 최근에는 여러 나라의 과학자들이 기후변화에 따른 만년설의
동태를 연구하고 있는 곳이기도 하다.

야영지 주변에도 꽃은 피어 있다. 처음으로 눈에 들어오는 식물
은 마치 쑥처럼 보이는 식물이다. 우리나라엔 없는 속에 속하는 뿌
리나무의 일종이다. 눈여름뿌리나무(*Kochia prostrata*)라는 종이다. 속
명 '*Kochia*'는 독일의 식물학자 빌헬름 다니엘 조셉 코치(Wilhelm
Daniel Joseph Koch, 1771~1849)를 기념하기 위해 쓰인 것이고, 종소명
'*prostrata*'는 '누운' 또는 '땅 위를 기는'의 뜻이다. 우리말 이름 눈여름
뿌리나무는 이 식물이 뿌리나무이고 영어 이름이 여름측백인 점을
고려하여 지었다.

가을의 꽃인 쑥부쟁이도 피기 시작했다. 알타이쑥부쟁이(*Heteropappus
altaicus*)다. 전국의 해안에 널리 자라는 갯쑥부쟁이(*Aster hispidus*)와 혈
연적으로 가까운 종이다. 꽃은 닮았으나 잎이 두껍고 하얀 털이 밀
생하는 점이 다르다. 한편 충북 단양의 강가 모래땅에 자라는 단양
쑥부쟁이(*Aster altaicus var. uchiyamae*)는 한국 특산식물인데 이 종의 변
종으로 보고 있다. 알타이쑥부쟁이를 자생지에서 관찰한 바 단양쑥
부쟁이에 비해서 잎이 짧고 두꺼우며 나비가 넓고 끝이 뭉툭하며 흰

---

[*] List of mountains in Mongolia. Wikipedia, https://en.wikipedia.org/wiki/List_of_mountains_in_Mongolia

⋀ 눈여름뿌리나무(*Kochia prostrata*)

⋀ 알타이쑥부쟁이(*Heteropappus altaicus*)

색 털이 밀생했다. 좀 더 자세히 연구해볼 필요가 있다.

✱ 몽골의 국립공원과 보호지구들[**]

몽골은 다양한 방법으로 자연을 보호하기 위해 애쓰고 있다. 알타이산맥 일대에는 참바가라브산국립공원 외에도 알타이 타반보그드산국립공원이 있다. 면적이 6,362km²로 넓다. 그레이트 고비 B 절대보호지구(Great Gobi B Strictly Protected Area)도 있다. 면적 9,000km²로 아주 넓은 지역이다. 앞서 언급한 알락 할르한산은 이 지역에 있다. 유네스코 생물권보존지역으로도 지정된 곳이다. 카르가스호국립공원은 호수를 기반으로 3,328km²에 달하는 면적이 지정되었다. 남알타이고비국립공원도 알타이산맥에 속한다. 유네스코 생물권보존지역이면서 세계자연유산인 웁스호 및 그 유역도 알타이산맥에 있다. 그 외에도 고비사막에 고비구르반사이반국립공원이 있다. 면적이 무려 27,000km²에 달한다. 유네스코 세계 자연 유산으로 지정된 곳이기도 하다. 울란바토르 근처에 고르키테를지국립공원, 군 갈루트 자연보호구, 유네스코 생물권보존지역으로도 지정된 허스타인국립공원이 있다. 울란바토르에서 북쪽 방향 러시아 접경에는 12,270km²나 되는 넓은 면적이 헨티 절대보존지역으로 지정되어 있다. 몽골 유일의 곳자왈지역이랄 수 있는 코르고테르킨차간호국립공원, 3,000km²에 달하는 만칸자연보호구, 샤르가자연보호구가 있으며, 몽골 다구르절대보호지구는 유네스코 생물권보전지역이기도 하다. 그 외에도 생물권보존지역으로서 보그드한산과 도르모드몽골이 있다. 우리는 이 중 8개 지역을 탐사했다. 물론 그 외의 지역도 여러 곳을 탐사했다. 이와 같은 탐사는 앞으로도 계속될 것이다.

[**] List of national parks of Mongolia. Wikipedia, https://en.wikipedia.org/wiki/List_of_national_parks_of_Mongolia.

흰껍질골담초

　오전 8시가 되어 출발했다. 우리는 오늘 하르히라산 베이스캠프에 도달하는 게 목표다. 거리는 240km 정도다. 오늘이 7월 26일이므로 연중 가장 더운 한여름이다. 시간이 흐를수록 날은 더워지고 있다. 오늘 중 목표지점에 도달해야 하므로 가능한 자동차를 멈추지 않고 달렸다. 3시간쯤 달리자 마치 알타이산이 가지고 있는 금산이라는 이름에 걸맞게 땅바닥은 금색으로 빛나고, 남북으로 길게 누워 있는 나무 한그루 없이 나출된 산은 마치 쇠가 붉게 녹슬어 있는 듯 보인다. 모두 내려 잠시 촬영한 후 조금 더 달리다 아름다운 호수를 만났다. 근처에는 작은 마을도 보인다. 울기솜이다. 호수는 주위의 산들과 어우러져 한층 아름다워 보인다. 이처럼 이 지역은 가는 곳마다 호수다. 얼마나 호수가 많으면 '대호수저지대'라고 할까. 읍신카르우스호 (Uvsiin Khar Us Lake), 글자 그대로 해석하면 읍스에 있는 카르우스호 라는 뜻이다. 대단히 넓고 아름다운 호수지만 호브드의 카르우스호 가 너무나 유명하기 때문에 상대적으로 잘 알려지지 않았다. 카르호 즉 '검은 물 호수'라는 이름과는 달리 물빛이 파랗게 빛나고 있다. 주변은 바싹 말라 먼지밖에 나지 않는 곳이지만 까마득히 멀리 보이는 게르들은 평화로워 보이기까지 하다. 지표면은 거의 대부분 모래와 자갈로 덮여 있어서 푸석푸석하다.

　관목들은 대부분 골담초에 속하는 종류들인데 그중 가장 많은 것이 은골담초다. 그 사이사이에 흰껍질골담초(*Caragana leucophloea*)가

∧ 웁신 카르우스호에서 보는 하르히라산

∧ 흰껍질골담초(*Caragana leucophloea*)와 은골담초(*Caragana bungei*) 혼생군락

∧ 은골담초(*Caragana bungei*)

∧ 빗살쑥(*Neopallasia pectinata*)

섞여 있다. 은골담초는 잎의 표면에 은색의 털이 덮여있어서 은빛으로 반짝인다. 반면 이 종은 나무껍질이 하얀색이다. 그 외에도 이 종은 잎의 배열상태가 아주 다르기 때문에 쉽게 구분된다. 우리말 이름 흰껍질골담초는 종소명 ‘leucophloea’가 ‘흰 수피를 하고 있는’의 뜻이기도 하여 붙였다. 주로 사막의 모래스텝, 자갈로 되어 있는 언덕, 건조한 강가나 범람원에 자란다. 몽골에서는 북부와 동부를 제외한 거의 전국에서 발견되기는 하지만 주로 서부에서 자라고 있다. 그 외에 중국의 내몽골, 신장, 간수성의 건조지대에 분포하며, 카자흐스탄에도 분포해 있다(Liu, 2010; Radnaakhand, 2016). 이 일대는 이 2종이 약 1:1의 비율로 섞여 있는데 2종을 합해 100m²에 4~5그루 정도 밀도로 자라고 있다. 드물게나마 물이 흘렀을 것 같은 지형에서 쑥의 일종으로 보이는 식물이 눈에 띈다. 빗살쑥(Neopallasia pectinata)이라는 식물이다. 이 종은 혈연적으로 쑥과 가깝지만 다른 종이다(Watson et al., 2002). 몽골 외로는 중국의 서부, 북부지방, 카자흐스탄, 키르기스스탄, 우즈베키스탄, 러시아의 알타이와 치타에 분포하는 중앙아시아 특산식물이다(Zhu et al., 2011). 우리말 이름 빗살쑥은 종소명 ‘pectinata’가 ‘잎이 빗살처럼 갈라지는’이라는 뜻을 갖는 점을 고려하여 지었다.

호수 주변 조사를 마치고 언덕을 넘어서는 순간 저 멀리 웅장하게 버티고 서 있는 엄청난 높이의 산을 보게 되었다. “이야~” 모두 그 위용에 놀라서 거의 비명에 가까운 소리를 낸다. 저 산이 무슨 산일까? 산 이름은 뭐며, 높이는 얼마인가? 얼마나 높길래 이 뜨거운 한여름에도 저렇게 눈이 덮여 있단 말인가. 저 산도 몽골에 있는 산일까? 탐사대원들은 망원 렌즈를 꺼내면서도 아무것도 모르고 있다. 여기서 얼마나 떨어져 있는 산이지? 바로 우리가 찾아가고 있는 하르히라산이다. 우리가 그토록 먼 길을 마다않고 찾아가고 있는 산인데도 우리는 까맣게 모르고 있었다. 해발 4,040m의 고산으로 언제나 묵묵히 만년설을 머리에 이고 있는 산, 뜨거운 사막의 한가운데 있으면서도 언제나 맑은 물이 흐르고, 꽃이 피는 산. 지구상에서 해양에서 가장 멀리 떨어져 있는 지역에 있는 산, 바로 저 산이다.[*] 아마 여기서 직선거리로 70~80km 정도 될 것이다.

✱ 대호수저지대(Great Lakes Depression)

대호수저지대 혹은 대호수분지(Great Lakes' Hollow)라고도 한다. 몽골 서부의 광활한 반건조지대를 말하는 것인데 웁스, 호브드, 바얀올기, 자브한 그리고 고비알타이아이막을 포함하는 지역이다. 서쪽으로는 알타이산맥, 동쪽으로 항가이산맥, 북쪽으로는 탄누-올라산맥으로 둘러싸여 있다. 이 지대는 해발 750m에서 2,000m에 이르며, 그 넓이는 무려 100,000km²에 달하여 남한 면적보다 넓다. 러시아 영토에도 일부 포함되어 있다.[**] 대호수 저지대는 염호인 웁스호, 카르가스호, 도르곤호, 그리고 담수호인 카르우스호, 카르호, 아이락호 등 6개의 주요한 몽골 호수들을 포함하고 있어서 지어진 이름이다. 또한 14,000km²에 달하는 광대한 솔론책토양(Solonchak Soils, 배수 불량 염류토양)과 모래지대도 포함하고 있다. 대호수저지대의 북부지역은 주로 건조스텝들, 남부지역은 반사막 또는 사막으로 되어 있다. 이곳에 흐르는 주요 강들을 보면 호브드강, 자브칸강 및 테신강을[*] 들 수 있다. 이 강들은 하나같이 알타이산맥의 정상부에 형성된 만년설이 녹으면서 흐르는 강들인데 이 저지대로 향하는 한 영원히 바다로 가지 못하고 이 일대의 호수로 생을 마감한다.

이 저지대는 몽골의 주요 담수역이며, 중앙아시아의 중요한 습지를 포함하고 있다. 습지들은 일반적으로 사막스텝 내에서 넓은 갈대

---

[*]   Carson R. J., A. Bayasgalan, R. W. Hazlett and R. Walker. Geology of the Kharkhiraa Uul, Mongolian Altai. http://keck.wooster.edu/publications/eighteenthannual. Retrieved 8 May 2019.

[**]   Great Lakes Depression, Great Soviet Encyclopedia. https://oval.ru/enc/90105.html.

지대를 갖는 얕은 호수들을 상호 연관시켜 주는 시스템의 기반이 되고 있다. 이 습지들은 수많은 희귀 철새들의 낙원이 되고 있다. 불과 몇 마리밖에 남아 있지 않은 멸종위기에 처한 분홍사다새(*Pelecanus onocrotalus*)도 이 일대에 살면서 강과 호수의 물고기와 식생에 의존하고 있다(Batnasan N. 2003). 이 일대 수계에 살고 있는 어류의 종류는 풍부한 편은 아니지만 많은 종류가 이 지역 특산종이거나 준특산종으로서 중요성을 가지고 있다.[***] 이 호수들은 역사적으로 이 일대에서 발흥했던 흉노, 돌궐, 몽골족들의 생활 터전이 되었다. 뿐만 아니라 수많은 동식물이 흥망성쇠의 무대가 되어 왔다. 특히 건조, 추위, 알칼리, 염분에 적응 진화해온 자연사의 무대이기도 한 곳이다.

∧ 카르가스(Khyargas)호. 면적 1,481.1km²의 염호이다. 이 일대의 연강수량은 50.9mm에 불과하다.

[***] Freshwater ecoregions of the World: western Mongolia. Retrieved 5 May 2018. http://www.feow.org/ecoregions/details/western_mongolia

알타이에서 만난 시로미

　울란곰(Ulaangom)은 읍스아이막의 도청소재지다. 인구는 2016년 총 조사에서 30,688명을 기록했다. 몽골 알타이의 북부지역 중심도시로 약 110km 북으로 가면 러시아와 국경이 나온다. 체육관, 극장 등 공공건물들이 들어찬 시내 중심을 통과했다. 베이스캠프에 도착하니 오후 7시 반을 지나고 있었다. 울란바토르를 출발하여 5일만이다. 돌이켜보면 이곳까지 탐사거리는 무려 2,334km에 달했다. 한라산에서 울란바토르까지 2,400km을 포함하면 여기는 4,734km나 떨어진 곳이다. 아침 일찍 서둘러 탐사를 시작했다. 하르히라산을 오르는 것이다. 이름도 한라산과 비슷하고, 어떻게 보면 모습도 한라산과 닮았다. 대원 모두가 들뜬 분위기다. 몽골대원들은 모두 캠프서 쉬도록 하고 한국대원들로만 팀을 꾸렸다. 줌베렐마 박사는 식물전문가로서 탐사에 꼭 필요한 대원이지만 저 높은 산을 오르기에 좀 무리일 것 같아 제외했다. 그러자 그녀가 말하길 30년 전에도 한 차례 외국인들과 동행한 적이 있었는데, 당시에는 너무 어려서 캠프에 남아 있으라고 하더니 이번에는 너무 나이가 많다고 제외한다며 멋쩍어 했다.

　계곡의 양쪽엔 줄기 직경 40cm 내외, 높이 20m가 넘는 포플러나무들이 줄지어 자라고 있다. 이 나무는 정체가 무엇인지 좀 더 연구가 필요하다. 우리는 잔털사시나무로 동정했는데 1800년대 작성된 『알타이식물지』는 월계수잎사시나무(*Populus laurifolia*)라고 기록하고 있다. 언덕 쪽에는 시베리아잎갈나무숲이 넓게 펼쳐져 있다. 숲속

에는 여기까지 오는 동안 볼 수 없었던 북방의 고산식물들이 꽉 들어차 있다. 한라산 고산식물들과 아주 밀접한 관계를 갖는 종들도 다수 보인다. 그중에 우리의 눈길을 잡아끄는 식물은 단연 검은시로미(*Empetrum nigrum*)다. 한라산에 자라는 시로미는 이 종의 변종이니 넓은 의미에서 같은 종이다. 시로미는 이처럼 알타이, 시베리아, 캄차카 등 북방에 널리 분포하는데 한반도에는 분포하지 않으면서 한라산에는 자라고 있는 식물이다. 한라산의 종의 기원을 해명하는데 중요한 열쇠를 갖고 있다. 알타이는 시로미 자생지로서는 가장 서쪽에 해당할 것이다.

바위지대를 조사하다 빨간 열매가 달린 작은 나무들을 만났다. 한눈에 봐도 한라산 특산식물인 섬매발톱나무를 닮았다. 시베리아매자나무(*Berberis sibirica*)다. 우리말 이름은 학명의 의미를 살려 이렇게

∧ 검은시로미(*Empetrum nigrum*)

∧ 시베리아매자나무(*Berberis sibirica*)

붙였다. 우리나라엔 특산식물인 매자나무가 강원, 경기, 충북지방에 자라고, 당매자나무라는 식물이 평안북도의 고산에 자란다(Kim, 2007). 그리고 중국의 북부, 러시아의 시베리아, 일본의 고산에도 분포하는 것으로 알려진 매발톱나무가 한반도의 높은 산에 분포하는데 그의 변종인 섬매발톱나무(*Berberis amurensis* var. *quelpaertensis*)가 한라산 특산식물로서 고지대에 자라고 있다(Song *et al.*, 2014).

절벽 바위틈에서 보라색 꽃 몇 송이를 달고 있는 초롱꽃과의 식물을 만났다. 사진을 촬영하면서 보니 잔대속의 두메잔대(*Adenophora lamarckii*)라는 종이다(Yoo, 2007). 한반도에서는 백두산, 관모봉, 풍산의 높은 산에서만 자란다는 기록이 있을 뿐이다. 우리나라에는 이와 같은 속 식물이 20여 종 분포하는 것으로 알려져 있다. 제주도에도 10여 종이 보고되어 있는데 그중 둥근잔대(*A. coronopifolia*)라는 종은 중국, 몽골, 러시아 등에 분포하는데 한반도에는 없지만 제주도에는 자라고 있는 분포 양상을 보인다. 한라산 특산식물도 있다. 섬잔대(*A. tauetii*)는 한라산에만 자라는 종인데 그중에서도 한라산 백록담의 바위틈을 포함해 정상 일대에만 자라고 있다. 이와 같이 잔대속 식물만 보더라도 알타이에서 백두산까지 분포하는 종이 있는가하면 알타이를 포함한 북방의 여러 지역에 분포하지만 한반도엔 없이 한라산에 자라는 종, 그리고 세계적으로 한라산에만 자라는 특산식물까지 있음을 알 수 있다.

좀 더 건조한 계곡사면으로 가자 빨간색 열매가 많이 달린 또 다른 작은 나무들을 볼 수 있었다. 인동과의 작은잎괴불나무(*Lonicera microphylla*)다. 우리말 이름은 역시 학명의 의미를 살려 붙였다. 이와 혈연적으로 가까운 댕댕이나무, 홍괴불나무, 흰괴불나무 등이 한라산에 고지대에 자란다. 역시 한라산 식물들의 기원에 대한 중요한 단서들을 가지고 있는 종들이다. 계곡으로 들어서자 크고 화려한 꽃이 우리를 맞이한다. 개박하속의 큰꽃개박하(*Nepeta sibirica*)라는 종이다. 한반도엔 없는 종이다. 우리나라엔 남북한을 통틀어서 개박하속에 속하는 식물은 2종이 자생한다. 그중 개박하가 한라산을 포함해서 전국에 분포한다. 나머지 하나는 간장풀이라는 종인데 백두산에 자라는 것으로 알려져 있다. 여기에 피어 있는 이 식물은 꽃이 유난히 크다는 점과 중국 조선족도 이렇게 부른다는 점을 고려하여 우리말 이름을 이렇게 지었다. 꽃이 아름다워 화단에 심기도 하고 정유를 얻기 위하여 재배하기도 하는 식물이다. 몽골의 알타이 일대(Grubov, 1982)와 중국의 간수성, 내몽골, 닝샤, 칭하이의 1,800m 이상 고지대와 러시아의 시베리아에 자생한다(Li *et al.*, 1994).

인접한 곳에서 아주 신기한 식물을 만났다. 꽃은 거의 지고 열매를 맺기 시작한 상태였다. 처음엔 산딸기의 일종일 것이라는 생각이 들었다. 그러나 몸에 가시와 선모가 없고 꽃받침이 길고 열매를 감싸는 점 등이 산딸기와는 달랐다. 우리나라 함경도 이북, 중국 동북 지방, 러시아의 사할린과 캄차카, 일본 북부에 분포하는 검은낭아초 (*Comarum palustre*)와 같은 속 식물이다(Makino, 2000; Lee, 2007). 문제는 검은낭아초가 초본인데 비해서 이 종은 아관목이라는 점이다. 중국의 서북부, 아프가니스탄, 북서인도, 키르기스스탄, 파키스탄, 러시아, 타지키스탄 등 알타이산맥 서쪽에만 분포하는 코마룸 살레소비아눔 (*Comarum salesovianum*)이라는 종이다(Grubov, 1982; Li *et al.*, 2003; Yuzepchuk, 1971). 우리말 이름은 이 식물을 한국인으로서 처음 채집하였으며, 알타이 식물탐사에 헌신한 송관필 박사의 노고를 길이 기억하려는 뜻에서 그의 이름 한 자를 취하여 필검은낭아초로 짓는다. 알타이산맥은 검은낭아초와 필검은낭아초 두 종의 분포를 구획하는 경계인 것이다.

︿ 두메잔대(*Adenophora lamarckii*)

︿ 섬잔대(*Adenophora tauetii*)

︿ 작은잎괴불나무(*Lonicera microphylla*)

︿ 큰꽃개박하(*Nepeta sibirica*)

︿ 필검은낭아초(*Comarum salesovianum*)

몽골 알타이 교목한계선 위의 식생

　숲을 벗어나 탁 트인 골짜기를 따라 정상을 향해 오르기 시작했다. 탐사대는 지금 하르히라산 동사면의 계곡을 따라 서북쪽 방향으로 오르는 중이다. 시베리아잎갈나무숲 속이나 숲 주변에는 한라산에 나는 종들과 같거나 근연인 식물들이 많다. 숲 가장자리에서 노랑투구꽃(*Aconitum barbatum*)이 우리를 반긴다. 언뜻 보면 마치 한라산 영실계곡에 피는 흰진범(*Aconitum longecassidatum*)과 흡사하다. 같은 종이 아닌가하는 의심이 들 정도다. 한반도에는 강원도 이북 백두대간을 따라 백두산에 이르기까지 고산준령에 분포한다. 국경을 넘어 북쪽으로는 중국 길림성, 내몽골, 산시성 등 서북지방, 러시아의 극동 시베리아에 걸쳐 분포한다. 그러므로 이곳은 노랑투구꽃의 최서단이다. 한라산에는 전국에 공통으로 분포하는 흰진범을 비롯해서 한라산 특산식물인 한라투구꽃(*Aconitum quelpaertense*)이 자라고 있다. 투구꽃 종류는 우리나라에 19종이 있는 것으로 알려져 있지만 대부분 중부 이북에 분포하여 추운지방에 자란다고 할 수 있다(Park, 2007). 몽골을 비롯해서 중국의 동북지방, 러시아의 시베리아 등에서 다양한 종들을 만날 수 있다(Grubov, 1982; Li *et al*., 2001). 인접한 곳에서 참시호(*Bupleurum scorzonerifolium*)도 만났다. 남한에서는 유일하게 한라산에 자란다. 그 외로는 백두산의 고산대에서나 볼 수 있다. 한라산의 참시호는 식생의 변화 때문인지 보기 힘들어졌다. 이곳의 참시호는 전체적으로 건전하게 잘 자랐고 개화 상태도 아주 좋다. 한국

∧ 만년설이 녹아 흐르는 몽골 알타이의 하르히라산 계곡

∧ 알타이산맥 하르히라산 해발 1,900m 수목한계선, 이보다 높은 곳엔 너무 추워서 나무가 자랄 수 없다.

을 제외하면 몽골, 일본, 중국, 러시아의 시베리아에 분포하는 것으로 알려져 있다. 이곳 알타이는 역시 이 종의 분포 최서단으로 판단된다. 참시호는 한약재로도 쓰여서 우리나라와 중국에서는 널리 재배하고 있다.

계곡으로 들어섰다. 지나온 길을 돌아보니 동향에서 북향에 이르는 사면 중 완만한 곳에는 시베리아잎갈나무가 숲을 이루고 있다. 나무의 높이는 대략 15~20m, 굵기는 20~40cm 정도다. 이런 숲의 모습을 보면, 이곳도 강수량이 적은데다 남~서향 사면은 증발량이 너무 많아 큰 나무들은 자랄 수 없는 곳임을 알 수 있다. 계곡은 사람보다 훨씬 큰 바윗덩이를 비롯해서 조약돌과 모래도 많았다. 여기까지오는 동안 물 한 방울도 아쉬워할 만큼 건조해도 계곡물은 콸콸 소리 내며 흐르니 신기할 따름이다. 이 물은 높은 곳에 쌓여 있는 만년설이 녹아 흐르는 것이다. 이 산을 유명하게 하고 수많은 사람을 불러 모으는 것은 바로 이 계곡물이다. 오늘의 탐사 목표는 이 계곡물이 시작되는 곳, 즉 만년설까지 가는 것이다. 대원들 중 누구라고 할 것 없이 그 만년설에 발자국을 찍어 사진으로 기록하자고 다짐하면서 무거운 장비들을 짊어지고 길을 재촉했다. 물가에서 50cm 정도 높이로 자란 한 무더기의 노란 꽃 덤불을 만났다. 양지꽃의 일종이다. 남한에는 이런 관목성의 양지꽃이 없기 때문에 한국 사람들은 이런 꽃을 만나면 아주 신기해 한다. 하지만 아시아, 유럽, 북아메리카 어디를 가도 북위 40도 정도의 고위도를 통과하여 북으로 진행하면 이런 관목성의 양지꽃을 흔히 볼 수 있다. 이 꽃은 물싸리(*Potentilla fruticosa*)라고 하는 양지꽃의 일종이다. 한반도에서 이 꽃을 보려면 백두산을 비롯해 개마고원 같은 북부지방의 고산을 찾아가야 할 것이다. 현재 남한에서는 볼 수 없다 해도 세계적으로 보면 분포 구역이 대단히 넓은데다가, 자생지도 해발 4,000m까지의 물가, 초원, 습

∧ 노랑투구꽃(*Aconitum barbatum*)

∧ 참시호(*Bupleurum scorzonerifolium*)

∧ 물싸리(*Potentilla fruticosa*)

∧ 하르하라산 계곡의 월계수잎사시나무(*Populus laurifolia*)숲

지, 돌무더기 같은 다양한 곳으로 생태적 적응력이 뛰어나다는 것을 알 수 있다. 제주도의 경우에는 빙하기에 널리 분포했다가 최근 온난화의 영향으로 멸종했을 가능성이 높다.

어느 순간 물소리가 뚝 끊기면서 조용해졌다. 정상 쪽으로 약 400m를 걸었을까. 계곡 바닥은 반사하는 햇빛으로 반짝이는 조약돌이 드문드문 보인다. 바위틈으로는 풀이 무성하다. 콸콸 흐르던 물은 다 어디로 갔지? 한라산의 고지대, 구상나무숲이 나타나거나 관목림, 초원이 나타나는 해발 1,400m 이상에서 경험하는 어느 얕은 계곡 같은 분위기다. 주위에 샘이 보였다. 상당히 많은 물이 솟아나오는 샘이다. 영락없는 백록샘이다. 주위 식생의 높이나 피어 있는 꽃들의 모습이나 아주 유사했다. 우리는 이 샘을 백록샘으로 부르기로 했다. 그래 좀 쉬어간들 어떠리! 신발을 벗고 발을 담갔다. 우와~ 이

∧ 연옥꿩의비름(*Sedum ewersii*)

시원함! 저기 보이는 봉우리가 정상일까? 흰 눈이 언뜻언뜻 보였다가 사라진다. 갈 길이 멀다. 경사가 매우 가파르다. 우리는 이미 해발 1,950m, 한라산 정상의 높이를 통과하고 있다. 시베리아잎갈나무들은 작아질 대로 작아지더니 이젠 아예 자취를 감췄다. 교목한계선을 돌파한 것이다.

풀꽃 사이로 보이는 작은 바위, 그 작은 바위에도 여러 식물들이 살고 있다. 빛나는 한 포기의 다육식물이 눈에 들어온다. 세둠 이웨르시(*Sedum ewersii*)라는 종이다. 해발 3,500m까지 높은 산에 사는 식물이다(Fu and Ohba, 2001).

키는 25cm 이내, 직경 1~2cm 정도의 둥근 잎이 마주난다. 지상부는 연약한 풀이지만 지하부는 단단한 목질이다. 직경 2~3cm의 우산모양꽃차례에 피는 홍자색의 꽃이 아름답다. 우리말 이름은 연옥꿩의비름으로 하였다. 이 식물을 한국인으로선 처음 채집했으며, 본 알타이 식물탐사를 통해 우리나라 여성과학자로서는 아마 가장 멀고 높은 곳을 조사한 서연옥 박사를 기억하고자 이렇게 이름 지었다. 연옥꿩의비름은 아프가니스탄, 인도, 카자흐스탄, 키르기스스탄, 파키스탄, 러시아의 시베리아, 타지키스탄, 그리고 이곳 몽골의 알타이에 분포한다. 몽골의 경우 이곳을 제외하면 준가르 고비에서나 볼 수 있는 정도라고 한다(Grubov, 1982; Urgamal *et al.*, 2014). 그러므로 이곳 알타이는 연옥꿩의비름의 분포상 동한계라고 할 수 있다. 이건 이 식물을 보기 위해서는 아무리 가까운 곳을 찾는다 해도 이곳 알타이까지는 와야 한다는 말이다.

∧ 가는기린초(*Sedum aizoon*) 연옥꿩의비름과 같은 속 식물로 이곳 알타이와 한라산에 공통으로 자라고 있다.

몽골 알타이,
한라산 식물종의 기원

해발 1,950m를 통과하면서 한라산을 생각했다. 위도라는 변수를 차치하고라도 이제부터 보이는 모든 것들은 지금까지 국내에서 봐왔던 어떤 곳보다도 높은 지역에서 보는 것들이다. 이런 생각은 탐사대원 모두가 같다. 그중 김진 대원은 조금이라도 더 높은 곳까지 가 볼 요량으로 혼자 떨어져 등반을 시작한다. 지형이 너무나 가파른데다 보이는 거의 모든 식물들이 처음 나타나는 것들이니 조사 시간이 많이 걸릴 수밖에 없었다. 해발 2,000m에서 군락을 형성하고 있는 바이칼분취(*Saussurea baicalensis*)가 나타났다. 이 종은 1810년경에

∧ 하르히라산 위치

∧ 탐사결과를 정리하는 모습

시베리아의 바이칼호수 인근에서 채집되어 다른 속으로 명명한 것을 1911년 미국 식물학자 벤자민 링컨 로빈슨(1864~1935)이 지금의 학명으로 정리했다. 높이 30~40cm, 직경 1cm의 굵은 줄기가 가지를 치지 않고 외대로 곧추서는 게 특징이다. 해발 2,000m 이상 3,200m 까지 높은 산 초원에 돌출한 바위 주변, 둥그런 돌들이 널려 있는 곳에서 자란다. 러시아의 시베리아, 중국 후베이의 동링산과 자오우 타이산에 자란다는 보고가 있다. 2000년 7월 독일과 몽골 공동조사단이 이곳에서 멀지 않은 바얀올기아이막 송기노국립공원의 해발 2,000~2,750m 지역에서 채집한 것이 가장 최근의 기록이다. 이 식물은 세계적 희귀종으로 몽골에서도 이곳에 와야지만 볼 수 있다(Chik et al., 2015; Margarita et al., 2014). 엄밀히 말하면 우리가 와 있는 지역은 대호수 저지대에 속하기 때문에 바이칼분취는 이 지역의 미기록종이다. 지금까지 이 식물이 채집된 곳은 홉스골(Khovsgol), 헨티(Khentei) 등 러시아와 국경지역이거나 이곳보다 좀 더 서쪽으로 펼쳐진 몽골 알타이(Mongolian Altai) 뿐이었다. 몽골에서는 준고유종으로 보고 있다

∧ 바이칼분취(*Saussurea baicalensis*)　　∧ 수염용담(*Gentianopsis barbata*)

∧ 솔나물(*Galium verum*)

(Urgamal *et al.*, 2014). 우리말 이름은 학명의 뜻을 살려 바이칼분취로 했다.

풀밭에 핀 꽃들, 다양하고 화려하다. 그중에는 다른 꽃들에 가릴 정도로 키가 작은 종들도 있다. 10~30cm의 작고 가느다란 식물이 보인다. 부드럽고 연약해 보여도 크고 파란 꽃이 5개나 달렸다. 3~10쌍의 잎이 자루 없이 마주난다. 수염용담(*Gentianopsis barbata*)이다. 한라산에는 같은 과의 종들이 여럿 있지만 수염용담속 식물은 없다. 그러나 백두산, 북수백산, 혜산진에 자란다는 보고가 있다(Paik, 2007). 카자흐스탄, 키르기스스탄, 러시아 등 중앙아시아에 주로 분포하고 있다(Ho *et al.*, 1995). 몽골에서도 비교적 높은 고산초원에 자라며 약간 드문 편이다. 우리말 이름은 종소명 '*barbata*'가 '수염이 난'이라는 뜻을 가지므로 이렇게 붙인 것으로 보인다. 실제로 이 종의 꽃잎을 보면 톱니처럼 오돌토돌하게 생긴 가장자리의 맨 아래쪽에는 수염처럼 기다랗게 돌기들이 나 있다. 중앙아시아에서 몽골을 거쳐 중국을 지나 백두산까지 분포하고 있다. 빙하기 어느 시기엔 한라산까지 퍼져 있었을 것이다.

솔나물(*Galium verum*)도 노랗게 꽃을 피웠다. 몽골 초원에서 비교적 흔히 보인다. 키는 보통 30~60cm인데 크게 자라면 1m를 넘기도 한다. 우리나라에도 널리 분포하고 있다. 한라산에 자라는 것은 보통 키가 20cm 이하로 이 종으로서는 너무 작아 애기솔나물이라 하여 따로 한라산 특산식물로 취급하기도 한다. 이 종은 인도 아대륙, 중앙아시아를 거쳐 시베리아와 동아시아까지가 원산지라고 볼 수 있지만 실제로는 유럽, 아메리카 등 전 세계에 널리 퍼져 있다. 이것은 환경 적응력이 뛰어나 여러 가지 악조건에서 적응하면서 형태적으로도 다양하게 변신할 수 있음을 뜻한다. 한라산의 애기솔나물은 이런 점에서 솔나물의 한 변종이 아닐까 생각된다. 야생에서 흔히 볼 수 있어서인지 모르지만 솔나물은 나라와 부족에 따라 다양하게 이용했다. 흔히 초원에 사는 사람들은 이 식물을 말려 매트 재료로 사용했다. 이 식물에서 발산하는 쿠마린향이 벼룩을 쫓는다고 하여 방충제로 쓰기 때문이다. 어떤 부족은 치즈를 만들 때 고형제로 썼으며 섬유 염료로 쓰는 곳도 있었다.

고산식물 중에는 꽃이 크고 컵모양인 종들이 많다는 점은 이미 설명한 대로다. 그런데 이와 딱 들어맞는 꽃이 눈에 들어온다. 누운용담(*Gentiana decumbens*)이다. 어렸을 때는 지면에 누워 기는 형태로 자라지만 꽃이 필 때가 되면 곧추서는 특징이 있다. 이런 뜻을 살려 우리말 이름을 지었다. 속명 '*Gentiana*'는 이 식물이 강장 성질을 갖는 특성을 발견했다고 알려진 일리아의 왕 겐티우스에서 따온 것인데, 이처럼 이 속의 식물에는 약용식물로 잘 알려진 종들이 많다.

여기까지 올라오는 도중에 계곡의 가장자리나 숲 틈에서 간간이 큰용담(*G. macrophylla*)도 보였다. 이 종은 용담속 식물 중에서는 가장 크게 자랄 것이다. 중국의 깊숙한 내륙, 시베리아에 분포하며 한반도에는 분포하지 않는다. 산용담(*G. algida*)도 보인다. 이 종은 동시베리아, 시킴, 멀리 북아메리카에도 분포하고 있다. 한반도에서는 백두산, 관모봉, 차일봉에 자라는 것으로 알려져 있지만 한라산에는 자라지 않는다.

알타이 탐사를 하는 과정에서 용담속 식물을 많이 만날 수 있었다. 용담속 식물은 우리나라에는 9종으로 많은 편이 아니지만 세계적으로는 360종이나 된다. 우리나라에서도 전국에 분포하는 구슬붕이(*G. squarrosa*)는 파키스탄, 인도의 북서부의 북서부를 거쳐 카자흐스탄, 키르기스스탄 등 중앙아시아를 거쳐 동시베리아까지 분포한다. 이곳 몽골에서도 볼 수 있다. 그런데 우리나라에서 보는 구슬붕이와는 잎의 형태, 꽃의 모양에서 다소 다르다. 시베리아잎갈나무숲에서 만났던 물용담(*G. aquatica*)은 몽골을 비롯하여 카자흐스탄, 타지키스

∧ 누운용담(*Gentiana decumbens*)

∧ 큰용담(*Gentiana macrophylla*)   ∧ 산용담(*Gentiana algida*)

∧ 구슬붕이(*Gentiana squarrosa*)　　　　∧ 구슬붕이(*Gentiana squarrosa*, 한라산)

∧ 물용담(*Gentiana aquatica*)　　　　∧ 그늘용담(*Gentiana pseudoaquatica*)

탄, 시베리아에 분포하는 종이다. 한반도에서는 알려진 바 없는 종이다. 학명의 뜻을 살려 이렇게 이름 붙였다.

그늘용담(*G. pseudoaquatica*)은 좀 설명이 필요하다. 몽골을 비롯하여 카슈미르, 러시아에 분포한다. 우리나라에 분포하는 것으로 알려진 것은 사실이지만 이곳 중앙아시아산과의 비교검토가 필요한 실정이다(Ho et al., 1995). 사실 우리나라에서도 이 종의 학명 '*G. pseudoaquatica*'는 흰그늘용담의 학명으로 쓰고 있다(이, 2003). 그런데 흰그늘용담을 찾으면 '*G. chosenica*'로 쓰고 있기도 하다는 것이다(Paik et al., 2007). 특히 이 경우는 한라산 고유종으로 되어 있다. 그림에서 보는 바와 같이 한라산에 자라고 있는 흰그늘용담과 이곳의 그늘용담과는 화관의 형태와 색깔에서 차이를 보이고 있다. 그늘용담이라는 우리말 이름도 혼란을 피하기 위해 최소한의 구분을 해야겠다는 입장에서 여기서 새로 지었다.

한편 한반도의 고산에 분포하는 우리나라 고유종으로 고산구슬붕이(*G. wootchuliana*)가 있다. 이 종 역시 고산에 분포한다는 점에서 알타이에 분포하는 종들과 생태적으로 유사할 뿐 아니라 형태적으로도 비교해 볼 부분이 있다. 이렇게 보면 '알타이의 용담속 종들과 한반도 또는 한라산의 종들은 지리적으로 대단히 멀리 떨어져 있기는 하지만 어떤 관련이 있지 않을까' 하는 느낌이 강하게 온다. 과연 알타이에 자라고 있는 용담속의 집단과 한라산에 자라고 있는 것들은 어느 정도의 유연관계가 있는 것일까?

이 하르히라산은 처음 오르기 시작할 때만 하더라도 매우 완만하여 그저 제주도의 어느 오름 정도로만 느껴졌다. 그러나 오를수록 가팔라져서 이제는 숨이 턱턱 막히는 지경이다. 한발 떼고 또 한발 떼는 식이다. 고산식물 군락 내에는 크고 작은 꽃들이 피어 있지만 보다 일찍 피는 종들은 이미 꽃이 지고 열매를 맺고 있었다. 그중 송이

∧ 흰그늘용담(*Gentiana chosenica*)

∧ 고산구슬붕이(*Gentiana wootchuliana*)

풀속 식물로 보이는 풀들이 보인다. 씨앗이 거의 영글고 있었다. 식물체의 모습, 잎의 형태, 꽃줄기 등을 볼 때 알타이송이풀(*Pedicularis karoi*)임이 분명했다. 이 종은 유럽, 우랄산맥, 서시베리아에서 이곳 알타이를 거쳐 동시베리아의 예니세이강, 다후리아까지 퍼져 있다. 유라시아대륙의 고위도에 걸쳐 있거나 알타이처럼 고산에 자라는 것이다.

세계적으로 이 속 식물은 600종 정도가 알려져 있고(Hong *et al.*, 1998) 한반도에는 12종이 자라고 있다(Kim, 2007). 애기송이풀(*P. ishidoyana*), 바위송이풀(*P. nigrescens*), 한라송이풀(*P. hallaisanensis*) 등 3종이 고유종이며, 그중 한라송이풀은 한라산에만 자라고 있다. 몽골에서는 36종이나 볼 수 있다(Urgamal *et al.*, 2014). 송이풀속 식물은 전 세계 600여 종 중 352종이 중국에 분포한다고 하며 그중에서 271종이 고유종이라고 하는데 더욱 특기할 만한 사실은 이들 대부분이 중국 국토의 남서부 즉, 히말라야 일대에 분포한다는 점이다. 이곳 몽골에서도 36종이나 분포하고 있을 뿐만 아니라 우리 한반도에서도 주로 북부지방에 분포하는 점으로 볼 때 전반적으로 고위도거나 고산지대에 분포하는 집단이라는 것을 알 수 있다.

북극송이풀(*P. oederi*)은 북유럽에서 시베리아를 거쳐 캄차카, 쿠릴열도까지 북극을 중심으로 고위도에 분포한다. 물론 알타이에도 고지에도 분포하고 있는데 아마도 위도 상으로는 거의 최남단에 속할 것이다. 종소명 '*oederi*'는 독일의 식물학자 올덴부르그 오에더(George Christian Edler von Oldenburg Oeder, 1728~1791)를 기념한 이름이지만 분포특성을 고려하여 북극송이풀로 이름 지었다.

긴꽃자루송이풀(*P. longiflora*)은 한반도엔 아직까지 없는 것으로 알려져 있다. 일년초로서 대체로 설선처럼 고지대거나 고위도에 분포하고 그중에서도 계곡부의 물이 흐르는 주변이나 눈 녹은 물이 고여

∧ 알타이송이풀(*Pedicularis karoi*)

∧ 긴꽃자루송이풀(*Pedicularis longiflora*)

∧ 북극송이풀(*Pedicularis oederi*)

∧ 노랑송이풀(*Pedicularis flava*)

있는 호숫가에 자란다. 물론 이곳 알타이에도 자라고 있다. 이 꽃이 피는 곳을 보면 툰드라의 경관이 뚜렷하다는 인상을 받게 된다. 중국에서는 무려 해발 5300m까지 분포한다고 하며 지리적으로 네팔, 시베리아, 시킴, 우즈베키스탄, 인도, 키르기스스탄, 타지키스탄, 투르크메니스탄, 파키스탄 등에 분포한다. 이처럼 넓은 범위에 걸쳐 분포하는데다 러시아에 자라는 개체들은 다년생인 경우도 발견되고 있어 다양한 변종으로 구분하기도 해야 하거니와 추가적인 연구가 필요한 집단이라고 할 수 있다.

노랑송이풀(*P. flava*)은 몽골초원에서 비교적 쉽게 만날 수 있다. 물론 이곳 알타이의 하르히라산에도 자라고 있다. 한반도에는 분포하지 않지만 몽골에서는 암반이 노출되어있는 얕은 토양에서 흔하게 볼 수 있다. 해발 1,500m까지 분포하며 중국의 내몽골, 동시베리아 등에 분포한다.

붉은송이풀(*P. rubens*)이야말로 이 몽골초원에 가장 많은 송이풀일 것이다. 초원만이 아니라 시베리아잎갈나무와 같은 교목들이 비교적 듬성듬성 자라는 스텝지역에도 자란다. 푸른 초원에 붉은색 꽃이 정말 아름답다. 우리말 이름 붉은송이풀은 종소명 '*rubens*'가 '붉은'의 뜻이므로 이렇게 지었다. 몽골의 북부, 중앙에서 동쪽으로 만주에 연결되는 지역에 분포한다. 국경을 넘어 중국의 헤이룽장성, 지린성, 랴오닝성까지, 몽골, 중국 이외에 동시베리아에도 분포한다. 그렇다면 어째서 두만강을 경계로 한반도와 마주하는 지린성에도 분포하고, 압록강을 경계로 마주하고 있는 랴오닝성에도 분포하는 이 붉은송이풀이 한반도엔 없는 것일까?

구름송이풀(*P. verticillata*)은 한반도에도 분포하며 그다지 흔한 편은 아니다. 지리적으로 러시아의 고위도 고지대, 유럽, 일본, 북미의 북서부에 분포한다. 이 종 역시 널리 분포하고 다양한 지형에 분포해

∧ 붉은송이풀(*Pedicularis rubens*)

∧ 구름송이풀(*Pedicularis verticillata*)　　　　∧ 한라송이풀(*Pedicularis hallaisanensis*)

서 그런지 모르지만 종 내 변이도 다양한 것으로 알려져 있다. 독특하게도 한반도에는 부전고원과 백두산에만 분포가 알려져 있고 중부지방과 남부지방에는 분포하지 않는데 한라산에 점상으로 분포한다. 분포지역으로만 본다면 몽골을 중심으로 붉은송이풀의 분포지역을 확장한 모양을 하고 있다.

이 구름송이풀과 흡사한 종으로 한라송이풀(*P. hallaisanensis*)이 있다. 이름에서 느낄 수 있듯이 한라산에만 자라는 고유종이다. 이처럼 송이풀속 식물은 이곳 알타이에서 여러 종이 자라고 있는 것을 볼 수 있다. 여기서 조금 더 서쪽, 즉 한반도 방향인 몽골 초원의 중앙부와 북부 그리고 동부로 치우친 지역을 통과하여 북아메리카에 걸쳐 자라는 종들까지 볼 수 있다. 특히 구름송이풀과 유사하지만 그보다 더욱 화려하게 꽃을 피우고 온몸을 무성한 털로 감싸는 한라송이풀이 한라산에 고유종으로 자란다는 것은 특이한 현상이라 아니할 수 없다.

위에서 예로 든 송이풀속 식물 중 북극송이풀, 긴꽃자루송이풀, 노랑송이풀은 꽃의 색깔은 물론 형태적으로도 다소 이질적이다. 그러나 나머지 붉은송이풀, 구름송이풀, 한라송이풀은 유사한 점이 많다. 이들은 같은 속 가운데서도 혈연적으로 서로 아주 가까울 것이다.

이와 같이 한라산에 자라는 종들이 이렇게 멀리 떨어진 알타이 같은 곳에서 분화하고 퍼져 나가 한라산에 도달하고, 한라산에서 다시 새로운 종으로 진화하여 고유종으로 남아 있다는 것은 무얼 말하는 것일까? 한라산의 식물들은 이처럼 저 멀리 아시아 대륙의 중앙부에서 온 것이라고 할 수 있지 않을까?

해발 2,000m를 한창 지나고 있을 무렵 우리의 눈을 의심하게 하는 식물이 나타났다. 갯취(*Ligularia taquetii*)가 아닐까? 갯취는 한라산 특산식물이다. 최근 거제도에서도 발견된다고 하지만 자생지의 규모나

 제주도 새별오름의 갯취(*Ligularia taquetii*). 이들의 진정한 고향은 어디인가.

조건으로 봐서 한라산이 원산지라고 할 수 있는 종이다. 그런데 이 머나먼 알타이, 그것도 북단 러시아와 국경지대에 자라고 있다니! 갯취는 제주도에서 활동했던 에밀 타케 신부가 채집한 것을 1910년 프랑스인 레비유와 바니어트가 신종으로 명명한 것이다. 그 후 1914년 일본인 나카이가 제주도식물조사보고서에서 속을 달리하여 지금과 같은 학명을 붙였다. 제주도 서부지역 오름에 주로 분포하며, 최근에는 불놓기를 하는 새별오름에 집단적으로 군락을 이루고 있다. 이곳에 자라고 있는 종은 리굴라리아 알타이카(*Ligularia altaica*)로 되어 있다. 이 종은 몽골에서도 호브드와 몽골 알타이에서만 채집된 바 있는 희귀종으로 몽골 준고유종으로 알려져 있다(Urgamal *et al.*, 2014). 현재 꽃은 지고 씨앗이 성숙해 가는 과정이어서 꽃을 정확히 관찰할 수는 없으나 여러 형질에서 갯취와 닮았다. 같은 종일 가능성이 높다고

본다. 이 종 역시 몽골의 제주도 목장 경영과 관계가 있는 것은 아닐까? 우리말 이름은 알타이갯취로 하였다.

하산을 서둘렀다. 알타이의 하르히라산의 어느 봉우리, 해발 2,200m 남짓 올라갔다. 위험을 무릅쓰고 한라산 식물들의 고향을 찾아 탐험하는데 앞장선 김진 대원의 노고를 길이 기억하고자 이를 진오름(Jin Uul)으로 명명했다. 알타이는 중앙아시아에 있지만 우리는 한라산의 식물들과 관계가 깊은 종들을 많이 봤다. 제주도는 바다로 둘러싸인 섬이고 알타이는 사막으로 둘러싸인 섬이다. 서로 격리된 환경이지만 지사적으로 관계가 깊다. 그에 따른 생물의 진화사도 관계가 깊다.

ᐱ 알타이갯취(*Ligularia altaica*)

한라산에 살고 있는 종들은 어디서 왔을까? 한반도? 중국? 일본? 많은 가설을 세울 수 있을 것이다. 그러나 이보다 더 멀리에는 관련 종들이 없을까? 이런 의문을 품고 끝없이 펼쳐진 초원, 열사의 사막, 깊고 넓은 강을 위태로운 순간들을 극복하면서 건너고 건너서 알타이에 도달했다. 우리는 알타이로 오는 여정에서, 알타이를 종단하는 과정에서, 알타이산맥을 탐험하는 과정에서 수많은 종들을 만났다. 여기에 소개한 종들은 그중 일부에 지나지 않는다. 그런데 우리가 만난 종들 상당 부분이 한반도 또는 한라산에 분포하는 종들과 같은 과거나 같은 속 또는 같은 종들이었다. 우리나라에 자란다고 해서 아니, 한라산에 자란다고 해서 한반도나 한라산에 고립적으로 살고 있는 것은 아님을 알게 되었다. 어떤 종들은 연속적인 분포를 보이고 있었으며, 어떤 종들은 단속적으로 분포하여 환경이 갖추어진 곳에 따라 점점이 징검다리처럼 분포하거나, 어떤 종들은 비록 면적은 좁고 분포 형태는 회랑처럼 길게 되어 있으나 끊임없이 연결되어 있었다.

이번 탐사에서 만난 종들은 모두가 소중했다. 그래도 특히 지속적인 탐사와 연구 과제를 가지고 있는 종들도 있었다. 우선 사막에서 의외로 다양하게 출현한 염생식물은 식물의 진화와 우리나라의 해안식물의 기원을 밝히는데 중요한 단서가 될 수 있음을 보여 주었다. 사막식물은 그 생육지가 모래건 바위건 극단적으로 건조에 강한 모습을 보여 주었다. 이 역시 중앙아시아라고 하는 넓은 지리적 범위는 물론이려니와 고비사막을 비롯한 끝없이 펼쳐진 사막, 끊임없이 확장하는 사막화에 대응한 연구재료로 크나큰 의미를 지니고 있음이 분명했다. 크게 구분한다면 사막의 일부일 수도 있겠으나 우리나라에는 거의 알려지지 않은 염호와 플라야지형은 지질학, 지형학, 지리학적인 중요성과 함께 그 일대에 살고 있는 많은 식물의 생태학적 연구가 시급하고 새로운 연구 분야일 수 있음을 제시해 주었다.

알타이산은 그 자체로 동서남북 식물지리구를 구분하는 벽이었다. 이 산맥을 기준으로 남북과 동서의 식물구성이 현저히 다르다는 점을 알 수 있었다. 몽골고원을 둘러싼 그 외의 여러 산들도 지사적인 과정을 거쳐 식물의 진화를 견인하고, 그 결과로 식물의 분포에 크게 작용한 것을 알 수 있었지만 알타이는 거의 유라시아 대륙의 중앙에 있으면서 자칫 단조로울 수도 있었던 식물종의 분포를 극적으로 만든 동인이었음을 확인했다. 무엇보다도 중요한 것은 이런 다양한 환경 속에서 면면이 역사를 이어온 사람들이다. 그리고 그들과 환경과의 관계. 오늘도 그들은 그곳에서 가축이라는 매개자를 통하여 식물에 의지해 살아가고 있다.

∧ 식물진화의 무대 알타이. 그 주인공은 사람이다.

5부

**고산식물의
생존전략**

평범해서는 살아가기 힘든
고산의 생태

✱ 설선의 고도

알타이의 고산대, 추위가 맹위를 떨치고 바람은 세차게 분다. 멀리서 바라볼 땐 평화로워 보여도 평범해선 살아가기 힘들다. 이곳은 한반도에서는 볼 수 없는 여러 가지 생태적 물리적 환경이 나타난다. 우선 눈에 띄는 게 설선이다. 설선이란 고산지대에서 겨울에 내린 눈이 녹지 않고 쌓이는 가장 낮은 높이의 경계선을 말한다(자연지리학사전편찬위원회, 2002). 빙하는 이렇게 눈이 연중 녹지 않고 계속 쌓여, 그 쌓인 눈의 밑 부분부터 얼음으로 변하여 형성된다. 따라서 설선은 빙하의 경계이기도 하다.

설선은 지구상의 기후-식생-지형대를 구분하는 데 대단히 중요하며 과거부터 현재까지의 설선 고도의 변화량과 기온감률에서 과거의 기온이 추정되기 때문에 고기후학 분야에서도 중요한 개념이다. 그러나 일반적으로는 어떤 시점의 적설의 하한을 잇는 선을 설선이라 하고, 여름이 끝날 무렵의 위치를 그해의 설선(annual snow line)이라고 하는 경우도 있다. 고산지대에서 설선의 고도는 일정하지 않고 기온과 강설량에 따라 다르다. 또한 같은 지역에서도 바람, 일사량, 산지의 방향 등에 따라 다르게 나타난다. 보통 기온분포에 따라 저위도 지역으로 갈수록 그 고도가 높아지고, 고위도 지역으로 갈수록 그 고도는 낮아진다. 강설량에 의해서는 동위도 상에서도 동·서간의 고도의 차가 나타난다.

적도 부근에서는 해발 5,000m 이상에서 나타나는데 킬리만자로 산의 경우는 5,200m에 나타나며, 알프스 산지에서는 약 2,700m의 고도에서 나타나고 북위 65°의 아이슬란드 남동부에서는 600~1,000m의 고도에서, 북위 78°의 스발바르 제도 스피츠베르겐의 산지에서는 500m의 고도에서 나타난다.

우리나라를 비롯한 중국·일본 등지에서는 대략 해발 3,000~4,000m에서 나타나는 것으로 추정하고 있으나 우리나라에서는 실제로 해발 3,000m 이상의 산지는 없으므로 현재 설선 고도는 없는 셈이다. 그러나 해발 2,700m 대의 백두산과 2,500m대의 관모봉에 빙하침식지형인 권곡이 발달해 있어서 과거 우리나라의 설선 고도를 추정할 수 있을 뿐이다.

이곳 하르히라산(Kharkhiraa Uul, Хархираа Уул)은 해발 4,040m에 달

한다. 영문으로 Kharkhiraa로 표기하고 있지만 실제 몽골 발음은 하르히라(Harhirá)에 가깝다. 웁스아이막에 도착하면 웬만한 곳에서는 이산의 만년설을 볼 수 있는데 그만큼 높다는 뜻이다. 이 산의 설선은 해발 약 3,537~3,559m이고 만년설의 면적은 39.5km²로 계산된 바 있다(Lehmkuhl, 2011). 엄청난 면적이다. 우리는 그중 해발 약 2,100m 정도까지 도달했으니 설선까지 가려면 여기서도 해발고도로 1,400m 이상을 더 올라야 했다.

✱ 교목한계선과 설선은 일치할까?

교목이란 어떤 나무를 가리키는 걸까? 교목의 정의는 다양할 수 있지만 줄기가 어느 것인지 뚜렷이 구분되고 높이가 2m 이상, 그리고 라운키에르(C. Raunkiaer)의 생활형에서 대형지상식물 즉 겨울눈이 위치가 지상에서 8m 이상인 식물을 교목으로 하는 경우가 많다. 교목한계선이란 일반적으로 환경조건의 점진적인 변화로 교목의 생

∧ 교목한계선의 식생

∧ 한라산의 관목림대. 해발 1,600m 이상에 나타나는 관목림으로 주요 구성 종은 원래 유전적으로 관목형으로 자라는 종인 눈향나무(*Juniperus chinensis* var. *sargentii*)와 털진달래 (*Rhododendron mucronulatum* var. *ciliatum*) 등이다.

육이 불가능해지는 한계선을 말한다. 그전에는 울창한 산림의 한계인 산림한계가 오지만 그 이행이 급격하여 산림한계와 구분이 되지 않을 정도로 일치하는 경우가 있는가 하면 서서히 이행하여 산림한계와 교목한계 사이에 나무들이 드문드문 있는 수목섬(tree island)(공, 2007)이 생기는 경우까지 있다.

　높은 산에서의 교목한계 상부에는 왜성변형수림대(Krummholtz zone)가 나타나는 경우도 있다. 이것은 나무가 아주 축소되어서 포복하는 모양, 즉 기는 모양으로 된 나무들이 있는 곳이다. 이것을 왜성화라고 하는데 이처럼 기는 모양으로 된 나무란 원래 교목인 종이 포복상으로 되는 경우를 말하고, 이때 유전적으로 관목형의 종일 경우에는 관목림(scrub)이라고 한다. 또 하나는 유전적으로 고정된 종을 지칭하는 경우이다. 그러나 이 사이의 엄밀한 구별은 어렵다.

교목한계가 왜 생기는가에 대해서는 몇 가지 이론이 있다. 고산에서는 생육기간 내에 겨울눈이나 상록 잎의 큐티클이 충분히 형성되지 않는 것, 혹은 이른 서리, 동계건조 등이 수목의 생육을 저해한다. 환경요인은 여러 가지이지만 모든 경우에서 원래 다른 종과의 경쟁에 강하다고 생각되는, 대형이면서 직립성인 교목이 한계에 달하여 소형의 식물로 이행하는 경우가 있다. 식물의 크기가 크면 혹독한 환경에서 불리하고, 식물에 필요한 요소가 토양환경 속에서 제한되거나 고르지 않게 분포하기 때문인 것 같다. 결국 교목한계선은 설선보다 한참 밑에서 끝난다고 볼 수 있다.

✱ 산림한계와 교목한계

간혹 산림한계와 교목한계를 구분하지 않고 쓰는 예를 볼 수 있다. 산림한계란 고위도, 고지대, 건조 등 생육에 적당하지 않은 환경조건에 의하여 울창한 산림이 성립할 수 없게 되는 한계를 말한다. 일반적으로는 고위도, 고산의 한계를 가리킨다. 여기에서 산림이란 결국 나무 각각이 고립적으로 자라는 상태를 의미하는 것이 아니라 집단적으로 자라는 상태를 말하는 것인데 집단적으로 자란다는 것은 같은 종일 수도 있고 다양한 종일 수도 있다.

산림을 형성하는 데는 여러 가지 요인이 작용하지만 그중에서 가장 크게 영향을 미치는 요인은 온도이므로 등온선에 따라 형성되어 있는 산림의 형태가 다르다. 이와 같이 산림이 등온선과 거의 일치하기 때문에 띠모양을 이루게 되는데 이것을 일컬어 산림대 또는 산림식물대라고 한다. 식생대는 초원 등도 포함하기 때문에 산림에만 한하지 않지만, 산림대 혹은 산림식물대라고 할 때는 특히 임학적 의미를 강조하여 사용된다. 그러나 현재는 그것을 크게 의식하지 않으므로 식생대와 거의 같은 뜻으로 쓰이기도 한다.

교목한계는 독립적인 나무 또는 매우 작은 규모의 숲인 패치상 산림의 상한으로 산림한계보다는 위 또는 고위도에 있다. 산악의 경우는 환경의 변화가 고도에 따라서 급격하므로 산림한계와 교목한계는 대개 일치한다. 즉 산림한계와 교목한계 사이가 너무 좁아서 그 이행부가 생길 틈이 없는 것이다.

어느 정도 높이에서 산림한계가 나타날까

산림한계가 나타나는 해발고는 위도에 따라 크게 달라지는데 열대에서는 3,600~3,800m, 히말라야에서 티베트까지는 산괴효과 때문에 4,000~4,600m로 높아지며, 그 후 극까지는 위도에 따라서 차츰 낮아지고 백두산에서는 2,000m, 알프스에서는 1,800m, 일본 중부에서는 2,800m, 홋카이도에서는 1,700m, 북위 60~70° 부근에서 저지의 북쪽 한계가 된다.

남한에서는 고립봉인 한라산에서만 산림한계선을 볼 수 있는데, 한라산에서도 등온선과 대응하는 해발고와 일치하는 산림한계선이 아니므로 실질적인 산림한계선인지는 의문의 여지가 있다. 그러나 산림한계선의 구성 종이 온대 이북에서 공통으로 나타나는 전나무속의 구상나무와 자작나무속의 사스래나무라는 점에서 산림한계가 존재하는 것만은 분명하므로 사실상 남한 유일의 산림한계를 볼 수 있는 지역이라고 할 수 있다. 그 외에 지리산, 태백산, 오대산, 설악산 등에서도 산림한계를 볼 수는 있지만 정상부에 한정되어 있고 그 면적이 매우 협소하므로 산림한계선이라고 할 수 없을 것이다.

온대 이북에서 산림한계에서 나타나는 종으로서는 전나무속, 가문비나무속, 이깔나무 등의 침엽수, 그리고 활엽수로서는 사스래나무 등 자작나무류이다.

∧ 교목한계선의 상부

✳ 지상식물이 자랄 수 없는 기후

식물의 생활형 스펙트럼으로 볼 때, 고위도 지방과 고산지역으로
갈수록 지상식물보다 지표식물과 반지중식물의 비율이 높아지는 현
상은 기온과 관련이 깊다. 기온 외에는 수분 조건과 강풍이 비교적
크게 관여하고 있다.

쾨펜(W. Koppen)은 기후형을 온도조건에 따라 열대기후(A), 온대
기후(C), 냉대기후(D), 한대기후(E)로 분류하고, 수분조건에 의해서
건조기후(B)로 분류하면서 A, C, D를 수목기후로, 그리고 B와 E는 무
교목기후, 즉 지상식물 혹은 교목이 자랄 수 없는 기후로 보았다. 교
목기후는 연강수량이 적당히 있고 가장 따듯한 달의 평균기온이 적
어도 10℃ 이상이 되는 곳이다.

이와 같이 지상식물이 자라는 지역과 자라지 않는 지역의 경계를

교목한계선(timber line, tree line)이라고 하는데 교목선, 수목선 또는 수목한계선이라고도 한다. 기후대로서는 한대기후와 아한대기후의 경계가 되는데 이 선이 바로 가장 따듯한 달의 평균기온 10℃ 선과 일치하는 것이다. 이 선은 중위도 지방을 기준으로 본다면 대체로 설선보다 800~900m 아래에 존재하는데 교목의 생육한계라고도 할 수 있다.

✱ 혹독한 환경에서 살아남기

혹독한 추위, 바람, 강설, 장시간의 침수와 건조, 짧은 일조시간, 강한 자외선, 극심한 영양결핍, 다양한 초식동물의 공격 같은 이러한 요인들로부터 자기방어를 하고 성공적으로 자손을 남겨야 하는 전략이 툰드라에 자라는 식물들에게는 필수적이다.

알타이의 고산식물과 지금까지 탐사 도중 만났던 다양한 툰드라의 식생을 보면서 가장 먼저 떠오르는 것은 '낮은 식생의 높이'이다. 거기에는 숲이 없다. 키가 큰 식물이라고 해 봐야 사람의 키 정도이다. 나무들도 대부분 키 작은 관목이거나 원래 크게 자라는 교목인 큰키나무들도 왜성화되어 있다. 이와 같은 식물들을 왜성변형수(krummholz) 또는 왜성변형이라고 하는데 정상효과라고 번역하기도 한다.

이러한 현상은 고산대와 고위도 지역의 산림한계의 특성으로, '작고 비틀어지게 자란 기형목'을 의미한다. 이것은 단적으로 바람과 추위가 복합된 결과로서 아고산지대의 산림과 고산지대의 툰드라지대 사이의 점이대에서 잘 나타난다. 사진에서 보이는 깃발모양으로 자라는 나무도 일종 왜성변형수라고 할 수 있다. 이 나무는 시베리아잎갈나무다. 이보다 저지대에서는 35m까지도 자라는 큰키나무지만 고지대에서는 강한 바람과 추위로 정상적으로 자라지 못한다. 이와 같이 바람의 방향에 따라 한쪽 방향으로 자라는 형태를 깃발모양 왜성 변형수라고 한다.

종의 특성상 기는 모양을 하는 종으로 우리나라에서는 설악산의 눈주목과 눈잣나무, 한라산의 눈향나무가 대표적이다. 남한지역에서는 한라산이 대표적이지만 백두대간의 높은 지대 특히 설악산, 태백산, 소백산, 지리산 등 대부분의 정상부근에서 이러한 현상을 쉽게 볼 수 있다. 다만 그 면적이 넓지 않기 때문에 왜성변형수림대라고 하지는 않는다. 그러나 한라산의 관목림은 매우 넓게 형성되어 있으므로 관목림이라고 하는 것이 정설이다.

∧ 깃발모양으로 자라는 시베리아잎갈나무

✱ 고산식물의 특징적인 형태

 알타이에 자라는 식물들의 특징은 그 외에도 많이 있다. 우선 볼 수 있는 현상은 이곳에 적응하여 자라고 있는 식물 대부분이 매우 탄력성이 강하다. 이들은 자신의 몸을 매우 탄력적으로 변화시켜 강한 바람에 쉽게 휘어져 부러지지 않도록 한다. 또한 줄기나 잎의 표면이 큐티클층이 발달되어 매끄러운 점도 적응방식의 하나이다. 이것은 버드나무에서 뚜렷하게 관찰되는데 매끄럽기 때문에 눈사태나 눈보라에서도 견딜 수 있으며, 가지 위에 쌓인 눈도 온도가 조금만 상승하여 녹기 시작해도 바로 미끄러져 내리게 할 수 있게 되는 것이다.

 툰드라식물 또는 고산식물에서 또 한 가지 빼놓을 수 없는 특징이 꽃이 크고 대부분 컵모양이라는 것이다. 이와 같이 오목하고 위로 젖혀진 꽃 모양은 햇빛을 받아들이는 데 유리하기 때문이다. 포물선으로 된 구조는 암술과 수술 등 생식기관이 있는 곳에까지 열을 모으는 기능을 한다. 이 부분에 열을 모으는 것은 수분 매개자인 곤충들이 일시 머무를 수 있도록 유혹하기 위함이라고 할 수 있다. 꽃의 구조는 수분 매개자인 곤충의 생활양식과 관련하여 성공적으로 자손을 남기기 위한 생식 측면에서 매우 중요한 의미를 갖는다. 이곳의 교목한계선 위에선 이런 종들이 많이 보인다. 이 종은 숲초롱꽃(*Campanula turczaninowii*)으로 알타이에서는 주로 해발 1,500~2,500m의 고산대와 아고산대 초원, 시베리아잎갈나무숲의 햇볕이 잘 드는 숲 틈이나 숲 가장자리, 툰드라지역의 돌무더기나 햇빛이 잘 드는 바위 위에 자란다. 알타이에는 초롱꽃속 식물이 14종이 알려져 있다 (Shmakov et al., 2018). 이 종의 우리말 이름은 생태적 특성을 고려하여 이렇게 지었다.

 대부분의 잎들은 이곳에 적응하기 위해 매우 진한 녹색을 띤다는

∧ 숲초롱꽃(*Campanula turczaninowii*)

점도 쉽게 알 수 있다. 이것은 햇빛이 약하고, 일조시간이 짧은 환경에서도 빛을 흡수하는데 데 효율적이다.

그뿐만이 아니다. 잎이 두껍고 표면은 왁스질로 덮여 있는데 이것은 강한 바람에 적응하기 위한 것이다. 바람이란 어떤 종류이든 식물체로부터 수분을 빼앗는 기능을 한다. 그러므로 고산지역이나 툰드라에서 부는 강한 바람과 건조한 바람은 식물에게 건조피해를 유발하기 마련이다. 이와 같은 지역에서는 공기가 습한 상태일 때보다는 건조한 상태일 경우가 대부분이므로 식물은 바람에 대한 적응 방식이 뛰어나야 하는 것이다.

또한 털로 덮인 잎은 열을 붙잡고 오랫동안 유지하는 기능을 하며, 잎의 표면을 스치는 바람의 영향을 감소시키기 위한 것이라고 할 수 있다.

△ 하르히라산에서 시베리아를 향해 끝없이 펼쳐진 툰드라

✳ 고산식물과 툰드라식물

고산식물과 툰드라식물을 구분할 수 있을까? 우선 고산식물대는 어디를 말하는 것인가. 고산식물대는 수직분포를 지표로 하는 생활대의 하나로 산림한계의 상부로부터 빙설대의 하한, 즉 설선까지의 범위를 말하는 것이다. 이 식물대는 열대지방에서는 당연히 높은 곳에 위치하게 된다. 그러나 북반구를 기준으로 본다면 북극을 향해서 갈수록, 즉 고위도를 향해서 갈수록 표고가 낮아져서 북극 지역에서는 저지대로 되어 툰드라와 일치하게 된다. 그런데 고산식물대는 추위 때문에 수목이 생육할 수 없다는 점에서는 한대에 대응하나 열대지방의 고산에서는 환경조건과 식물경관이 특이한 면도 많다.

한반도에서는 고산식물대가 있는 높은 산은 북부지방에 있다. 남한지역에서도 한라산의 정상부 일대가 고산식물대라고 한 학자가 없

∧ 툰드라나무(*Nanophyton mongolicum*) 군락, 이곳 외에는 신장(NW Xinjiang)에 분포한다. 명아주과에
속하며 풀처럼 보이지만 목본식물이다.

∧ 툰드라나무(좌)와 툰드라나무의 꽃, 추위에 적응하기 위해 장기간 영양물질을 저장하고
짧은 기간에 개화결실을 마치며, 수분손실을 최소화하는 몸을 가지고 있다.

었던 것은 아니지만 지금은 고산식물대는 없고 아고산식물대라고 하는 설이 정설로 받아들여지고 있다. 그러나 북부지방은 사정이 다르다. 백두산은 물론이고 관모봉 등 개마고원에 있는 많은 높은 산과 봉우리들이 고산식물대의 특징을 보인다.

한편 고산식물대는 툰드라식물대와 식생에서 다소 다른 면도 있다. 고산식물대를 들여다보면 툰드라에서보다는 환경요인, 그중에서도 특히 온도, 습도, 토양요인 등이 표고, 경사, 방위 등에 따라 급격히 변한다. 따라서 표고만을 기준으로 본다고 하더라도 하부로부터 고산관목림, 고산초원, 고산툰드라, 고산황원으로 식물상이 변화하거나, 미세한 입지조건에 대응하여 이들 군계가 모자이크모양으로 분포하는 것이 보통이다.

✱ 고산식물대의 환경은 무엇이 다른가?

중위도까지의 고산대에서는 바람, 일사, 자외선이 강하고 온도나 기압은 낮은 게 보통이다. 뿐만 아니라 낮은 여름, 밤은 겨울이라고 할 만큼 그날그날 변화하는 일변화기후라고 할 수 있을 정도이다.

여기에 살고 있는 식물들은 당연히 이들 조건에 대한 형태적, 적응 방식들을 발달시켰다. 생육기간이 짧기 때문에 일년생 식물이 적합할 것 같지만 저온에서는 생활환을 완결할 수 없으므로 오히려 다년생 식물이 많다. 즉 영양을 많이 소비해야 되는 꽃을 피우고 종자를 성숙시켜 산포하는 과정을 단기간에 마칠 수가 없기 때문에 다년생 식물이 많아지게 되는 것이다. 고산대에서는 지표식물이나 반지중식물의 비율이 현저히 증대한다. 이러한 현상 역시 추위 때문이라고 할 수 있는데 추운 기간을 무사히 넘기고 성공적으로 삶을 이어가기 위해서는 추운 바람으로부터 보호받을 수 있는 지중식물이나 반지중식물의 생육형이 유리하기 때문이다.

∧ **고산식물대와 툰드라식물대의 공통종** 알타이담자리꽃나무(*Dryas oxyodonta*)는 한반도에서는 백두산 등 북부지방의 고산에 자라는 담자리꽃나무(*Dryas oxtopetala*)와 같은 속이다. 이 종들은 고위도 툰드라식물대에서는 저지대에도 분포한다. 이곳 하르히라산에서는 설선에 가까운 높은 곳에서 만났다.

고산에서의 식물상은 각각의 산록부의 식물상에서 유래한 동소성의 종군, 즉 서로 교배의 기회를 얻을 수 있을 만큼 가까운 지리적 영역을 차지하여 자라고 있는 종군들과 빙하기 때 고위도 지방으로부터 이주하여 유존적으로 남은 종군이 같은 장소에 살고 있으며, 이들은 그들 각각의 역사에 따라 특수화하고 있다.

고산에 적응하려는 식물의 전략

✱ 특이한 식물체 구조

이곳에서 보는 것처럼 혈연적으로는 가깝지만 다른 따뜻한 지방에 사는 종들과는 달리 온몸에 털이 나 있거나 특별히 키가 작다. 뿐만아니라 잎이 로제트 모양으로 나 있기도 하고 또 어떤 종은 포복경을 갖기도 한다. 포복경이란 뿌리 짬에서 가늘고 긴 가지가 지표 위를 벋으면서 마디 또는 정단에서 뿌리를 내어 새로운 개체가 나오는 줄기를 말한다.

알고 보면 고산식물은 형질 외에도 다양한 특징들을 가지고 있다. 우선 신체구조에서 다른 점이 있다. 일부의 종들은 줄기 속이 비어 있다. 그리고 그 비어 있는 공간이 식물체의 크기에 비하여 상대적으로 넓은 특성을 갖고 있다. 즉 공간을 둘러싸고 있는 조직을 얇게 하여 상대적으로 비어 있는 공간을 넓히는 것이다. 이 비어 공간의 기능은 무엇일까? 그리고 줄기 속이 비어 있는 종이 많은 이유는 무엇일까?

고산지역이나 툰드라와 같은 지역은 추위가 가장 두드러지는 특징이다. 그러므로 그곳에 사는 생물은 추위에 견디는 것이 최우선의 생존전략이다. 줄기 속이 비어 있는 것도 추위에 대한 적응전략과 무관하지 않다.

줄기 속의 공간은 우선 내부 온실의 기능을 한다. 식물체 내에 저장된 탄수화물이 봄철에 빠르게 생장할 동안 분해되면서 생산된 열의 일부가 이 공간에 저장된다. 이렇게 저장된 열은 외부의 온도가

∧ 갈래잎어수리(*Heracleum dissectum*), 줄기가 마치 대나무처럼 마디가 있고, 내부는 빈 공간으로 공기가 차 있다. 백두산의 해발 1,000m 이상 고지대에 자라고, 이곳 몽골 알타이를 비롯해 러시아, 우즈베키스탄, 중국, 카자흐스탄, 키르기스스탄 등의 추운 지방에 분포한다.

광합성을 하기에는 훨씬 못 미칠 정도로 춥더라도 광합성을 할 수 있을 만큼 내부기온을 유지하는 것이다. 그뿐만이 아니라 이 공간의 따뜻한 열은 봄에 눈을 뚫고 올라오는 데에도 기여 하는 것으로 알려져 있다.

✽ 식물체의 온도를 높이는 안토시아닌

고산식물과 툰드라식물의 흔한 현상 중 하나는 새로 자라나는 어린 식물체가 다량의 안토시아닌을 함유하고 있다는 점이다. 안토시아닌은 식물체가 붉은색을 띠게 해주는 복합 탄수화물 색소체의 하나인데 경우에 따라서 붉은색을 띠거나 파란색을 띠기도 한다. 안토시아닌 중 펠라고닌(Pelagonin)은 제라늄(쥐손이풀과)의 주황색 꽃이나 수레국화의 홍색 꽃 등에, 또 프라가린(fragarin)은 양딸기의 과실에 들어 있다. 시아닌(cyanin)은 수레국화 청색 꽃의 주 색소이고, 알타이댕댕이나무(*Lonicera altaica*) 열매에도 다량 함유되어 있다. 크리산데민(chrysanthemin)은 섬감국이나 과꽃, 들쭉나무 열매, 뽕나무의 과실, 단풍이 든 단풍나무속 식물의 잎에서 볼 수 있다. 또 델피닌은 제비고깔 꽃에 함유되어 있다.

그런데 이 색소체의 기능이 흥미롭다. 첫째, 이 색소체는 자외선을 차단하는 기능이 있다. 고산지대나 툰드라의 공통적인 환경요소 중의 하나는 자외선이 강하다는 것인데 이는 대기 중의 먼지 양이 적어서 자외선이 다른 지역에 비해서 높은 비율로 지면까지 도달하기 때문이다. 특히 자외선은 식물이 새로 나오거나 아직은 연약할 때인 6월에 강하다. 안토시아닌은 특히 새로 생장하는 붉은색의 줄기에 많이 함유되어 있다.

둘째, 식물체를 따뜻하게 하는 적외선을 흡수하고 모으는 역할을 한다. 햇빛의 스펙트럼 중 자외선 역의 광을 대부분 반사하는 대신에 열선인 적외선 역의 파장을 흡수하는 것이다. 이러한 기능 역시 추위에 적응하는 방식의 하나이다.

셋째, 안토시아닌은 겨울동안 뿌리에 저장되어 있는 영양물질과 비교해 볼 때 그보다는 훨씬 높은 곳에 있는 탄수화물의 중간 형태이다. 식물체에 에너지원인 탄수화물이 저장되는 기관은 주로 뿌리인데 안토시아닌은 뿌리보다는 훨씬 윗부분인 줄기나 어린잎에 위치해 있기 때문에 빠른 시간 내에 식물체의 열을 높이는 데 효율적이다. 이

︿ 초원제비고깔(*Delphinum grandiflorum*)

︿ 알타이댕댕이나무(*Lonicera altaica*)

렇게 안토시아닌은 자외선을 반사하고 적외선을 흡수하며 에너지원으로도 사용되는 등 툰드라 또는 고산식물의 생존에 중요한 기능을 한다.

안토시아닌의 생성은 유전자의 지배를 받아서 동일 종류의 식물에서도 생성하는 안토시아니딘의 종류나 그것과 결합하는 당의 종류와 수가 변화하며, 이것을 함유하는 세포액의 pH나 발색에 관계되는 다른 조건이 유전적으로 변화하는 예도 있다. 또 안토시아닌의 생성은 온도, 빛, 질소 및 인산의 결핍 등 환경적 요인에 의해서도 좌우된다. 사진에 보는 식물은 한반도 중부 이북의 고산지대, 몽골, 중국 동북지방, 아무르, 우수리, 동시베리아 등에 분포하는 초원제비고깔 (*Delphinum grandiflorum*)로서 꽃에 델피닌이라는 안토시아닌이 함유되어 있는 대표적인 종이다. 꽃 색깔이 진한 청색을 띠고 있다(山田常雄 外, 2013). 한편 초원제비고깔은 이곳에 오는 초원에서 간간이 만날 수 있었다. 학명은 '큰꽃제비고깔'의 의미를 담고 있으나 강원, 경기 및 북부지방에 분포하는 큰제비고깔(*D. maackianum*)과 혼란이 있을 수 있어 '초원제비고깔'로 하였다.

✱ 동결에 저항하는 생리

추위에 대한 적응 방식 중 하나로 동결저항성 영양물질을 가지고 있는 경우도 있다. 물론 이것은 고산 또는 툰드라식물에서 일반적으로 볼 수 있는 경우는 아니지만 일부 특정 식물, 예를 들면 미나리아재비과의 일종이 동결에 저항하는 영양물질로 채워져 있는 작은 세포들을 가지고 있다. 미나리아재비과의 식물들이 고산에 많이 자라는 것은 이와 무관하지 않을 것이다. 식물이 동결되면 세포 내의 수분도 동결하게 마련인데 그렇게 될 경우 세포액이 팽창하여 세포벽을 밀게 되고 결국은 세포벽이 파열되어 식물체는 죽게 된다. 식물체 내의

∧ 동의나물(*Caltha palustris*), 미나리과 식물 중에는 세포 내에 동결저항물질을 함유하여 영하에 서도 얼지 않는 식물이 많다.

세포에서는 세포내 소기관과 다양한 영양물질이 있기 때문에 0℃에서 얼지 않는 것이 보통인데 동결에 저항할 수 있는 물질이 함유되어 있는 경우에는 이보다도 훨씬 온도가 내려가더라도 얼지 않은 상태를 유지할 수 있다.

✱ 건조에 견디는 힘

알타이처럼 높은 고산지대에 적응한 식물과 툰드라식물 중 일부는 토양 내의 수분을 효과적으로 흡수할 수 있게 뿌리의 삼투압이 매우 높다. 이곳에 자라는 식물의 뿌리는 이러한 생리적 특성 외에도 지하수를 향하여 깊게 자라며, 가지를 많이 내어 흡수 면적을 증대시킴으로써 건조에 견딜 수 있게 발달한다는 점도 또 하나의 특징이다.

∧ 가시바위솔(*Orostachys spinosa*), 마치 선인장처럼 다육질이면서 끝은 가시 형태로 되어 있다. 몽골에서도 건조한 지역을 중심으로 널리 퍼져 있다.

일반적으로 고산식물이나 툰드라식물은 건조에 견디는 능력인 내건조성이 높은 것으로 알려져 있다. 내건조성은 피막을 형성하거나 물을 쉽게 뺏기지 않도록 하는 물질을 외피에 분비하고, 기타 각종 생리학적 메커니즘에도 관여하는 것으로 알려져 있다. 대표적으로 선인장의 형태적 적응이 있으며, 건조기의 생명력을 유지하는 방법으로서 물이 없이도 생존이 가능한 포자의 휴면상태 등을 들 수 있다.

고등식물의 내건성은 토양에 대한 뿌리의 흡수 가능량, 식물체의 수분 저장능력, 증산과 시듦에서의 회복을 가능하게 하는 최소함수량 등의 관계에 의해서 결정되고, 잎의 건조에 대한 저항은 건조저항이라 하며, 이것도 내건조성과 관련이 있다. 비가 오지 않는 기간에 식물이 견뎌 살아나가는 기간으로 내건조성을 표현하는 것이 보통이다. 몽골에서 바위솔속(*Orostacys*) 식물이 대표적이다.

✱ 유별난 번식전략

고산지역과 툰드라지역에 사는 식물에서 볼 수 있는 또 한 가지 특징은 일년생보다 다년생이 많다는 점이다. 식물이 종자에서 싹을 틔워 성장하고 꽃을 피워 열매를 맺기 위해서는 충분한 생장 기간이 있어야 하고 충분한 햇빛 에너지와 수분을 비롯한 여러 가지 양분, 그리고 미네랄을 얻을 수 있어야 하는데, 이런 곳에서 충분히 성장하기에는 연중 생장할 수 있는 기간이 짧고 추우며 수분을 비롯한 다양한 영양물질을 공급받기가 어렵다. 그러므로 이곳에 사는 식물들은 성숙에 도달하기 위해서 다년간의 성장과 그 기간을 통하여 충분한 에너지원을 축적해야 한다. 이곳에서 보는 종들 대부분이 지하 부위가 유난히 크게 발달하는 이런 이유 때문이다.

그리고 종자는 식물체가 충분한 에너지를 가지고 있을 때만 산포한다. 꽃을 피우고 수분과 수정을 통하여 열매와 종자를 성장시키는 데에는 매우 많은 에너지가 소모된다. 그러므로 이곳의 식물들은 장기간에 걸쳐 충분한 에너지원을 축적하고, 생산된 종자가 잘 발아하고 정착할 수 있을 때만 종자를 생산하여 산포한다. 어떤 초본식물의 경우는 적어도 10년생은 되어야 첫 번째 꽃을 피우고 그 후로도 10년이 지나야 최대로 많은 꽃을 피우는 시기에 도달한다고 한다.

이러한 식물들에게 수분(생식)은 매우 중요한 문제라고 할 수 있는데 많은 고산식물들이 풍매수분을 한다. 추운 기온에서도 활발한 곤충들이 일부 있기는 하지만 사실상 그 종류는 극히 제한적일 수밖에 없고 저온은 곤충의 활동을 제한한다. 한편 이들 곤충매개자는 쿠션식물의 틈새에서 월동하거나 산란하기 때문에 쿠션식물의 보호를

∧ 월귤(*Vaccinium vitis-idaea*)은 −40℃까지도 살아남는 상록활엽수다. 쿠션식물이기도 하지만 지하줄기가 옆으로 벋다가 지면으로 줄기가 나오는 방식으로 증식한다.

받으면서 살고 있다고도 할 수 있다. 중위도 산악지역에서 가장 흔한 수분매개자는 벌, 파리, 나방, 나비 등이다.

종족보존을 위한 방식은 여러 가지가 있는데 그중에서 많은 종들이 영양번식을 통하여 증식한다. 식물의 영양번식이란 성적 생식 과정을 거치지 않고 개체가 늘어나는 무성아번식을 의미한다. 그 예로서 가지의 선단이 특수한 눈을 만들어 증식하는 것, 잎겨드랑이의 눈이 다육화하여 새로운 개체가 되는 것, 꽃이 주아화하여 새로운 개체가 되는 것, 꽃차례 중의 싹이 일부가 잎눈이 되는 것, 지하기관이나 잎에서 싹이 나와 새로운 식물이 되는 것 등 매우 다양한 형태가 있다.

그런데 이곳에 자라는 식물들은 이렇게 다양한 영양번식 형태 중에서도 흔한 것이 첫번째 취목 또는 휘묻이라는 것이다. 이것은 토양에 접촉한 가지에서 새로운 뿌리와 줄기가 나옴으로써 번식하는 방식이다.

두번째 덩굴 또는 줄기번식 방법으로 증식하는 형태이다. 이것은 지표면을 길게 옆으로 벋는 줄기에 의해 증식하는 것인데 줄기번식 기관인 눈을 가지고 있는 작은 비늘 같은 잎이 달린 줄기에서 뿌리가 나오고 토양 속으로 들어가게 됨으로써 번식하는 형태이다.

세번째 지하줄기에 의한 증식형태이다. 이것은 길게 옆으로 벋는 지하줄기 번식으로 줄기번식과 매우 유사한 면이 있다.

이와 같이 다양한 영양증식 방법이 필요한 것은 두말할 필요도 없이 환경에 적응하기 위한 것이다. 추위와 영양결핍으로 개화결실기에 도달하기 위해서는 수년 이상을 기다려야 하고, 다행히 종자를 생산하여 산포한다고 하더라도 성공적으로 정착할 확률이 그리 높지 않다. 뿐만 아니라 성공적으로 정착한 식물체라고 해도 어렸을 때는 바람과 강수에 의해 유실될 확률도 높기 마련이다.

그러므로 이곳에 적응한 식물의 입장에서는 당연히 에너지 소모가 많지 않고, 성공적으로 정착할 확률이 높은 증식방법을 선택하는 것이 효과적이라고 할 수 있다.

✱ 또 하나의 적응형태, 로제트

이곳에는 로제트식물이 상대적으로 많다는 점도 특이한 면이다. 로제트(rosette)라는 용어는 생물학에서 일반적으로 생물체나 조직, 세포 등에 나타나는 장미의 꽃잎 모양 같은 배열을 말한다. 로제트식물이란 마디 사이가 극도로 단축된 짧은 줄기에서 잎이 수평으로 나와 편평한 장미꽃 모양의 외관을 형성하고 마디 사이의 신장은 거의 없으며, 주로 마디 수가 증가하여 매우 서서히 키가 크는 식물의 생육형으로 라운키에르의 생활형 구분으로는 반지중식물에 해당한다.

∧ 서양민들레(*Taraxacum officinale*). 잎이 극도로 단축된 줄기에서 나와 수평으로 퍼지는 로제트식물의 하나다.

∧ 가시범의귀(*Saxifraga spinulosa*). 쿠션식물의 하나다. 가지나 줄기가 조밀하여 단괴상으로 되어 있다.

∧ 한라산 백록담에 자라는 가는범꼬리(*Polygonum alopecuroides*), 알타이, 몽골, 중국, 우수리, 아무르 그리
고 한라산에 공통으로 분포한다.

∧ 알타이 고산의 쿠션식물 군락

따라서 잎이 뿌리에서 난 것 같아 보이기도 하는데 이것을 뿌리잎(근생엽) 또는 로제트 잎이라고도 한다. 이와 같은 생활형을 갖는 종 중에서 가장 흔히 볼 수 있는 식물이 민들레이다. 툰드라와 고산식물에서는 국화과, 십자화과, 콩과에 속하는 종들을 비롯해 매우 많은 종이 이와 같은 생활을 보이고 있다.

이러한 생활형 역시 이곳의 환경과 밀접한 관계가 있다. 연중 대부분을 눈 속에 묻혀 있어야 하므로 큰 키는 생존에 불리한 요소가 된다. 또 지하부는 보통 비대해져서 영양물질의 저장소로 활용되고 대부분의 식물체 부위가 지하 또는 지표면에 위치함으로서 추위를 이겨내는 데도 도움이 될 수 있다. 그 외에도 로제트식물의 장점은 초식동물과 곤충들의 과도한 공격에도 능히 살아남을 수 있다는 점이다.

쿠션식물(cushion plant)이라고 하는 생활형도 마찬가지다. 방석식물이라고도 하고 단괴식물이라고도 한다. 가지나 줄기가 밀생하여 조밀하고 견고한 단괴상이 되는 식물을 말한다. 싹은 생활불량 시에도 단괴 속에서 보호된다. 증산속도가 낮고 수분 유지도 잘 되기 때문에 건조지에서의 생활에 유리하며 저온이나 강풍에 대한 저항성도 크다(강, 2014).

맺음말

알타이에서 바라보는 한라산

한라산은 우리나라에서도 가장 남쪽에 위치한다. 정상의 해발고도는 1,950m로서 남한의 최고봉이다. 정상부를 중심으로 동서 방향으로 약 14.4km, 남북방향으로 약 9.8km, 해발고도 800~1,300m 이상인 지역이며 면적은 약 133km²이다. 이 지역은 한라산천연보호구역이면서 유네스코 세계자연유산으로 지정되었다.

적설기는 11월부터 다음 해 5월까지이다. 기후 특징 중의 하나는 바람이 심하다는 것이다. 여름 계절풍인 태풍의 풍속은 매우 강하며, 겨울 계절풍은 태풍보다 풍속은 약하지만, 장시간 분다. 초겨울이나 늦겨울에는 3~4일, 때로는 1주일간 계속 불기도 하며, 서고동저형으로 기압배치가 됐을 때는 특히 강해진다. 이와 같은 요인이 생태계에도 강한 영향을 미치고 있다.

제주도 전체 식물상은 167과 770속 1819종 121변종 50품종으로 총 1,990분류군에 달한다. 한라산 고지대 즉, 정상 일대의 세계자연유산 지역만을 별도로 본다면 한국의 특산식물(고유종)인 구상나무숲과 주극 고산식물(arctic-alpine plants) 즉, 빙하기 유존종과 특산식물이 많다는 특징을 갖는다. 구상나무 역시 알타이에서 본 시베리아잎갈나무처럼 북방에서 유래한 식물로서 빙하기에 제주도까지 확장했다가 이 지역에 점차 적응하면서 특산식물로 진화한 종이다.

주극 고산식물의 다양성을 보면, 다람쥐꼬리(*Lycopodium chinense*)

등 석송식물과 양치식물 6과 15종이 분포하는데, 특산식물 2종과 남방 한계 분포 3종을 포함하고 있다. 침엽수는 2과 3종이 분포하며 남방 한계 분포 1종을 포함하고 있다. 단자엽식물은 검정겨이삭(*Agrostis trinii*) 등 6과 26종이 분포하는데, 특산종 4종, 남방 한계 분포 13종을 포함하고 있다. 쌍자엽식물은 제주산버들(*Salix blinii*) 등 32과 104종이 분포하는데, 특산식물 36종, 남방 한계 분포 39종, 북방 한계 분포 3종을 포함하고 있다.

전체적으로 한라산 정상 일대에는 46과 146종의 주극 고산식물이 분포하고 있는데, 이 종들은 대부분이 극동 시베리아, 캄차카, 만주 등과 공통으로 분포하고 있다. 그런데 이번의 탐사결과 알타이에서도 많은 종이 관찰되었다. 이는 한라산 고지대에 분포하는 주극 고산식물 즉, 빙하기 유존종들은 북방과만 공통으로 분포하는 것이 아니라 중앙아시아의 알타이와도 공통으로 분포한다는 점을 의미한다. 빙하기에 한라산으로 확장해 들어온 종들은 캄차카를 위주로 한 시베리아, 백두산을 위주로 하는 만주는 물론 알타이와도 분포를 공유하는 것이다. 무려 1만 5,000년에서 1만 8,000년 전의 만빙기를 전후해 들어온 많은 종 중에는 이후 온난화를 거치면서 점차 소멸해 갔지만 146종이나 되는 종들이 아직도 남아 있어 한라산의 자연사를 말해 주고 있다. 더욱 특징적인 것은 이 종들 가운데 다음의 42종은 한라산에 별도로 적응하고 진화해 특산종으로 분화했다.

한라산 정상 일대 특산식물

석송식물 2종	긴다람쥐꼬리(*Lycopodium integrifolium*)
	한라물부추(*Isoetes hallasanensis*)
단자엽식물 4종	한라꽃장포(*Tofieldia fauriei*)
	두잎감자난초(*Diplolabellum coreanum*)
	한라비비추(*Hosta venusta*)
	한라부추(*Allium taquetii*)
쌍자엽식물 36종	제주산버들(*Salix blinii*)
	한라장구채(*Silene fasciculata*)
	한라꿩의다리(*Thalictrum taquetii*)
	한라투구꽃(*Aconitum quelpaertense*)
	바위미나리아재비(*Ranunculus crucilobus*)
	한라꿩의다리(*Thalictrum taquetii*)
	섬매발톱나무(*Berberis amurensis* var. *quelpaertensis*)
	섬바위장대(*Arabis serrata* var. *hallaisanensis*)
	탐라현호색(*Corydalis hallaisanensis*)
	제주괭이눈(*Chrysosplenium hallaisanense*)
	한라노루오줌(*Astilbe rubra* var. *taquetii*)
	한라개승마(*Aruncus aethusifolius*)
	솔비나무(*Maackia fauriei*)
	제주달구지풀(*Trifolium lupinaster* var. *alpinus*)
	한라이질풀(*Geranium koraiense* var. *hallasanense*)
	두메대극(*Euphorbia fauriei*)
	둥근잎참빗살나무(*Euonymus quelpaertensis*)
	좀갈매나무(*Rhamnus taquetii*)
	제주사약채(*Angelica fallax*)
	흰그늘용담(*Gentiana chosenica*)
	깔끔좁쌀풀(*Euphrasia coreana*)
	한라송이풀(*Pedicularis hallaisanensis*)
	좀향유(*Elsholtzia minima*)
	애기솔나물(*Galium pusillum*)
	좀쥐오줌풀(*Valeriana coreana*)
	애기더덕(*Codonopsis minima*)
	섬잔대(*Adenophora taquetii*)
	섬쑥(*Artemisia hallasanensis*)
	눈개쑥부쟁이(*Aster hayatae*)
	한라구절초(*Chrysanthemum zawadskii* var.*coreanum*)
	바늘엉겅퀴(*Cirsium rhinoceros*)

한라솜다리(*Leontopodium hallaisanense*)
한라분취(*Saussurea maximowiczii* var. *triceps*)
좀민들레(*Taraxacum hallaisanense*)
한라고들빼기(*Crepidiastrum hallaisanense*)
눈갯쑥부쟁이(*Aster hayatae*)

이 식물들은 지구상에서 한라산 정상 일대에만 자라는 것으로 알려져 있다. 인류가 영원히 보존해야 할 자연유산이라 아니할 수 없다. 이 식물들은 알타이 탐사를 통해 앞으로 진화사를 연구하는 데 있어 그 영역을 지금보다 훨씬 더 확장해야 한다는 점을 보여줬다(Kim, 2002; 2003; 2005a; 2005b). 이 책에는 알타이에서 본 수많은 식물 가운데 일부만을 다루었다. 모든 식물을 다루지 못한 아쉬움이 있으나 그에 대해서는 후속 보고서에서 제시하게 될 것이다. 한라산에서 보는 바깥 세계와 바깥 세계에서 보는 한라산, 그 차이가 얼마나 큰지. 이번 알타이 탐사를 통해 절실하게 깨달았다.

알타이 식물상의 특징

알타이산맥의 남부에 위치하는 알락 할르한산과 몽골과 러시아의 국경에 가까운 북부 하르히라산을 탐사했다. 크게 봐서는 두 산 모두 알타이 지역에 있으나 식물상은 상당히 달랐다. 이것은 두 산이 남북으로 멀리 떨어져 있기 때문이다. 알락 할르한산에 비해서 하르히라산은 좀 더 한랭하고 강수량도 많은 편이다. 그뿐만 아니라 정상에 엄청난 양의 만년설이 있는 점도 식물분포에 영향을 미쳤다. 그런 이유로 하르히라산엔 샘물이 훨씬 더 풍부했으며, 시베리아잎갈나무가 주종을 이루는 숲이 넓게 형성되어 있다.

알락 할르한산에서는 25과 73속 103종에 대해 표본을 확보하고 사

진을 촬영하였다. 반면에 탐사 기간과 시기가 비슷했음에도 하르히라 산에서는 43과 116속 170종으로 훨씬 많은 종을 확보할 수 있었다. 두 지역에서 수집한 식물은 공통종을 빼더라도 200종을 상회하였다. 알타이 식물상의 특징은 우리나라를 포함한 동아시아 식물의 서한계이자 유럽과 중앙아시아 식물의 동한계라는 점이다. 그 외에도 시베리아 식물의 남한계이면서 남아시아 식물의 북한계이기도 한 곳이다. 이 지역에 분포하는 식물은 우리나라와 공통으로 분포하는 종도 있었으나 대부분 우리나라에 분포가 알려지지 않았다. 그러므로 당연히 우리말 이름도 없다. 그러나 우리나라 혹은 아시아 식물의 기원이나 특성을 연구하려면 알타이 식물들을 배제할 수는 없을 것이다. 또한, 앞으로 알타이 관련 연구와 탐사가 더욱 많아질 것이다. 그런 점에서 이곳 식물의 우리말 이름은 필요하다. 마주칠 때마다 학명이나 몽골 이름만으로 소통한다면 얼마나 불편할 것인가. 이 탐사기에서는 31과 71속 124종에 대해 우리말 이름을 붙이고 여기에 정리하였다.

우리말 이름을 붙인 알타이식물

국화과 12속 19종	초원국화(*Ajania fruticulosa*)
	몽골쑥(*Artemisia adamsii*)
	북방쑥(*A. borealis*)
	동토쑥(*A. frigida*)
	뿌리나무쑥(*A. xerophytica*)
	알타이갯고들빼기(*Crepidiastrum akagii*)
	비단망초(*Erigeron eriocalyx*)
	몽골은엉겅퀴(*Jurinea mongolica*)
	알타이쑥부쟁이(*Heteropappus altaicus*)
	타타르고들빼기(*Lactuca tatarica*)
	연노랑솜다리(*Leontopodium ochroleucum*)
	알타이갯취(*Ligularia altaica*)
	빗살쑥(*Neopallasia pectinata*)

	좀질경이(*Plantago minuata*)
	해변질경이(*P. salsa*)
	쓴분취(*Saussurea amara*)
	바이칼분취(*S. baicalensis*)
	알타이분취(*S. involucrata*)
	소금분취(*S. salsa*)
콩과 6속 17종	큰골담초(*Caragana arborescens*)
	은골담초(*C. bungei*)
	은색은골담초(*C. bungei* var. *sericea*)
	푸른은골담초(*C. bungei* var. *viridis*)
	덤불골담초(*C. fruticosa*)
	납작콩골담초(*C. korshinskii*)
	흰껍질골담초(*C. leucophloea*)
	난쟁이골담초(*C. pygmaea*)
	가시골담초(*C. spinosa*)
	낫개자리(*Medicago falcata*)
	바늘두메자운(*Oxytropis aciphylla*)
	잎많은두메자운(*O. myriophylla*)
	하늘두메자운(*O. pauciflora*)
	주머니콩(*Sphaerophysa salsula*)
	좁은잎갯활량나물(*Thermopsis lanceolata*)
	몽골갯활량나물(*T. mongolica*)
	학토끼풀(*Trifolium eximium*)
비름과 10속 12종	짧은잎뿌리나무(*Anabasis brevifolia*)
	가시뿔회전초(*Ceratocarpus arenarius*)
	곰팡이밑동나무(*Eurotia ceratoides*)
	사막나무(*Haloxylon ammodendron*)
	잎칼륨나무(*Kalidium foliatum*)
	가는칼륨나무(*K. gracile*)
	눈여름뿌리나무(*Kochia prostrata*)
	툰드라나무(*Nanophyton mongolicum*)
	붉은모래나무(*Reaumuria soongarica*)
	쑥수송나무(*Salsola abrotanoides*)
	진주수송나물(*S. passerina*)
	뿔나문재(*Suaeda corniculata*)
미나리아재비과 4속 8종	초원제비고깔(*Delphinum grandiflorum*)
	나도마름아재비(*Halerpestes salsuginosa*)
	몽골할미꽃(*Pulsatilla ambigua*)

미나리아재비과 4속 8종	초원할미꽃(*P. bungeana*)
	노랑할미꽃(*P. flavescens*)
	알타이미나리아재비(*Ranunculus altaicus*)
	갈래미나리아재비(*R. pedatifidus*)
	고산미나리아재비(*R. pseudohirculus*)
앵초과 2속 8종	꼬마봄맞이(*Androsace chamaejasme*)
	서역봄맞이(*A. fedtschenkoi*)
	털봄맞이(*A. incana*)
	젖봄맞이(*A. lactiflora*)
	퍼진봄맞이(*A. laxa*)
	알타이봄맞이(*A. maxima*)
	몽골봄맞이(*A. ovchinkovii*)
	분앵초(*Primula farinosa*)
버드나무과 3속 7종	덤불자작나무(*Betula exilis*)
	갈래사시나무(*Populus diversifolia*)
	월계수잎사시나무(*P. laurifolia*)
	잔털사시나무(*P. pilosa*)
	향기사시나무(*P. suaveolens*)
	스텝버드나무(*Salix ledebouriana*)
	작은꽃버드나무(*S. microstachya*)
현삼과 3속 7종	큰꽃개박하(*Nepeta sibirica*)
	털광대나물(*Panzerina lanata*)
	노랑송이풀(*Pedicularis flava*)
	알타이송이풀(*P. karoi*)
	긴꽃자루송이풀(*P. longiflora*)
	북극송이풀(*P. oederi*)
	붉은송이풀(*P. rubens*)
벼과 3속 5종	가시억새(*Achnatherum splendens*)
	초원개밀(*Agropyron cristatum*)
	바이칼나래새(*Stipa baicalensis*)
	자갈나래새(*S. glareosa*)
	크릴로프나래새(*S. krylovii*)
꿀풀과 1속 5종	냄새용머리(*Dracocephalum foetidum*)
	가는용머리(*D. fragile*)
	큰용머리(*D. grandiflorum*)
	몰다비아용머리(*D. moldavica*)
	쌍둥이용머리(*D. origanoides*)

용담과 1속 4종	물용담(*Gentiana aquatica*)
	누운용담(*G. decumbens*)
	큰용담(*G. macrophylla*)
	그늘용담(*G. pseudoaquatica*)
장미과 3속 3종	필검은낭아초(*Comarum salesovianum*)
	알타이담자리꽃나무(*Dryas oxyodonta*)
	얼음양지꽃(*Potentilla algidus*)
갯길경과 2속 3종	삼각갯길경(*Goniolimon speciosum*)
	황금갯길경(*Limonium aureum*)
	둥근갯길경(*L. flexuosum*)
메꽃과 1속 3종	털좀메꽃(*Convolvulus ammanii*)
	털가시좀메꽃(*C. fruticosus*)
	가시좀메꽃(*C. gortschakovii*)
십자화과 2속 2종	큰키다닥냉이(*Lepidium latifolium*)
	고산말냉이(*Smelowskia alba*)
돌나물과 2속 2종	넉줄돌꽃(*Rhodiola quadrifida*)
	연옥꿩의비름 (*Sedum ewersii*)
지치과 1속 2종	털사막지치(*Arnebia fimbriata*)
	점박이사막지치(*A. guttata*)
범의귀과 1속 2종	털범의귀(*Saxifraga setigera*)
	가시범의귀(*S. spinulosa*)
백합과 1속 2종	몽골부추(*Allium mongolicum*)
	뭉치뿌리부추(*A. polyrrhizum*)
부처손과 1속 1종	피구실사리(*Selaginella sanguinolenta*)
붓꽃과 1속 1종	호랑무늬붓꽃(*Iris tigridia*)
운향과 1속 1종	몽골홑잎운향(*Haplophyllum dauricum*)
열당과 1속 1종	몽골좁은잎해란초(*Cymbaria daurica*)
쐐기풀과 1속 1종	삼잎쐐기풀(*Urtica cannabina*)
위성류과 1속 1종	다북위성류(*Tamarix ramosissima*)
석죽과 1속 1종	방석별꽃(*Stellaria pulvinata*)
양귀비과 1속 1종	잿빛양귀비(*Papaver canescens*)
남가새과 1속 1종	시리아운향풀(*Peganum harmala*)
시로미과 1속 1종	검은시로미(*Empetrum nigrum*)
매자나무과 1속 1종	시베리아매자나무(*Berberis sibirica*)
인동과 1속 1종	작은잎괴불나무(*Lonicera microphylla*)
초롱꽃과 1속 1종	숲초롱꽃(*Campanula turczaninowii*)

참고문헌

강영희. 2014. 방석식물(cushion plant, 方席植物). 생명과학대사전. 아카데미서적.

고기원, 박준범, 강봉래, 김기표, 문덕철. 2013. 제주도의 화산활동. 지질학회지 49: 209-230.

공우석. 2007. 우리식물의 지리와 생태. 지오북, 서울.

과학백과사전출판사. 1988. 식물원색도감, 평양.

김영철, 채현희, 오현경, 이규송. 2016. 멸종위기야생식물인 갯봄맞이꽃(*Glaux maritima* var. *obtusifolia* Fernald)의 분포특성과 개체군의 지속에 관여하는 요인. 한국환경생태학회지 30(6): 939-961.

김이숙. 1996. 몽골의 세시풍속 연구. 중앙민속학 1: 75-93.

김진석, 김태영. 2011. 한국의 나무. 돌베개, 서울.

김진석, 정재민, 김중현, 이웅, 이병윤, 박재홍. 2016. 한반도 풍혈지의 관속식물상과 보전관리 방안. 한국식물분류학회지 46(2): 213-246.

김현삼, 리수진, 박형선, 김매근. 1988. 식물원색도감. 과학백과사전종합출판사, 평양.

김혜진 외 15인. 민족의 모자이크 유라시아. 한울아카데미, 서울.

김효정. 2008. 튀르크 설화 속의 종족기원 모티브 연구. 지중해지역연구 10(3): 1-32.

도봉섭, 임록재. 1988. 식물도감. 과학출판사, 평양.

민병미, 이동훈, 이혜원, 최종인. 2005. 시화호 내 위성류(*Tamarix chinensis*) 개체군의 특성. 한국생태학회지 28(5): 327-333.

박원길, 1996, 몽골의 오보(ovoo) 및 오보제(祭), 중앙민속문화연구총서 1권, Pp.93-145.

손철수. 2004. 라중영조식물사전. 연변교육출판사, 연길.

윤선, 정차연, 현원학, 송시태. 2014. 제주도 구조운동사. 지질학회지 50: 457-474.

이영노. 2006. 새로운 한국식물도감(I). 교학사, 서울.

이우철. 1996. 원색한국기준식물도감. 아카데미서적, 서울.

이창복. 2003. 원색대한식물도감. 향문사, 서울.

임록재. 1975. 조선식물지(4). 과학출판사, 평양.

　　　　1976. 조선식물지(7). 조선과학출판사, 평양.

임양재, 전의식. 1980. 한반도의 귀화식물 분포. 한국식물학회지 23(3-4): 69-83.

자연지리학사전편찬위원회. 2002. 자연지리학사전. 한울아카데미, 서울.

전원철. 2016. 고구려-발해인 칭기스칸 2. 비봉출판사, 서울.

전의식. 1994. 새롭게 발견된 귀화식물(8), 서양메꽃과 도깨비가지. 자생식물 Pp. 436-437.

정수일. 2014. 실크로드 사전. ㈜창비, 서울.

정태현, 도봉섭, 심학진. 1949. 조선식물명집. 조선생물학회, 서울.

정태현. 1942. 조선삼림식물도설. 조선박물연구회, 서울.

　　　　1974. 한국식물도감(상권 목본부). 도서출판 이문사, 서울.

조선식물지편집위원회. 1974. 조선식물지(2), Pp. 240-243.

한국생물과학회. 2002. 생물학사전. 아카데미서적, 서울.

Anonymous. 2000. Materials of Mongolian climate.

Aronson, J. A. 1989. Haloph: A Data Base of Salt Tolerant Plants of the World. Arid Land Studies, University of Arizona, Tucson, AZ.

Arvaikheer Climate Normals 1961-1990. National Oceanic and Atmospheric Administration. Retrieved January 14, 2013.

Bae K.-D. 2005. Archaeology Characteristics of The Khogno Khan -The Special Protected Area of Mongolia. Korean Journal of Quaternary Research 19(2): 13-17.

Batnasan N. 2003. Freshwater issues in Mongolia, Proceeding of the National Seminar on IRBM in Mongolia, Pp.53-61. 24-25 Sept. 2003, Ulaanbaatar.

Block E. 2010. Garlic and Other Alliums: The Lore and the Science. Royal Society of Chemistry.

Bobrov E.G., A.G. Borisova, B.A. Fedchenko, S.G. Gorshkova, Yu.S. Grigor'ev, A.A. Grossgeim, A.N. Krishtofovich, A. Lincbevskii, A.S. Lozina-Lozinskaya, I.V. Palibin, K.K. Shaparenko, B.K. shishkin, I.T. Vasil'chenko and V.N. Vasil'ev. 1939. Leguminosae: *Oxytropis, Hedysarum.* 1985. In Flora of the U.S.S.R. (VIII), Pp. 1~427. Bishen Singh Mahendra Pal Singh and Koeltz Scientific Books. Dahra Dun.

Bojian B. and A.E. Grabovskaya-Borodina. 2003. *Rheum* Linnaeus. Flora of China 5: 341-350. Science Press (Beijing) & Missouri Botanical Garden Press (St. Louis).

Borodina A.E., V.I. Grubov, I.A. Grudzinskaja and J.L. Menitsky. 2005. Plants of Central Asia. Plant Collections from China and Mongolia. Vol. 9. Salicaceae-Polygonaceae. New Hampshire.

Chang C.-S. and J.-I. Jeon. 2007. Betulaceae Gray. *In* Flora of Korea Editorial Committee. The Genera of Vascular Plants of Korea. Pp. 275-284. Academy Publishing Co., Seoul.

Chao N. and T. Gong. 1999. *Salix* Linnaeus. Flora of China 4: 162~274. Science Press (Beijing) & Missouri Botanical Garden Press (St. Louis).

Cheeseman J.M. 2015. The evolution of halophytes, glycophytes and crops, and its implications for food security under saline conditions. New physiologist 206(2): 557-570.

Chen Feng-hwai, Hu Chi-ming, Fang Yun-yi, Cheng Chao-zong, Yang Yong-chang, & Huang Rong-fu in Chen Feng-hwai & Hu Chi-ming, editors. 1990. Primulaceae (1). Fl. Reipubl. Popularis Sin. 59(1): 1~217; Hu Chi-ming in Chen Feng-hwai & Hu Chi-ming, editors. 1990. Primulaceae (2). Fl. Reipubl. Popularis Sin. 59(2): 1~321.

Chen Y. and L. Brouillet. 2011. *Erigeron* L. 2011. Flora of China 20-21: 6, 546,

547, 555, 558, 634. Science Press (Beijing) & Missouri Botanical Garden Press (St. Louis).

Chen Y. and R.J. Bayer. 2011. *Leontopodium* R. Brown ex Cassin. Flora of China 20-21: 6, 774, 778. Science Press (Beijing) & Missouri Botanical Garden Press (St. Louis).

Chik W.I, L. Zhu, L.-L. Fan, T. Yi, G.-Y. Zhu, X.-J. Gou, Y.-N. Tang, J. Xu, W.-P. Yeung, Z.-Z. Zhao, Z.-L. Yu and H.-B. Chen. 2015. *Saussurea involucrata*: A review of the botany, phytochemistry and ethnopharmacology of a rare traditional herbal medicine. Journal of Ethnopharmacology172: 44–60.

Chognii, o. 1988. Changes in species composition during pasture degrading. *In* Byazrov, L.G. & Mirkin, B. M. (eds), Phytocenological basis of improvement of natural forage lands of the Mongolian People's Republic, Pp. 54-57. Nauka, Moscow.

Choi B.-H. 2007. Convolvulaceae Juss. 2007. *Dracocephalum* L. *In* Flora of Korea Editorial Committee, The Genera of Vascular Plants of Korea. Pp.793-796. Academy Publishing Co., Seoul.

2007. Fabaceae Lindl. *In* Flora of Korea Editorial Commitee, The Genera of Vascular Plants of Korea. Pp.585-622. Academy Publishing Co., Seoul.

Choi K. 2007. *Cerastium* L. *In* Flora of Korea Editorial Committee, The Genera of Vascular Plants of Korea. Pp.318-320. Academy Publishing Co., Seoul.

2007. *Stellaria* L. *In* Flora of Korea Editorial Committee, The Genera of Vascular Plants of Korea. Pp.320-322. Academy Publishing Co., Seoul.

Christenhusz M.J.M. and J.W. Byng. 2016. The number of known plants species in the world and its annual increase. Phytotaxa. Magnolia Press. 261(3): 201–217. doi:10.11646/phytotaxa.261.3.1.

Chung G.Y. 2007. *Erigeron* L. *In* Flora of Korea Editorial Committee, The genera of vascular Plants of Korea. Pp.1045-1047. Academy Publishing Co., Seoul.

Chung Y.J. 2007. Chenopodiaceae Vent. *In* Flora of Korea Editorial Committee, The genera of vascular Plants of Korea. Pp.290-302. Academy Publishing Co., Seoul.

Clark, E. L., J. Munkhbat, S. Dulamtseren, J.E.M. Baillie, N. Batsaikhan, R, Samiya and M. Stubbe (compilers and editors). 2006. Mongolian Red List of Mammals. Regional Red List Series Vol. 1. Zoological Society of London, London. (In English and Mongolian)

Clarke J. T., R.C.M. Warnock and P.C.J. Donoghue. 2011. Establishing a time-scale for plant evolution. New Phytologist 192: 266-301.

Czerneva O.V. 2003. *Jurinea* Cass. *In* Flora of the U.S.S.R. (VII) Pp.316. Bishen Singh Mahendra Pal Singh and Koeltz Scientific Books. Dahra DunA Balkema Publishers, Rotterdam.

Dagar J.C. 2005. Ecology, management and utilization of halophytes. Bulletin of the National Institute of Ecology 15: 81-97.

Davaa, G. and D. Oyunbaatar. 2012. Surface water resources assessment. Integrated Water Management National Assessment Report (I), Pp.9-75.

Davaa, G., D. Oyunbaatar and M. Sugita, 2007. Surface water in Mongolia. In Konagaya Y. (Ed.). A Handbook of Mongolian Environments. Pp. 55-68.

Dogan B. A. Kandemir, E. Osma and & A. Duran. 2014. *Jurinea kemahensis* (Asteraceae), a new species from East Anatolia, Turkey. Ann. Bot. Fennici 51: 75–79.

Dogan B., A. Duran, E. Martin, E. Dogan, E. Hakki. 2010. *Jurinea turcica* (Asteraceae), a new species from North-West Anatolia, TurkeyBiologia 65(1): 28-32.

Druzhkoval A.S. O. Thalmann, V.A. Trifonov, J.A. Leonard, N.V. Vorobieva, N.D. Ovodov, A.S. Graphodatsky and R.K. Wayne. 2013. Ancient DNA analysis affirms the Canid from Altai as a primitive dog. Plos One 5(3): 1-6.

Duman H. and Z. Aytac. 1999. A new record from Turkey: *Jurinea stoechadifolia* (M.Bieb) DC. Tr. J. of Botany 23: 281-283.

Egerton, F.N. 2006. A history of the ecological sciences, part 21: Réaumur and his history of insects. Bulletin of the Ecological Society of America 87(3): 212–224.

Eldevochir E. 2016. Livestock Statistics in Mongolia. Asia and Pacific Commission on Agricultural Statistics Twenty-Sixth Session. Thimphu, Bhutan, 15 - 19 February 2016.

Enkhtuul E. 2008. Red Book on Bogdkhan Mountain. Bogdkhan Mountain Strictly Protected Area's Administration. Ulaanbataar.

Erhardt W., E. Gots, N. Bpdeker and S. Seybold. 2008. The Timber Press Dictionary of Plant Names. Timber Press, Portland.

Erlanson E.W. 1938. Phylogeny and polyploidy in Rosa. New Phytol. 37: 72-81.

Esphand Against the Evil Eye in Zoroastrian Magic: a zoroastrian rite surviving in muslim nations. Lucky Mojo Curio Co. Retrieved 7 May 2019.

Farouk L, A. Laroubi, R. Aboufatima, A. Benharref and Chait. 2008. Evaluation of the analgesic effect of alkaloid extract of *Peganum harmala* L.: possible mechanisms involved. J Ethnopharmacol. 115(3): 449-54.

Flowers T.J, and T.D. Colmer. 2008. Salinity tolerance in halophytes. *New Phytologist* 179: 945–963.

Flowers T.J, Galal H.K. and L. Bromham. 2010. Evolution of halophytes: multiple origins of salt tolerance in land plants. *Functional Plant Biology* 37: 604–612.

Flowers T.J,, P.F, Troke and A.R. Yeo. 1977. The mechanism of salt tolerance in halophytes. Annual Review of Plant Physiology 28: 89–121.

Fu K. and H. Ohba. 2001. Crassulaceae. *Flora of China* 8: 202–268. Science Press (Beijing) & Missouri Botanical Garden Press (St. Louis).

Fu L., Y. Xin and A. Whittemore. 2003. Flora of China 5: 1-19. Science Press (Beijing) & issouri Botanical Garden Press (St. Louis).

Germplasm Resources Information Network (GRIN). 2008. *Peganum harmala*. Agricultural Research Service (ARS), United States Department of Agriculture (USDA). Retrieved 17 February 2008.

Giblin, D.E. and B.S. Legler (eds.). 2019. *Smelowskia americana*. WTU Herbarium Image Collection. Burke Museum.

Glenn E.P., J.J. Brown and E. Blumwald. 1999. Salt toerance and crop potential of halophytes. Critical Reviews in Plant Sciences 18(2): 227-255.

Gorshkova S.G. 1986. *Dipsacaceae, Cucurbitaceae, Campanulaceae. In* Flora of the U.S.S.R. (XXIX). Pp. 201-204. Bishen Sigh Mahhendra Pal Singh and Koeltz Scientific Books. Dahra Dun.

Greenway H. and R. Munns 1980. Mechanisms of salt tolerance in nonhalophytes. Annual Review of Plant Physiology 31: 149–190.

Grossgeim A.A. 1985. *Medicago. In* Flora of the U.S.S.R. (XI), Pp.99-134. Bishen Singh Mahendra Pal Singh and Koeltz Scientific Books. Dahra Dun.

Grubov, V.I. 1982. Key to the Vascula Plants of Mongolia (with an Atlas. Vol. 1, 2). Science Publishers Inc. St. Petersburg.

Grubov V.I. 1982. Vascular Plants of Mongolia (I, II). Science Publishers, Inc. Enfield (NH).

Grubov V.I. 2002. Plants of Central Asia, Plant Collections from China and Mongolia (7), Legumes Genus: *Oxytropis*. Science Publishers, Inc., Enfield (NH), USA Plymouth.

2002. Plants of Central Asia, Plant Collections from China and Mongolia (8b), Legumes Genus: *Oxytropis*. Science Publishers, Inc., Enfield (NH).

Herbert D. 1952. The Scientific Adventure: Essays in the History and Philosophy of Science. Sir Isaac Pitman and Sons, London.

Ho T. and J.S. Pringle. 1995. Gentianaceae A. L. Jussieu. Flora of China 16: 1–139. Science Press (Beijing) & Missouri Botanical Garden Press (St. Louis).

Holtmeier, F.-K. 2000. Die Höhengrenze der Gebirgswälder. Arbeiten Institut für Landschaftsökologie, Westfälische Wilhelms-Universität 8.

Holtmeier F.-K. 2003. Mountain Timberlines – Ecology, patchiness, and dynamics. Advances in Global Change Research, 14. Kluwer Academic, Dordrecht.

Hong D., H. Yang, C. Jin Cunli and N.H. Holmgren. 1998. Scrophulariaceae. Flora of China 18: 1–212. Science Press (Beijing) & Missouri Botanical Garden Press (St. Louis).

Hong S.P. 2007. Rheum L. *In* Flora of Korea Editorial Committee. The Genera of Vascular Plants of Korea. Pp. 359-360. Academy Publishing Co., Seoul.

Iljin M.M. 1985. Chenopodiaceae. *In* Flora of the U.S.S.R. (VI), Pp. 2-353. Bishen Singh Mahendra Pal Singh and Koeltz Scientific Books, Dahra Dun.

Iljin M.M. Jurinea Cass. 2003. In Flora of the U.S.S.R. (XXVII). Pp. 661-875. Bishen Singh Mahendra Pal Singh and Koeltz Scientific Books. Dahra Dun.

Im H.-T. 2007. *Saussurea* DC. *In* Flora of Korea Editorial Committee, The genera of vascular Plants of Korea. Pp.982-989. Academy Publishing Co., Seoul.

Ito, M., Y. Kadota, T. Kawahara, H. Koyama, T. Morita, H. Soejima, K. Watanabe and T. Yahara. 1995. Flora of Japan Vol. IIIb, Angiospermar, Dicotyledoneae, Sympetalae (b). Kodansha Ltd., Tokyo.

Jamsran Ts., Ch. Sanchir, S. Bachman, N. Soninkhishig, S. Gombobaata, J.E.M. Baillie and Ts. Tsendeekhuu (editors). 2011. *In* Nyambar D., B. Oyuntsetseg and R. Tungalag (compilers), Regional Red List Siries Vol. 9. Plants (Part 1). Zoological Society of London, National University of Mongolia (In English and Mongolian).

Jamsran U., T. Okuro, M. Norov and N. Yamanaka. 2015. Rangeland Plants of Mongolia (I). Arid Land Research Center, Tottori University, Japan & Center for Ecosystem Studies, Mongolian University of Life Sciences, Mongolia.

Kadereit G., L. Mucina & H. Freitag. 2006. Phylogeny of Salicornioideae (Chenopodiaceae): diversification, biogeography, and evolutionary trends in leaf and flower morphology. Taxon 55(3): 623-632.

Keys D. 2009. Scholars crack the code of an ancient enigma. BBC History Magazine 10 (1): 9.

Khovd Aimag Statistical Office. 2007 Annual Report. Retrieved 7 May 2019.

Khovd Aimak Statistical Office. 1983-2008. Dynamics Data Sheet Archived 2011-07-22 at the Wayback Machine. Retrieved 7 May 2019.

Khovd Climate Normals 1973-1990. National Oceanic and Atmospheric

Administration. Retrieved 13 January 2019.

Kim, C.S. 2002. Review on the factors causing changes in the subalpine vegetation of Mt. Halla and conservation measures. The Proceedings on the Conservation and Management of Subalpine Zone in Mt. Halla. pp. 26-55. Institute for Mt. halla.

2003. Namjeju Rare Plants. Namjeju-gun Prefecture, Jeju-do. 342pp. Jeju.

2005a. Review on the taxonomic and biogeographic characteristics of an arctic-alpine species, *Empetrum nigrum* var. *japonicum* in Mt. Halla, Korea. KFRI Jour. Forest Science, in press.

2005b. The diversity of alpine plants in Mt. Halla. The Proceedings of the Symposium on Conservation and Sustainable Use of Bio-Diversity in Jeju Island, pp. 31-48. Korean Society of Native Species.

2009. Vascular Plant Diversity of Jeju Island, Korea. Korean J. Plant Res. 22(6): 558-570.

2013. A List of Monocotyledonous Plants from Jeju Island. Korea Forest Research Institute.

Kim C.-S., M.-O. Moon, H.-J. Hyeon and K.-O. Byun. 2010. Ligneous Flora of Jeju Island. Korea Forest Research Institute.

Kim K.I. 2007. *Scrophularia* L. In Flora of Korea Editorial Committee, The Genera of Vascular Plants of Korea. Pp. 886~889. Academy Publishing Co., Seoul.

Kim K.-J. 2007. Heliantheae Cass. *In* Flora of Korea Editorial Committee, The genera of vascular Plants of Korea. Pp.1052-1069. Academy Publishing Co., Seoul.

Kim M. 2007. Papaveraceae Juss. *In* Flora of Korea Editorial Committee, The Genera of Vascular Plants of Korea. Pp.216-220. Academy Publishing Co., Seoul.

2007. Ulmaceae Mirb. *In* Flora of Korea Editorial Committee, The Genera of Vascular Plants of Korea. Pp.237-240. Academy Publishing Co., Seoul.

Kim Y.-D. 2007. Berberidaceae Juss. In Flora of Korea Editorial Committee, The genera of vascular Plants of Korea. Pp.206-2009. Academy Publishing Co., Seoul.

2007. Boraginaceae Juss. *In* Flora of Korea Editorial Committee, The Genera of Vascular Plants of Korea. Pp.798-807. Academy Publishing Co., Seoul.

Kolpakova M. 2013. Equilibrium of west Mongolian soda lake waters with carbonate and aluminosilicate minerals. Procedia Earth and Planetary Science 7: 444-447.

Komarov V.L. 1908. *Generis Caragana monographia*. Acta Horti. Petrop 29:179~388.

1947. V.L. Komarov Opera selecta. Pp. 159-342. Academic Science, Moscow.

1986. Coniferales. *In* Flora of the U.S.S.R. (I). Bishen Singh Mahendra Pal Singh and Koeltz Scientific Books, Dahra Dun.

Koyro H.W., D. Daniel, M.A. Khan and H. Lieth. 2011. Halophytic crops: A resources for the future to erduce the water crisis. Emir. J. Food Agric. 23(1) : 1-16.

Kudrjaschev. F. 1994. *Dracocephalum* Linnaeus. Flora of China 17: 124-133. Science Press (Beijing) & Missouri Botanical Garden Press (St. Louis).

Kuzeneva, O.I. 1985. *Betula* L. Flora of the U.S.S.R. Vol. V. Pp. 213-239. Bishen Songh Mahendra Pal Sing and Koeltz Scientific Book.

Kwadijk, J., G. Davaa, P, Gomboluudev, L, Natsagdorj, W. van der Linden, and Z. Munkhtsetseg, 2012. Climate change. Integrated Water Management National Assessment Report 1: 173-281.

Le Houerou, H. N. 1993. Salt-tolerant plants for the arid regions of the Mediterranean isoclimatic zone. *Towards the Rational Use of High Salinity Tolerant Plants* Vol. 1. Pp. 403-422. Lieth, H. and Masoom, A., Eds., Kluwer Academic Publishers, Dordrecht.

Lee M.K., Y.I. Lee, H.S. Lim, J.I. Lee and H.I. Yoon. 2013. Late Pleistocene-Holocene records from Lake Ulaan, southern Mongolia: implications for east Asian palaeomonsoonal climate changes. J. Quaternary Science 28(4): 370-378.

Lee S. 2007. *Potentilla* L. *In* Flora of Korea Editorial Committee, The Genera of Vascular Plants of Korea. Pp.549-553. Academy Publishing Co., Seoul.

2007. Rosa L. *In* Flora of Korea Editorial Committee, The Genera of Vascular Plants of Korea. Pp.564-567. Academy Publishing Co., Seoul.

Lee Y.M. 2007. Tamaricaceae Link. *In* Flora of Korea Editorial Committee, The genera of vascular Plants of Korea. P.403. Academy Publishing Co., Seoul.

2007. Zygophyllaceae. *In* Flora of Korea Editorial Committee, The Genera of vascular Plants of Korea. P.714. Academy Publishing Co., Seoul.

Lee Y.N. 2007. Poaceae Barnhart. *In* Flora of Korea Editorial Committee, The genera of vascular Plants of Korea. Pp.1182-1264. Academy Publishing Co., Seoul.

Lehmkuhl F. 2011. Holocene glaciers in the Mongolian Altai: An example from the Turgen-Kharkhiraa Mountains. Jour. Asian Earth Sciences 52:12-20.

Lehner B., K. Verdin and A. Jarvis. 2008. New Global Hydrography Derived From Spaceborne Elevation Data 89(10): 93-94.

Li C., H. Ikeda and H. Ohba. 2003. *Comarum* Linnaeus. Flora of China 9:328.

2003. *Potentilla* L. Flora of China 9: 291-327. Science Press (Beijing) & Missouri Botanical Garden Press (St. Louis).

Li H. and I.C. Hedge. 1994. Lamiaceae. Flora of China 17: 50–299.

Li L. and Y. Kadota. 2001. *Aconitum* Linnaeus. Flora of China 6: 149. Science Press (Beijing) & Missouri Botanical Garden Press (St. Louis).

Li P. and Skvortsov A.K. 1999. Betulaceae Gray. Flora of China 4: 286-313.

Li S. *et al.* 1994. Fabaceae (Leguminosae). Flora of China 10: 1-577. Science Press (Beijing) & Missouri Botanical Garden Press (St. Louis).

Li S.L. Xu, D. Chen, X. Zhu, P. Huang, Z. Wei, R. Sa, D. Zhang, B. Bao, D. Wu, H. Sun, X. Gao, S.S. Larsen, I. Nielsen, D. Podlech, Y. Liu, H. Ohashi, Z. Chang, K. Larsen, J. Li, S.L. Welsh, M.A. Vincent, M. Zhang, M.G. Gilbert, L. Pedley, B.D. Schrire, G.P. Yakovlev, M. Thulin, I.C. Nielsen, B.-H. Choi, N.J. Turland, R.M. Polhill, S. Saksuwan Larsen, D. Hou, Y. Iokawa, C.M. Wilmot-Dear, G. Kenicer, T. Nemoto, J.M. Lock, A.D. Salinas, T.E. Kramina, A.R. Brach, B. Bartholomew and D.D. Sokoloff. 2010. Fabaceae (Leguminosae). Flora of China 10: 1-577. Science Press (Beijing) & Missouri Botanical Garden Press (St. Louis).

Liu, Y., Z. Chang and G. P. Yakovlev. 2010. *Caragana. In* Flora of China 10; 2, 463, 499, 512, 528. Science Press (Beijing) & Missouri Botanical Garden Press (St. Louis).

Lkhagva Ariuntsetseg and Bazartseren Boldgiv. 2009. On the Quantitative Aspects of the Flora of Mongolia. Mongolian Journal of Biological Sciences 7(1-2): 81-84.

Lozina-Lozinskaya A.S. 1971. Subfamaily Saxifragoideae. 1985. In Flora of the U.S.S.R. (IX). Pp. 107-168. Bishen Singh Mahendra Pal Singh and Koeltz Scientific Books. Moskova-Leningrad.

1985. *Rheum* L. *In* Komarov V.L. (ed.). Flora of the U.S.S.R. (V), Pp.379-393. Bishen Singh Mahendra Pal Singh and Koeltz Scientific Books. Dahra Dun.

Mabberley D.J. 2008. Mabberley's Plant-Book (3ed.). Cambridge.

Magsar U., Batlai O., Dash zeveg N and C. Dulamsure. 2014. Conspectus of the vascular plants of Mongolia.

Mahmoudian M., Hossein and P. Salehian. 2002. Toxicity of *Peganum harmala*: Review and a Ccse report. Iranian Journal of Pharmacology and Therapeutics. 1(1): 1–4.

Makino T. 2000. Newly Revised Makino's New Illustrated Flora of Japan. The Hokuryukan Co. Ltd. Tokyo.

Margarita N.S., I.I. Gureyeva, N. and N. Nekratova. 2014. Seed production and germination of three rare *Saussurea* species in the Kuznetsk Alatau mountains (Russia). Advances in Environmental Biology 8(21): 396-402.

Michell J.C.C., Valikhanov and M.I. Venyukov. 1865. The Russians in Central Asia: their occupation of the Kirghiz steppe and the line of the Syr-Daria : their political relations with Khiva, Bokhara, and Kokan : also descriptions of Chinese Turkestan and Dzungaria; by Capt. Valikhanof, M. Veniukof and others. Translated by J. Michell and R. Michell. E. Stanford: 327–328.

MNEM & UNDP, NBAP, GEF(Ministry for Nature and the Environment of Mongolia & United Nations Development Programme, National Bureau for Asia and Pacific, Global Environment Facility). 1998. Biological Diversity in Mongolia (First national Report). Ulaanbaatar.

MN, ETM, GEF, UNDPM, CBDMNEC(Ministry of Nature, Environment and Tourism of Mongolia, Global Environment Facility, United Nations Development Programme in Mongolia, Convention on Biological Diversity and Mongolian Nature and Environment Consortium). 2009. Fourth Natural Report on Implementation of Convention of Biological Diversity. Ulaanbaatar.

Moore R.J. 1968. Chromosome numbers and phylogeny in *Caragana* (Leguminosae). Can J Bot 46: 1513–1522.

Moreira-Muñoz A. and M. Muñoz-Schick. 2007. Classification, diversity, and distribution of Chilean Asteraceae: implications for biogeography and conservation. Diversity and Distributions (Diversity Distrib.) 13: 818–828.

Müller K, and T. Borsch. 2005. Phylogenetics of Amaranthaceae using matK/ trnK sequence data – evidence from parsimony, likelihood and Bayesian approaches. Annals of the Missouri Botanical Garden, 92: 66-102.

Murata G. and T. Yamazaki. 1993. Lamiaceae (Labiatae). *In* Iwatsuki K., T. Yamazaki, D. E. Boufford and H. Ohba (eds.). Flora of japan (IIIa) Pp. 272-327.

Nazarov M.I. 1985. Salix L. In Flora of the U.S.S.R. (V), Pp. 20-223. *In* Flora of the U.S.S.R. (VII) Pp.316. Bishen Singh Mahendra Pal Singh and Koeltz Scientific Books. Dahra Dun.

NOAA(1961-1990). 2013. Altai Climate Normals 1973-1990. National Oceanic and Atmospheric Administration. Retrieved January 13, 2013.

Oh B.U. 2007. Allium L. *In* Flora of Korea Editorial Committee, The Genera of Vascular Plants of Korea. Pp.1280-1285. Academy Publishing Co., Seoul.

_____ 2007. Brassicaceae Burnett (Cruciferae Juss., nom. alt.). *In* Flora of Korea

Editorial Committee, The genera of vascular Plants of Korea. Pp.427-461. Academy Publishing Co., Seoul.

Ohwi, J. 1965. Flora of Japan (in English). Smithsonian Institution Press, Washington, D.C.

Paik W.-K. 2007. Gentianaceae. *In* Flora of Korea Editorial Committee, The Genera of Vascular Plants of Korea. Pp.764-772. Academy Publishing Co., Seoul.

Pak J.-H. 2007. *Crepidiastrum* Nakai. *In* Flora of Korea Editorial Committee, The genera of vascular Plants of Korea. Pp.960-971. Academy Publishing Co., Seoul.

_____ 2007. Lactucinae Less. *In* Flora of Korea Editorial Committee, The genera of vascular Plants of Korea. Pp.960-971. Academy Publishing Co., Seoul.

Panda H. 2000. Herbs Cultivation and Medicinal Uses. National Institute Of Industrial Research. Delhi.

Park C.-W. 2007. *Aconitum* L. *In* Flora of Korea Editorial Committee, The Genera of Vascular Plants of Korea. Pp. 176-182. Academy Publishing Co., Seoul.

_____ 2007. *Androsace* L. *In* Flora of Korea Editorial Committee, The Genera of Vascular Plants of Korea. Pp. 496-498. Academy Publishing Co., Seoul.

_____ 2007. *Glaux* L. *In* Flora of Korea Editorial Commitee, The Genera of Vascular Plants of Korea. P.491. Academy Publishing Co., Seoul.

_____ 2007. *Primula* L. *In* Flora of Korea Editorial Committee, The Genera of Vascular Plants of Korea. Pp.498-499. Academy Publishing Co., Seoul.

Park W.-G. 2007. Salicaceae Mirb. *In* Flora of Korea Editorial Committee, The Genera of Vascular Plants of Korea. Pp. 410-425. Academy Publishing Co., Seoul.

Park, C.-W., S.H. Yeau, C.-W. Chang, and B.-Y. Sun. 2007. Ranunculaceae Juss. In Flora of Korea Editorial Commitee, The Genera of Vascular Plants of Korea. Pp.165-166. Academy Publishing Co., Seoul.

Park, J.H.. 2007. *Artemisia*. *In* Flora of Korea Editorial Committee, The Genera of Vascular Plants of Korea. Pp.1013-1023. Academy Publishing Co., Seoul.

Pavol E.J., D. Daniel, G. Vit and and S. Robert. 2008. Occurrence of *Camphorosma annua* Pall. in Slovakia: past and present. Flora Pannonica 6: 117-126.

Petroglyphic Complexes of the Mongolian National Commission for UNESCO. Mongolian Altai, World Heritage Site Nomination Document. Institute of Archaeology, Mongolian Academy of Sciences

Polyakov. P.P. 1936. *Artemisia*. *In* Komarov, V.L.(ed.), Flora of the U.S.S.R. 26: 488-724. Moskova & Leningrad. (English translation 1970).

Popov M.G. 1986. Boraginaceae G. Don. *In* Flora of the U.S.S.R. (XIX), Pp.97-690. Bishen Singh Mahendra Pal Singh and Koeltz Scientific Books. Dahra Dun.

Poyarkova A.I. 1985. Caragana. *In* Flora of the U.S.S.R. (XI). Pp.244-302. Bishen Singh Mahendra Pal Singh and Koeltz Scientific Books. Dahra Dun.

1986. Genus *Caragana*. *In* Komarov, V.L. (Ed.) Flora of U.S.S.R. (XI). Pp. 244-274.

PPG1. 2016. A community-derived classification for extant lycophytes and ferns. J. Syst. Evol. 54 (6): 563–603.

Qobil R. 2015. Special Report–Waiting for the sea. BBC News. Retrieved 25 February 2015.

Quattrocchi U. 2000. CRC World Dictionary of Plant Names, 4 R–Z, Taylor & Francis US, ISBN 978-0-8493-2678-3.

Radnaakhand T. 2016. The Flowers of the Mongolia Gobi Desert. Admon Publishing, Ulaanbaatar.

Sanchir C.Z. 1979. Genus *Caragana* Lam. (Systematics, Geography, Phylogeny and Economical Significance in Study on Flora and Vegetation of P.R. Mongolia), Vol.1. Academic Press, Ulanbaatar. (in Mongolian with an English abstract).

Saslis-Lagoudakis C.H., C. Moray and L. Bromham. 2014. Evolution of salt tolerance in angiosperms: a phylogenetic approach. In: Rajakaruna N, Boyd RS, Harris TB, eds. *Plant ecology and evolution in harsh environments*. Hauppauge, NY, USA: Nova Science Publishers, 77–95.

Schweingruber, F.H. 1996. Tree Rings and Environment. Dendroecology. Paul Haupt, Bern.

Sharkhuu, N. 2003. Regularities of permafrost distribution in Mongolia. Transactions of the Institute of Geoecology Pp. 217-232.

Shi Y.F, Li J.J, Li B.Y. et al. 1999. Uplift of the Qinghai-Xizang (Tibetan) Plateau and East Asia environmental change during late Cenozoic. Acta Geogr. Sin. 54:10–21.

Shi, Z., Y. Chen, Y. Chen, Y. Lin(Ling Y.), S. Liu, X. Ge, T. Gao, S. Zhu, Y. Liu, C.J. Humphries, Q. Yang, E. von Raab-Straube, M.G. Gilbert, B. Nordenstam, N. Kilian, L. Brouillet, I.D. Illarionova, D.J.N. Hind, C. Jeffrey, R.J. Bayer, J. Kirschner, W. Greuter, A. A. Anderberg, J.C. Semple, J. Štěpánek, S.E. Freire, L. Martins, H. Koyama, T. Kawahara, L. Vincent, A.P. Sukhorukov, E.V. Mavrodiev and G. Gottschlich. 2011. Asteraceae (Compositae). Flora of China 20-21: 1-8. Science Press (Beijing) & Missouri Botanical Garden Press (St. Louis).

Shiskin B.K. 1987. *Dracocephalum* L. In Komarov V.L. (ed.). Flora of the U.S.S.R. (XX) (Labiatae) Pp. 295-318. Bishen Singh Mahendra Pal Singh and Koeltz Scientific Books. Dahra Dun.

Shmakov A.I., A.A. Kechaykin, T.A. Sinitsyna, D.N. Shaulo and S.V. Smirnov. 2018. Genus *Campanula* L. (Campanulaceae Juss.) in flora of Altai. Ukrainian Journal of Ecology 8(4): 362-369.

Shvartseva S.L., M.N. Kolpakovaa, V.P. Isupovc, A.G. Vladimirovd, and S. Ariunbileg. 2014. Geochemistry and chemical evolution of saline lakes of western Mongolia. Geochemistry International 52(5): 388-403.

Sim J.K. 2007. Iridaceae Juss. *In* Flora of Korea Editorial Committee. The Genera of Vascular Plants of Korea. Pp.1326-1331. Academy Publishing Co., Seoul.

Simons P. 2007. How Reaumur fell off the temperature scale. The Times. Retrieved 10 April 2008.

Son S.-W., B.-C. Lee, H.-H. Yang and Y.-J. Seol. 2011. Distribution of five rare plants in Korea. Korean J. Pl. Taxon. 41(3): 280-286.

Song, G., H.-J. Hyun, H.-R. Kim, H.-S. Choi, Y.-J. Kang, G.-R. Kim, Jin Kim, K.-M. Song and C.-S. Kim. 2014. A List of Herbaceous Dicotyledoneae in Jeju Island. Korea Forest Research Institute.

Sternberg T. and P. Paillou. 2015. Mapping potential shallow groundwater in the Gobi Desert using remote sensing: Lake Ulaan Nuur. J. Arid Environments 21-27.

Stevanović V. V. Matevski & K. Tan. 2010. *Jurinea micevskii* (Asteraceae), a new species from the Republic of Macedonia. Phytologia Balcanica 16(2): 249–254.

Suh Y. 2007. *Dracocephalum* L. *In* Flora of Korea Editorial Committee, The Genera of Vascular Plants of Korea. Pp.825-826. Academy Publishing Co., Seoul.

Suh Y., S.-P. Hong and S.-J. Park. 2007. Lamiaceae Martinov. *In* Flora of Korea Editorial Committee, The Genera of Vascular Plants of Korea. Pp.815-841. Academy Publishing Co., Seoul.

Sun B.-Y. 2007. Pinaceae Spreng. ex F. Rudolphi. *In* Flora of Korea Editorial Commitee, The Genera of Vascular Plants of Korea. Pp.118-125. Academy Publishing Co., Seoul.

_____. 2007. Polypodiaceae Bercht. & J. Presl. *In* Flora of Korea Editorial Committee, The Genera of Vascular Plants of Korea. Pp.105-107.

Academy Publishing Co., Seoul.

Sun B.-Y. Polypodiaceae Bercht. & J. Presl. *In* Flora of Korea Editorial Committee, The Genera of Vascular Plants of Korea. Pp.8-9. Academy Publishing Co., Seoul.

Sun H. and K. Larsen. 2010. *Sphaerophysa* Candolle. Flora of China 10: 505. Science Press (Beijing) & issouri Botanical Garden Press (St. Louis).

Szuminska D. 2016. Changes in surface area of the Boon Tsagaan and Orog lakes (Mongolia, Valley of the Lakes, 1974-2013) compared to claimate and permafrost changes). Sedimentary Geology 340: 62-73.

The Institute of Geoecology, MAS. 2010. The Management Plan of Great Gobi 'B' Strictly Protected Area and Alagkhairkhan Nature Reserve (2011-2015). Ulaanbaatar.

The Plant List: A Working List of All Plant Species, retrieved 26 September 2016

Tsolmon G and J.-W. Kim. 2001. Vegetation of the Khogno Khan Natural Reserve, Mongolia. Korean J. Ecol. 24(6): 365-370.

Tsvelev N.N. 1995. *Ajania* Poljak. *In* Flora of the U.S.S.R. (XXVI), Pp.462-474. Bishen Singh Mahendra Pal Singh and Koeltz Scientific Books. Dehra Dun.

Tungalag R. A Field Guide to the trees and Shrubs of Mongolia. munkhiin Useg Publishing. Ulaanbaatar.

Ulambadrakh K. 2015. The origin of the Great Lakes Basin, Western Mongolia: not the super flooding, but glaciated super valley. Geography and Tourism 3(1): 39-47.

Undarma J. T. Okuro, Manibazar N, and N. Yamanaka. 2015. Rangeland Plants of Mongolia (I), High mountain belt, Mountain forest-steppe belt, Steppe zone. Munkhiin Useg, Ulaanbaatar.

UNESCO World Heritage Centre – IUCN. 2012. Mission Report, Reactive Monitoring Mission Golden Mountains of Altai World Heritage Property Russian Federation. UNESCO, Convention Concerning the Protection of the World Cultural and Natural Heritage, World Heritage Committee, Saint Petersburg.

Urgamal M., B. Oyuntsetseg, D. Nyambayar and Ch. Dulamsure. 2004. Conspectus of the Vascular Plants of Mongolia. Institute of Botany, Mongolian Academy of Sciences and Department of Biology, National University of Mongolia.

    2014. Conspectus of the vascular plants of Mongolia. (Ed.: Sanchir, Ch. & Jamsran, Ts.). Ulaanbaatar. Admon Press.

Vasil'chenko. 1939. Cruciferae B. Juss. 1985. *In* Flora of the U.S.S.R. (VIII), Pp.

13~453. Bishen Singh Mahendra Pal Singh and Koeltz Scientific Books. Dahra Dun.

Vassilczenko U. 2010. *Trifolium* Linnaeus. Flora of China 10: 548–551. Science Press (Beijing) & Missouri Botanical Garden Press (St. Louis).

von Marilaun A.K. 1896. The natural history of plants. London, UK: Blackie & Son.

W.-I Chik, L. Zhu, L.-L. Fan, T. Yi, G.-Y. Zhu, X.-J. Gou, Y.-N. Tang, J. Xu, W.-P. Yeung, Z.-Z. Zhao, Z.-L. Yu, and H.-B. Chen. 2015. *Saussurea involucrata*: A review of the botany, phytochemistry and ethnopharmacology of a rare traditional herbal medicine. Journal of Ethnopharmacology 172: 44-60.

Wang W. and M.G Gilbert. 2001. *Ranunculus* Linnaeus. Flora of China 6: 425. Science Press (Beijing) & Missouri Botanical Garden Press (St. Louis).

Watson L.E., Bates P.L., Evans T.M,, Unwin M.M. and J.R. Estes. 2002. Molecular phylogeny of Subtribe Artemisiinae (Asteraceae), including Artemisia and its allied and segregate genera. BMC Evolutionary Biology 2:17. doi:10.1186/1471-2148-2-17.

World Health Organization. 2013. Medicinal Plants in Mongolia. World Health Organization Regional Office for the Western Pacific.

Xu J. and R.V. Kamelin. 2000. *Allium* Linnaeus. Flora of China 24: 165–202. Science Press (Beijing) & Missouri Botanical Garden Press (St. Louis).

Xu L. and D. Podlech. 2010. *Astragalus* Linnaeus. Flora of China 10: 328–453. Science Press (Beijing) & Missouri Botanical Garden Press (St. Louis).

Yang H., E. Lee, N. Do, D. Ko and S. Kang. 2012. Seasonal and Inter-annual Variations of Lake Surface Area of Orog Lake in Gobi, Mongolia During 2000-2010. Korean Journal of Remote Sensing 28(3): 267-276.

Yang Q. and J. Gaskin. 2007. Tamaricaceae. Flora of China 13: 58-69. Science Press (Beijing) & Missouri Botanical Garden Press (St. Louis).

Yarmolenko A.V. 1985. Urticales Lindl. *In* Komarov V.L. (ed.). Flora of the U.S.S.R. (V), Pp.283-406. Bishen Singh Mahendra Pal Singh and Koeltz Scientific Books. Dahra Dun.

Yoo K.-O. 2007. Campanulaceae Juss. *In* Flora of Korea Editorial Committee, The genera of vascular Plants of Korea. Pp.906-919. Academy Publishing Co., Seoul.

Yuzepchuk S. 1971. Rosaceae-Rosoideae, Prunoideae. *In* Flora of the U.S.S.R. (X). Pp.1~506. Bishen Singh Mahendra Pal Singh and Koeltz Scientific Books. Moskova-Leningrad.

Zaboɫotnik, S.I. 2001. The development of frozen ground in Mongolia.

International symposium on mountain and arid land permafrost, extended abstracts. Institute of Geography Mongolian Academy of Sciences, International Permafrost Association, Ulaanbaatar. Pp. 94-95.

Zakyrov U. 1995. *Arnebia* Forsskål. Flora of China 16: 344–346. Science Press (Beijing) & Missouri Botanical Garden Press (St. Louis).

Zhang M., and C. Grey-Wilson. 2008. Flora of China 7: 278–280. Science Press (Beijing) & Missouri Botanical Garden Press (St. Louis).

Zhang M.L, Fritsch P.W, and B.C. Cruz. 2009. Phylogeny of *Caragana* (Fabaceae) based on DNA sequence data from rbcL, trnS-trnG, and ITS. Mol Phylogen Evol. 50: 547–559.

Zhang M.L. 1997a. The geographic distribution of the genus *Caragana* in Qinghai-Xizang Plateau and Himalayas. Acta Phytotax Sin. 35: 136–147.

1998. A preliminary analytic biogeography in *Caragana* (Fabaceae). Acta Bot Yunnan 20: 1–11.

2005. A Dispersal and Vicariance Analysis of the Genus *Caragana* Fabr. Journal of Integrative Plant Biology 47(8): 897-904.

Zhang, X. C., H. P. Nooteboom & M. Kato. 2013. Selaginellaceae. Flora of China 2–3 (Pteridophytes): 37–66. Science Press (Beijing) & Missouri Botanical Garden Press (St. Louis).

Zhang, X. C., S. G. Lu, Y. X. Lin, X. P. Qi, S. Moore, F. W. Xing, F. G. Wang, P. H. Hovenkamp, M. G. Gilbert, H. P. Nooteboom, B. S. Parris, C. Haufler, M. Kato and A. R. Smith. 2013. Polypodiaceae. Flora of China 2–3 (Pteridophytes): 758–850. Science Press (Beijing) & Missouri Botanical Garden Press (St. Louis).

Zhao Y,H,.J. Noltie and B.F. Mathew. 2000. *Iris Linnaeus*. Flora of China 24: 297–312. Science Press (Beijing) & issouri Botanical Garden Press (St. Louis).

Zhao Y.Z. 1993. Taxonomic study of the genus *Caragana* from China. Acta Sci. Nat. Univ. Intramongol 24, 631–653 (in Chinese with an English abstract).

Zhou T., L. Lu, G. Yang and I.A. Al-Shehbaz. 2001. Brassicaceae (Cruciferae). Flora of China 8: 1-193. Science Press (Beijing) & Missouri Botanical Garden Press (St. Louis).

Zhu G., S.L. Mosyakin & S.E. Clemants. 2013. Chenopodiaceae Ventenat. Flora of China 5: 351-414. Science Press (Beijing) & Missouri Botanical Garden Press (St. Louis).

2003. *Kalidium*. Flora of China 5: 355. Science Press (Beijing) & Missouri Botanical Garden Press (St. Louis).

2003. *Suaeda* Forsskål ex J. F. Gmelin. Flora of China 5: 389-394. Science Press (Beijing) & Missouri Botanical Garden Press (St. Louis).

Zhu S. and E. von Raab-Straube. 2011. *Saussurea involucrata* (Karelin & Kirilov) Schultz Bipontinus. Flora of China 20-21: 2, 5, 43, 47, 48, 54, 56, 892. Science Press (Beijing) & issouri Botanical Garden Press (St. Louis).

Zhu S. and N. Kilian. 2011. *Crepidiastrum* Nakai. Flora of China 20-21: 6, 198, 252, 264. Science Press (Beijing) & Missouri Botanical Garden Press (St. Louis).

Zhu S. *et al*. 2011. Asteraceae. Flora of China 20-21: 1-992. Science Press (Beijing) & Missouri Botanical Garden Press (St. Louis).

Zhu S., C.J. Humphries and M.G. Gilbert. 2011. *Neopallasia* Poljakov. Flora of China. 20-21: 6, 654, 748. Science Press (Beijing) & Missouri Botanical Garden Press (St. Louis).

Zhu X., L. W. Stanley & H. Ohashi. 2010. Oxytropis Candolle. Flora of China 10: 453-500. Science Press (Beijing) & Missouri Botanical Garden Press (St. Louis).

山田常雄 外(編集). 2013. 岩波 生物學辭典. 東京.

국가생물종지식정보시스템. 국립수목원, www.nature.go.kr.

생물다양성정보. 국립생물자원관, http://www.nibr.go.kr.

김종원. 2013. 큰도꼬마리. 한국식물생태보감, http://www.econature.co.kr. Retrieved 8 May 2019.

두산백과, http://www.doopedia.co.kr.

외교부. 2011. 몽골 개황: 북원과 명의 대결시대, 청 복속 시대(1368년~1911년). http://www.mofa.go.kr. Retrieved 8 February 2019.

투르크어족. http://terms.naver.com/entry.nhn?docId=1153540&cid=40942&categoryId=32989.

한국외국어대학교 러시아연구소, http://www.rus.or.kr/.

Carson R. J., A. Bayasgalan, R. W. Hazlett and R. Walker. Geology of the Kharkhiraa Uul, Mongolian Altai. http://keck.wooster.edu/publications/eighteenthannual. Retrieved 8 May 2019.

Cheng Z. 2010. Tree by Tree, China Rolls Back Deserts. Embassy of the People's Republic of China in the Republic of Mauritius, http://www.ambchine.mu/eng/xwdt/t369657.htm.

Central Intelligence Agency. https://www.cia.gov/library/publications/the-world-factbook/geos/mg.html.

Colin B. 2014. Ice-age animals live on in Eurasian mountain range. NewScientist. (https://www.newscientist.com/article/mg22129533-800-

ice-age-animals-live-on-in-eurasian-mountain-range/).

Davaa, G., Oyunbaatar, D., and M. Sugita. Surface Water of Mongolia. http://raise.suiri.tsukuba.ac.jp/new/press/youshi_sugita8.pdf.

Eagan T.B. 1999. Afton Canyon Riparian Restoration Project Fourth Year Status Report_U.S Department of the interior_Bureau of Land Management. Proceedings of the California Weed Science Society 51: 130-144. https://www.blm.gov/ca/st/en/fo/barstow/sltcdr97pa1.html.

Earth Day in Mongolia: Onggi River Movement Receives Award, Mongolia-Web.com.

Elsen Tasarkhai. http://mongoliatravel.guide/destinations/view/elsen-tasarkhai/.

Flowers T.J. 2014. eHALOPH Halophytes Database. [WWW document] URL http://www.sussex.ac.uk/affiliates/halophytes/

Freshwater ecoregions of the World: western Mongolia. Retrieved 5 May 2018. http://www.feow.org/ecoregions/details/western_mongolia

Galdan Boshigt. https://www.wonder-mongolia.com/destination/central-mongolia.html

Great Lakes Depression, Great Soviet Encyclopedia. https://oval.ru/enc/90105.html.

Khugnu Khan Mountain National Park - Far & High Adventure Travel. https://www.google.co.kr/#q=khogno+khan+mountain&start=0&* 2017. 3.

Mordants. www.fortlewis.edu. Archived from the original on 7 February 2012. Retrieved 28 October 2019.

Övörkhangai Aimag Sums Statistics, 2009. http://www.statis.mn/portal/content_files/comppmedia/cpdf0x220.pdf.

PE Herbarium Type Specimens, http://petype.myspecies.info/.

Surface water of Mongolia. http://raise.suiri.tsukuba.ac.jp/new/press/youshi_sugita8.pdf. http://mng.mofa.go.kr/webmodule/htsboard/template/read/korboardread.jsp?typeID=15&boardid=1619&seqno=830533&c=&t=&pagenum=1&tableName=TYPE_LEGATION&pc=&dc=&wc=&lu=&vu=&iu=&du=.

The Amaranthaceae family at APWebsite (Angiosperm Phylogeny Wensite) (http://www.mobot.org/MOBOT/research/APweb/).

University of Greifswald, Institute of Botany and Landscape Ecology, Institute of Geography and Geology, Computer Centre, 2010-2017. https://floragreif.uni-greifswald.de/floragreif/taxon/?flora_search=Record&gr1=FloraGREIF-Virtual Flora of Mongolia (http://floragreif.uni-greifswald.de/floragreif/). Computer Centre of University of Greifswald, D-17487 Greifswald, Germany. Retrieved 28 September 2018.

Wikipedia, https://en.wikipedia.org/

한글 찾아보기

학명 찾아보기

알타이 식물 탐사기

�֍ 알타이에서 만난 한라산 식물 ✗

초판 1쇄 인쇄   2020년 8월 20일
초판 1쇄 발행   2020년 8월 30일

지은이   김찬수

펴낸곳   지오북(**GEO**BOOK)
펴낸이   황영심
편집   전슬기
디자인   장영숙, 권지혜

주소   서울특별시 종로구 새문안로5가길 28, 1015호
(적선동 광화문플래티넘)
Tel_02-732-0337
Fax_02-732-9337
eMail_book@geobook.co.kr
www.geobook.co.kr
cafe.naver.com/geobookpub

출판등록번호   제300-2003-211
출판등록일   2003년 11월 27일

ⓒ 김찬수, 지오북(GEOBOOK) 2020
지은이와 협의하여 검인은 생략합니다.

ISBN 978-89-94242-74-3 03480

이 도서의 국립중앙도서관 출판예정도서목록(CIP)은
서지정보유통지원시스템 홈페이지(http://seoji.nl.go.kr)와
국가자료종합목록시스템(http://www.nl.go.kr/kolisnet)에서
이용하실 수 있습니다.(CIP제어번호: CIP2020029307)